A GUIDE TO THE BIRDS OF ANHUI

安徽鸟类图志

吴海龙　顾长明◎主编

安徽师范大学出版社
·芜湖·

图书在版编目(CIP)数据

安徽鸟类图志 / 吴海龙，顾长明主编 . — 芜湖 :安徽师范大学出版社，2017.8
ISBN 978-7-5676-2365-1

Ⅰ. ①安… Ⅱ. ①吴… ②顾… Ⅲ. ①鸟类 – 安徽省 – 图集 Ⅳ. ①Q959.7-64

中国版本图书馆CIP数据核字(2015)第306813号

安徽鸟类图志
吴海龙　顾长明　主编

责任编辑：童　睿
装帧设计：任　彤
出版发行：安徽师范大学出版社
芜湖市九华南路189号安徽师范大学花津校区
网　　址：http://www.ahnupress.com/
发 行 部：0553-3883578　5910327　5910310(传真)
印　　刷：安徽明星印务有限公司
版　　次：2017年8月第1版
2017年8月第1次印刷
规　　格：787 mm×1092 mm　1/16
印　　张：29
字　　数：515千字
书　　号：ISBN 978-7-5676-2365-1
定　　价：328.00元

编委会

内容简介

《安徽鸟类图志》汇集几代人对安徽省鸟类多样性的调查和研究成果，是继《安徽兽类志》和《安徽两栖爬行动物志》之后，涉及安徽省野生动物多样性方面适用性较强的工具书。图志重点展示并描述了目前分布于安徽省的19目70科396种鸟类的识别特征、生态习性、分布概况、居留型以及保护级别等信息，同时以生动活泼、清晰精美的彩色照片形象直观地呈现各种鸟类的自然形态。本书内容丰富，资料翔实，图片清晰，是安徽省在鸟类研究与保护管理工作方面的重要成果。本书既能为从事鸟类学研究的专业人员提供安徽鸟类多样性及其分布等方面的信息，又能为广大鸟类爱好者和自然爱好者在野外辨识鸟类提供重要参考，是科研、教学、馆藏和野生动物保护管理相关部门和单位在实际工作中识别和鉴定鸟类的重要工具书，具有较高的实用价值和收藏价值。

序一

鸟类是自然生态系统中最活跃、最引人注目的组成部分，有着极其重要的生态价值、科学价值、美学价值、文化价值和经济价值。目前全世界已记录的鸟类超过10 000种，加强鸟类资源的保护和研究，对于全球生物多样性的保护具有重要意义。我国是世界上鸟类资源较丰富的国家之一，开展鸟类调查研究及保护的历史由来已久，而且随着社会的发展和国民素质的提高，越来越多的人加入爱鸟、护鸟、观鸟和拍鸟的行列。据不完全统计，目前我国每年观鸟和拍鸟人数已超过10万人。

鸟类图志是供观鸟者或鸟类学专业人士在野外识别鸟类的工具书。较有影响力的相关书籍包括《欧洲鸟类图鉴》《东亚鸟类图鉴》《东非鸟类图鉴》《世界鸟类图谱》等。在我国，由马敬能先生等编著的《中国鸟类野外手册》是观鸟爱好者和研究者最为熟知的"鸟书"。2014年《中国鸟类图鉴》便携版问世，2017年《中国鸟类图志》正式出版，对国内鸟类学研究和观鸟事业的发展均起到了显著的推动作用。与此同时，我国也相继出版了一批区域性的鸟类图鉴，如《香港及华南鸟类》《台湾野鸟手绘图鉴》《北京鸟类图鉴》《上海常见鸟类图鉴》《东北鸟类图鉴》《广州常见鸟类图鉴》《宁夏鸟类图鉴》《江西鸟类图鉴》等，这些图鉴对加强我国各地区鸟类资源的保护、普及鸟类科学知识以及推动观鸟活动的发展具有重要意义。

安徽省地跨古北界与东洋界，为我国南北气候过渡地带，境内河流纵横，湖泊众多，湿地广袤，大别山及黄山两大山系地形复杂，森林植被类型多样。优越的自然环境为鸟类的栖息、繁衍提供了得天独厚的条件。以升金湖、菜子湖等为代表的皖江湿地已成为候鸟迁徙越冬的"天堂"，近年来的监测表明，每年来这些重点鸟区栖息的候鸟总数高达十余万只。安徽省丰富的鸟类资源吸引了越来越多国内外鸟类专家的关注，并逐渐成为观鸟和拍摄鸟类人士所青睐的热点地区之一。无论是开展鸟类资源的保护管理、鸟类生态学研究还是去野外观鸟、拍鸟，都需要有一本介绍安徽当地鸟类资源的工具书。

由吴海龙、顾长明先生主编，安徽师范大学出版社出版的《安徽鸟类图志》，是在收集、整理有关安徽鸟类研究资料的基础上，结合编写团队多年野外调查研究成果编写而成。《安徽鸟类图志》概述了安徽省的自然地理环境及安徽不同地理区域鸟类的分布特点；简要介绍了鸟类外部形态结构以及鸟类分类学常用的名词术语；重点记录并描述了安徽鸟类19目70科396种及16个亚种。该图志主体部分是鸟类的分种描述。这部分内容在编写体例上吸纳了国内外同类图鉴的优点，每种鸟类都以清晰精美的彩色照片呈现其自然状态（许多鸟种所配照片，不仅有雌雄之分，还有成幼之别），并以简要的文字对其识别特征、生态习性、分布概况、居留型以及保护等级等信息进行梳理。图志中每一个物种的编撰都凝聚着编写者在野外考察和室内研究过程中的辛劳，体现了编写团队的独具匠心。图志的出版填补了安徽鸟类工具书的空白，对于读者了解安徽省鸟类的历史和现状具有较高的科学价值，对安徽省乃至华东地区鸟类生态学研究、野生动物保护及管理具有重要的参考价值；同时，图志也能为关心鸟类保护的非专业人士和广大观鸟爱好者提供鸟类鉴别和保护方面的基本知识，是一本既具专业性又具科普性，兼有实用性和艺术性的工具书。因此，图志的出版必将受到广大读者的关注和喜爱！

值此《安徽鸟类图志》出版之际，为之作序，以示庆贺！我希望图志的出版，对进一步加强安徽省鸟类保护工作，推动我国野生动物保护事业的健康发展及不断加强生态文明建设发挥积极的作用。

郑光美

中国动物学会副理事长、北京师范大学教授

2017年7月

序二(英文)

From the magnificent peaks of Huangshan Mountain to the muddy waters of the great Changjiang River and northwards to the hill ranges of Dabie and plains of Huaihe, Anhui offers a wonderful range of habitats for wild birds.

In the Lower Changjiang Valley are a series of large lakes all subtly different in their nature—Caizi Hu, Shengjin Hu, and the lakes of Susong County which serve as vital wintering areas for tens of thousands of East Asia's northern breeding waterfowl – geese, ducks, swans, cranes and storks and occasional pelicans.

Forests and farmlands harbour other restricted species whilst the main north to south mountain ridges serve as highways for migration of large raptors each spring and autumn. To the south of the Changjiang River one can find some of SE China's endemic birds such as Elliot's Pheasant and to the north of the Changjiang River we can find the incredibly long-tailed Reeves's pheasant.

Many more of the Anhui birds may not be rare but yet cannot fail to impress the observer with their amazing beauty – paradise flycatchers, red-billed blue magpies, pheasant-tailed jacana, flashy kingfishers and the sweet little black-throated tits.

Artificial lakes and ponds twitter to the calls of grebes and moorhen, the chirps of wagtails and shrieks of wheeling terns. Sneaky herons and grebes hunt frogs and fish in the margins and stunning flocks of egrets grace the open fields and roost trees.

This book is a celebration of this rich Anhui avifauna. It must bring joy to anyone who admires the beauty of nature, must offer glimpses and views of species the reader has never seen so clearly. This is the work of many generous contributions and a testimony to the dedication and motivation of the authors and compilers. I salute you all.

John MacKinnon

序二(译文)

巍巍黄山叠峰峦,滚滚长江漫沙湾;大别山脉立北障,淮河平原孕湿潭。

从皖南壮丽的黄山到滚滚长江,从皖西大别山到淮河平原,安徽为野生鸟类提供了理想的栖息地。

长江下游安徽段有一系列大型湖泊,这些湖泊各具特色,菜子湖、升金湖以及宿松县境内的很多湖泊,成为数以万计的雁鸭类、天鹅、鹳鹤类以及鹈鹕等稀客栖息和觅食的重要场所,这里是东亚—澳大利西亚候鸟迁飞路线上非常重要的越冬地。

森林和农田为其他保护鸟类提供了庇护所和食物。而从北至南的南北向山脉成为大型猛禽每年春、秋两季的迁徙通道。长江以南有中国东南部特有种——白颈长尾雉,而在长江以北有尾巴长得不可思议的白冠长尾雉。

安徽还有许多鸟类,虽然并非罕见,它们令人惊叹的美丽仍然能给观鸟者留下深刻印象——美丽的寿带、精致的红嘴蓝鹊、优雅的水雉、华丽的翠鸟以及萌萌的红头长尾山雀……

人工湖泊和池塘,回荡着黑水鸡的呼唤、鹡鸰的唧唧声以及燕鸥的尖叫声。池塘边,另一些鬼鬼祟祟的苍鹭和鹇鹛在捕捉青蛙和鱼。优雅的白鹭成群结队地在田野里觅食或栖息在树梢上,更使画面增色不少。

这本书展示了安徽丰富和多样的鸟类。尊重和热爱大自然的人们细细品来,除了心情愉悦,更觉闻所未闻而大开眼界。不难看出,本书凝结了作者和编辑人员的大量工作和心血,是他们无私奉献的精神、对鸟类的热爱以及对工作的热情的见证。我向他们致敬!

马敬能

2017年7月

前　言

安徽省地跨暖温带的南端至中亚热带的北端，是我国南北气候过渡地区，总面积 $1.39\times10^5\ km^2$，占全国国土面积的1.45%。安徽境内河流纵横，湖泊众多，地形复杂，生态环境多样，自北向南依次有淮北平原、江淮丘陵、大别山区、沿江湿地以及皖南山区，自然条件优越，是东洋界与古北界动物的交汇区域，也是我国南北植物区系的过渡地带。全省以淮河为气候分界线，北部属南温带半湿润气候，南部属北亚热带湿润季风气候。其主要特征：季风明显，四季分明，气候温和，日照充足，无霜期200d ~ 250d。全省平均气温14℃ ~ 17℃，南北相差3℃左右；年均降水量750 mm ~ 1 700 mm。

独特的自然地理区位，复杂的地形地貌，丰富的植被类型，孕育了丰富的野生动物资源。20世纪中后期，以安徽大学王岐山先生为代表的一批学者对安徽鸟兽资源开展了大量的调查和研究工作，出版了《安徽兽类志》（王岐山，1990）；以安徽师范大学陈壁辉先生为代表的一批学者对安徽两栖爬行动物资源开展了大量的调查和研究工作，出版了《安徽两栖爬行动物志》（陈壁辉，1991）。老一辈学者奠基性的工作为安徽省野生动物资源的保护管理和科学研究做出了巨大贡献，然而安徽至今尚没有关于全省鸟类多样性和分布的专业志书。

鸟类是自然生态系统中最活跃、最引人注目的组成部分，对维系自然生态平衡起着不可替代的作用，也是环境评价体系中最常用和最重要的指标之一。对安徽鸟类的调查报道可追溯到19世纪后期（Styan，1891；Courtois，1913等）。20世纪60年代初，郑作新和钱燕文（1960）报道黄山鸟类83种；此后，以王岐山先生为代表的一批学者先后报道了琅琊山（王岐山，1965）、九华山（王岐山和胡小龙，1978）、合肥市区及近郊（王岐山等，1979）、黄山（王岐山等，1981）、大别山北坡（王岐山等，1983）、石臼湖（王岐山等，1983）以及牯牛降国家级自然保护区（李炳华，1987）和紫蓬山国家森林公园（周立志等，1988）等地区鸟类的分布和区系特征，为安徽省鸟类资源保护和利用等工作的开展奠定了坚实的基础。王岐山先生1986年首次正式确认安徽省鸟类320种及20个亚种（王岐山等，1986）。张有瑜等（2008）在分析安徽繁殖鸟类分布格局的一文中提及安徽鸟类约365种，但没有列出具体的鸟类名录。进入21世纪，随着安徽民间观鸟活动的兴起，一批摄影爱好者踊跃加入观鸟活动，获得了大量高清晰度的野鸟照片，为鸟类分布和区系调查提供了丰富的信息。自2010年以来，先后报道安徽鸟类新纪录24种（周立志，2010；王剑，2010；夏灿玮，2011；刘子祥等，2012；侯银续，2012，2013，2014；李永民等，2013；尹莉，2014；戴传银，2016；杨森等，2017；赵凯等，2017）。

2012年，安徽省自然保护管理站、安徽师范大学、安庆师范大学和阜阳师范学院等单位的一线工作者组成编撰团队，在收集整理前人有关安徽鸟类调查研究资料的基础上，分赴安徽省各自然地理区域开展大规模野外调查与实地拍摄，同时向社会各界广泛征集有关安徽鸟类的摄影图片，比较全面地掌握了安徽省鸟类物种多样性及其生态、分布等基本信息。经过编撰团队的不懈努力，力图全面展示安徽省鸟类多样性的《安徽鸟类图志》终于面世。

《安徽鸟类图志》是迄今涵盖安徽省鸟类物种最全的鸟类工具书，共记录安徽鸟类19目70科396种及16个亚种，不包括部分历史记录但近20年没有野外记录的鸟类，如丹顶鹤、栗鸢、角䴙䴘、石鸡等，详见附录一。本书分类体系以及中文名、学名和英文名均主要参照《中国鸟类分类与分布名录（第二版）》（郑光美，2011）进行界定，并吸收了部分最新研究进展。全书共分三章，第一章：安徽自然地理与鸟类分布概况，扼要介绍安徽省自然地理环境以及安徽不同地理区域鸟类分布特点；第二章：鸟类外部形态和常用名称术语，简要介绍鸟类外部形态结构以及鸟类分类学常用的名词术语；第三章：安徽鸟类，在编写体例上吸纳国内外同类图鉴的优点，期望以清晰精美的彩色照片呈现鸟类的自然状态，配以简要的文字着重介绍物种的识别特征（尽可能兼顾性别、年龄以及不同季节的形态差异）、生态习性、在安徽省的分布概况、居留型以及保护等级等信息，书后另附鸟类物种名称中的生僻字，详见附录二，以及鸟类中文名和学名索引，详见附录三、附录四。本书共收集各类摄影照片1 560多张，所有照片均得到作者的授权，并逐一署名。

本书由安徽省林业厅、安徽省野生动植物保护协会和安徽师范大学共同资助出版；上海市野生动物保护管理站高级工程师袁晓先生和中国科学院昆明动物研究所杨晓君研究员担任顾问,对本书的编辑给予了精心指导;中国动物学会副理事长、北京师范大学张正旺教授和国际知名生物多样性保护专家马敬能(John Mackinnon)博士欣然为本书作序;复旦大学马志军教授、全国鸟类环志中心陆军研究员,以及世界自然基金会(WWF)高级官员雷进宇先生等专家学者提出了大量宝贵意见,对本书的编辑出版给予大力帮助,在此一并谢忱。

由于编写时间仓促,加之编者水平有限,本书虽经反复修改,其中遗漏和不足在所难免,恳请读者指正并提出宝贵意见。

编者

2017年7月,芜湖

目　　录

第一章 安徽自然地理及鸟类分布概况

一、安徽自然地理环境概况

安徽省位于我国东南部，介于北纬29°41′~34°38′，东经114°54′~119°37′，国土面积1.39×10^5 km²。东临长三角经济区，西接中原腹地，处于华北与华南之间的过渡地带。省域地形自北向南依次为淮北平原、江淮丘陵、大别山区、长江沿岸平原和皖南山地丘陵5个自然地理区域，长江和淮河横贯全境。淮河是我国重要的地理分界线，淮河以北为暖温带半湿润季风气候，淮河以南为亚热带湿润季风气候，安徽处于暖温带向亚热带过渡的中纬度地带，因此自然地理环境表现出明显的南北纬向过渡特征。其主要气候特点是季风明显、气候温和、雨量适中。全省年平均气温14℃~17℃，由北向南逐渐增高。降水时空差异较大，在时间上表现为梅雨显著、夏雨集中；在空间上表现为南北差异悬殊，降雨中心集中在黄山和大别山。受地带性气候影响，植被自北向南从暖温带落叶阔叶林向中亚热带常绿阔叶林过渡，暖温带与亚热带植物区系成分相互渗透。

二、安徽鸟类多样性及区系特征

王岐山（1986）根据地理环境和陆生脊椎动物的物种组成将安徽省划分为5个动物地理区，即淮北平原区、江淮丘陵区、大别山区、沿江平原区和皖南山区。同时，提出安徽陆生脊椎动物包含古北和东洋两界成分，南北动物区系差异明显，物种数量自北向南逐渐增多。就鸟类而言，安徽由于地处“东亚—澳大利西亚”候鸟迁徙通道上，每年均有大量候鸟过境，其沿江和沿淮湿地是众多迁徙水鸟重要的中途停歇地或越冬地。

近30年来，由于全球气候变暖，很多鸟类的分布发生了明显的区域扩增，安徽各动物地理区鸟类物种组成也发生了相应的改变。根据我们的调查结果，淮河以南的鸟类物种组成与江淮丘陵区基本相似，而与淮河以北的平原区鸟类差别明显，因此本文在分析安徽鸟类地理区系时，在《安徽动物地理区划》（王岐山，1986）的基础上，将淮北平原区与江淮丘陵区的分界线北移至淮河沿线，即淮河以北为淮北平原区，淮河以南各地均纳入江淮丘陵区(图1-1)。

本书记录安徽鸟类19目70科396种。其中,非雀形目鸟类216种,雀形目鸟类180种;包括国家I级重点保护鸟类11种,国家II级重点保护鸟类58种,《国家保护的有重要生态、科学、社会价值的陆生野生动物名录》(以下简称“三有”)的鸟类272种。世界自然保护联盟(IUCN)(2016)红色名录受胁物种23种,中国鸟类红色名录受胁物种34种;濒危野生动植物种国际贸易条约(CITES)附录I物种10种,附录II物种49种。

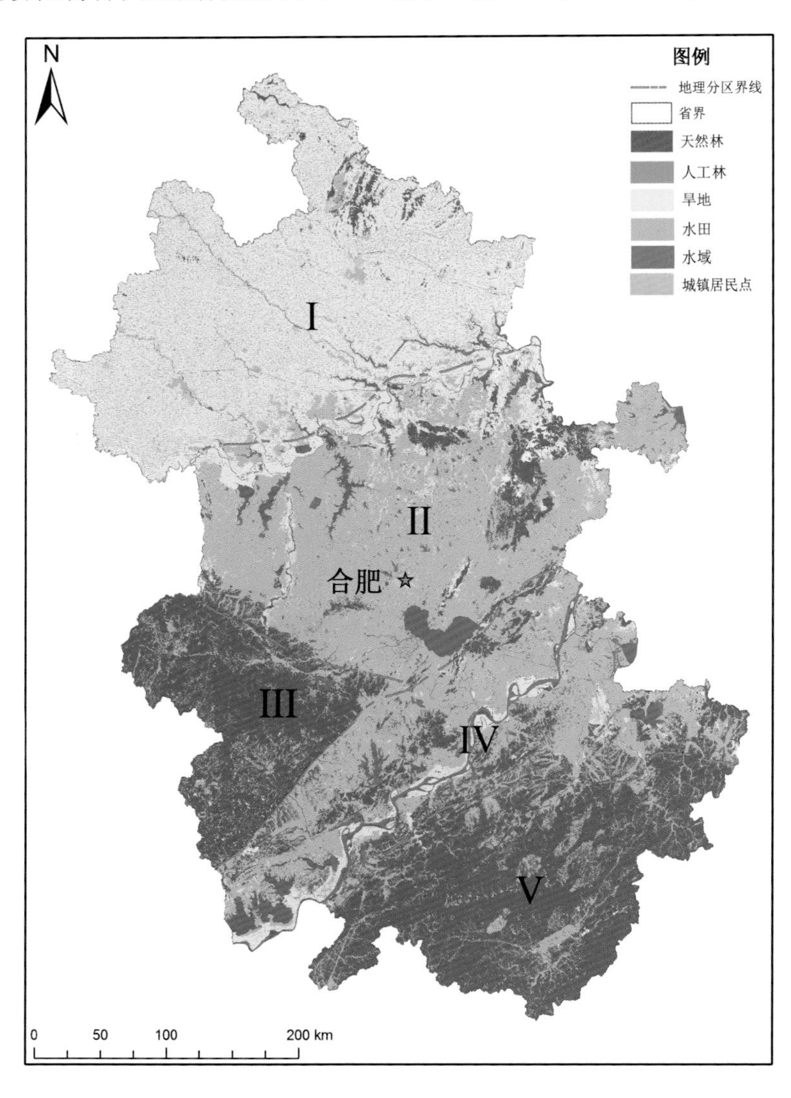

图1-1 安徽鸟类地理区划图

I. 淮北平原区,II. 江淮丘陵区,III. 大别山区,IV. 沿江平原区,V. 皖南山地丘陵区。

如表1-1所示，江淮丘陵区、沿江平原区以及淮北平原区的旅鸟种类均超过或接近该区鸟类物种数的三分之一。在所记录的396种鸟类中，列入《中华人民共和国和日本国政府保护候鸟及其栖息环境的协定》（以下简称“中日候鸟保护协定”）鸟类名录的159种；列入《中华人民共和国和澳大利亚政府保护候鸟及其栖息环境的协定》（以下简称“中澳候鸟保护协定”）鸟类51种。这组数据充分体现安徽地处“东亚—澳大利西亚”候鸟迁徙通道上的重要特点。

表1-1　安徽省5个动物地理区鸟类居留型

动物地理分布区	留鸟	夏候鸟	冬候鸟	旅鸟	迷鸟	合计
淮北平原区	38	39	34	117	2	230
江淮丘陵区	72	54	76	120	3	325
沿江平原区	65	50	87	91	4	297
大别山区	81	58	51	55	—	245
皖南山地丘陵区	113	60	56	40	—	269

从表1-2可以看出，各区广布种的比例均接近或超过该区总物种数的三分之一。仅淮北平原区鸟类古北界成分高于东洋界，其他各区东洋界成分均超过古北界，且东洋界物种比例自北向南逐渐增多，皖南山地丘陵区繁殖鸟东洋界成分比例达53.18%，而古北界成分仅占14.45%。这组数据反映出安徽鸟类另一个重要特征，即安徽鸟类东洋和古北两界成分相互渗透，自北向南东洋界鸟类比例逐渐增高，全省仅淮北平原属古北界华北区，其余区域均属东洋界华中区。

表1-2　安徽省5个动物地理区繁殖鸟地理型

动物地理区	东洋界	古北界	广布种	合计
淮北平原区	18（23.38%）	17（22.08%）	42（54.54%）	77
江淮丘陵区	53（42.06%）	23（18.26%）	50（39.68%）	126
沿江平原	48（41.74%）	20（17.39%）	47（40.87%）	115
大别山区	62（44.60%）	26（18.71%）	51（36.69%）	139
皖南山地丘陵	92（53.18%）	25（14.45%）	56（32.37%）	173

三、安徽各动物地理分布区鸟类概况

就物种多样性而言，江淮丘陵区最多（325种），淮北平原区最少（表1-1）；就繁殖鸟（留鸟和夏候鸟）而言，皖南山地丘陵区物种数最多（173种），大别山区次之，淮北平原区最少（表1-2）；就冬候鸟物种数量而言，沿江平原区最多（87种），江淮丘陵区次之，淮北平原区最少（表1-1）。不同动物地理区之间物种多样性的差异主要与地形地貌以及生境类型多样性相关。淮北平原地处暖温带南缘，地势平坦，生境类型单一，因而物种多样性相对较低，但该区位于候鸟迁徙通道上，过境的旅鸟物种数量相对较高。江淮丘陵区地形地貌复杂多变，生境类型多样，物种多样性居各区之首。沿江平原丰富的河流、湖泊湿地为雁鸭类提供了理想的越冬栖息地，因而冬候鸟物种数量最多，安庆沿江湿地因此成为中国乃至全球具有重要意义的水鸟越冬地。皖南山区和大别山区保存了较为完整的亚热带森林生态系统，森林覆盖率高，为林鸟生存和繁衍提供了良好的栖息地，因而繁殖鸟类众多。

1. 淮北平原区

淮北平原区位于安徽省北部，黄淮海平原最南端，包括淮河以北各地，西与河南、北与山东、东与江苏交界，南与江淮丘陵区相连。本区主体为地势平坦的平原，但东北部残留少量丘陵（如皇藏峪），淮河沿岸多为河漫滩、滨湖平原、湖泊及少量岗地和残丘。本区地带性植被为暖温带落叶阔叶林，目前仅存于东北部的皇藏峪，兼有少量针叶林和针阔混交林分布，其余均为人工植被或农作物所替代。由于地貌类型较为单一，鸟类物种多样性相对较低，共记录鸟类230种，其中非雀形目135种，雀形目95种。

皇藏峪为本区林鸟的热点区域，而平原上的农耕区和居民点的鸟类相对较少。非雀形目常见鸟类有雉鸡、珠颈斑鸠、山斑鸠、四声杜鹃、大杜鹃、普通翠鸟、戴胜、星头啄木鸟、大斑啄木鸟等；雀形目常见鸟类有小云雀、家燕、金腰燕、白鹡鸰、山鹡鸰、棕背伯劳、红尾伯劳、喜鹊、八哥、灰椋鸟、丝光椋鸟、大山雀、银喉长尾山雀、金翅雀、黑尾蜡嘴雀、黄喉鹀、灰头鹀等典型的平原地区鸟类。

沿淮的河流、湖泊、库塘等湿地为本区水鸟的主要栖息地，主要湖泊有焦岗湖、沱湖、八里河等，此外尚有大量煤矿塌陷区形成的人工湿地。本区常见的水鸟为小䴙䴘、凤头䴙䴘、黑水鸡等；夏季常见水鸟有白鹭、池鹭、夜鹭、黄斑苇鳽、水雉等，冬季常见水鸟有大白鹭、苍鹭、白骨顶、普通鸬鹚、绿翅鸭、绿头鸭、斑嘴鸭、罗纹鸭等雁鸭类。

该区是众多候鸟迁徙过程中的重要暂歇地之一，曾记录金雕、秃鹫、白鹈鹕等国家重点保护鸟类。

2. 江淮丘陵区

江淮丘陵区位于安徽省中部，东与江苏交界，北与淮北平原区相连，西与大别山区相接，南与沿江平原区相交。该区为大别山向东延伸部分，江淮分水岭横贯中部，地貌类型复杂多样，岗、冲相间呈波状起伏，间有低山、残丘以及滨湖平原。海拔高度一般在200m以下，少数低山可达500m。本区地带性植被为北亚热带落叶、常绿阔叶混交林带，但目前仅在东部丘陵地区尚有少量保存，大部分地区已为人工植被或农作物替代。由于地貌类型复杂多样，且位于东亚—澳大利西亚候鸟迁徙通道上，本区共记录鸟类325种，其中非雀形目180种，雀形目145种。就物种多样性而言位居安徽各动物地理区之首，其中旅鸟120种，超过该区总物种数的三分之一。

本区林鸟主要分布在尚存有地带性次生植被的少数低山、丘陵地区，如东部滁州市的琅琊山和皇甫山，中部合肥市的大蜀山、紫蓬山和四顶山等，以及西部大别山脚下的连绵低山。非雀形目常见物种有珠颈斑鸠、山斑鸠、雉鸡、四声杜鹃、大杜鹃、鹰鹃、噪鹃、小鸦鹃、戴胜、大斑啄木鸟、星头啄木鸟、灰头绿啄木鸟等，比较常见的猛禽有黑冠鹃隼、黑鸢、普通鵟、凤头鹰、红隼等隼形目鸟类，以及斑头鸺鹠、红角鸮、短耳鸮等鸮形目鸟类。常见的雀形目鸟类包括百灵科、燕科、鹡鸰科、山椒鸟科、鹎科、伯劳科、卷尾科、椋鸟科、鸦科、鸫科、莺科、鹟科、绣眼鸟科、山雀科、长尾山雀科、雀科、梅花雀科、鹀科等类群。

本区水鸟主要分布在淮河以南的沿淮湿地(城东湖、城西湖、瓦埠湖、女山湖、七里湖以及花园湖等)、巢湖及周边的湿地，以及董铺水库、港口湾水库、万佛湖等。夏季常见水鸟主要为鸊鷉科、鹭科、秧鸡科和翠鸟科鸟类，冬季主要有鹭科的大白鹭、苍鹭、大麻鳽，鹳科的东方白鹳，鹮科的白琵鹭，秧鸡科的白骨顶，鹬科的青脚鹬、黑腹滨鹬等，鸥科的红嘴鸥，以及小天鹅等雁鸭类。

本区较为复杂的地形地貌以及丰富的湿地资源，为旅鸟提供了多样的生境类型。肥东县城南的四顶山是凤头蜂鹰、灰脸鵟鹰、日本松雀鹰等猛禽重要的迁徙通道。巢湖北岸的滩头湿地是众多鸻鹬类的重要暂歇地。近年来，在该区域记录到的鸻形目鸟类有灰斑鸻、铁嘴沙鸻、蒙古沙鸻、翘嘴鹬、灰尾漂鹬、翻石鹬、大滨鹬、红腹滨鹬、三趾滨鹬、红颈滨鹬、青脚滨鹬、长趾滨鹬、斑胸滨鹬、尖尾滨鹬、弯嘴滨鹬、阔嘴鹬、流苏鹬、红颈瓣蹼鹬、遗鸥、红嘴巨鸥等。

3. 沿江平原地区

沿江平原区位于安徽省中南部的长江两岸，西南分别与湖北和江西省交界，东北与江苏交界，北临江淮丘陵区和大别山区，南连皖南山地丘陵区。本区地貌以湖积平原为主，水网、圩区、岗地交错，地势低洼，海拔一般在15m左右，最低处只有6m，是全省地势最低的地区。其中，较大的湖泊有升金湖、菜子湖、龙感湖、大官湖、泊湖、武昌湖、白荡湖等。此外，沿江一带有零星的低丘分布，铜陵以东冲积平原较为开阔，河漫滩与江心洲发育良好。本区东北部地带性植被为常绿—落叶阔叶混交林，东南部为常绿阔叶林，但目前均仅残留于少数低山残丘。本区共记录鸟类297种，其中非雀形目175种，雀形目122种。沿江众多的河流和湖泊湿地每年为数十万水鸟提供了理想的越冬栖息地，因此本区冬候鸟种类和数量均居各区之首。

本区林鸟多栖息于低丘、岗地，如安庆的大龙山、铜陵周边的连绵低丘、芜湖的四褐山、神山等地。非雀形目常见鸟类大致与江淮丘陵区相似，比较常见的猛禽有凤头鹰、白尾鹞、白腹鹞、鹊鹞、红隼、燕隼等隼形目鸟类，以及草鸮、领角鸮、斑头鸺鹠等，过境的猛禽有鹗、白尾海雕、红脚隼。雀形目鸟类多为平原地区常见种类。值得注意的是，以前多见于山地丘陵地区的黑鹎、栗背短脚鹎已成为本区的夏候鸟。此外，本区常见的旅鸟有红嘴相思鸟、北灰鹟、灰纹鹟、乌鹟、白眉姬鹟、鸲姬鹟等。

本区水鸟主要栖息在水网交错的沿江湿地。水鸟组成与江淮丘陵区相似，夏候鸟和留鸟主要为鹭科和秧鸡科鸟类；冬季主要有鹭科的大白鹭、苍鹭、大麻鳽，鹳科的东方白鹳，鹮科的白琵鹭，鹤科的白头鹤、白鹤、白枕鹤、灰鹤等，秧鸡科的白骨顶，鹬科的扇尾沙锥、青脚鹬、黑腹滨鹬等，鸥科的红嘴鸥、银鸥等，以及小天鹅、赤麻鸭等众多雁鸭类。

近年来，安庆沿江湿地先后记录到沙丘鹤、黑脸琵鹭、雪雁、斑头雁等国内罕见鸟类。此外，青头潜鸭、白眼潜鸭的记录频次较多，但数量均稀少。

4. 大别山区

大别山区位于安徽省西部，西与河南、湖北交界，东北与江淮丘陵区相连，东南与沿江平原区相接，大体上呈三角形。主要由中、低山组成，海拔多在500m~1 000m，主峰白马尖海拔 1 774m。本区地处亚热带湿润区与暖温带半湿润区过渡地带，气候温凉，雨水充沛。大别山北坡地带性植被为常绿—落叶阔叶混交林，南坡地带性植被为常绿阔叶林。本区共记录鸟类245种，其中非雀形目109种，雀形目136种。与平原或丘陵地区不同，本区雀形目鸟类物种数远超过非雀形目，主要体现在林鸟物种数量多而水鸟物种数相对较少。此外，本区繁殖鸟类139种，仅次于皖南山地丘陵区。

本区非雀形目鸟类主要包括隼形目、鸡形目、鹤形目、鸽形目、鹃形目、鸮形目、夜鹰目、雨燕目、佛法僧目、戴胜目和䴕形目鸟类，国家重点保护物种有金雕、白肩雕、白腹隼雕、白冠长尾雉、勺鸡等。本区淮河一级支流东淠河是白鹤、白枕鹤、东方白鹳、黑鹳、小天鹅等珍稀水鸟迁徙过程中重要的中转地。

本区雀形目鸟类主要包括八色鸫科、百灵科、燕科、鹡鸰科、山椒鸟科、鹎科、伯劳科、卷尾科、椋鸟科、鸦科、鸫科、莺科、鹟科、绣眼鸟科、山雀科、长尾山雀科、雀科、梅花雀科、鹀科等。

5. 皖南山地丘陵区

皖南山地丘陵区位于安徽省南部，西南与江西、东南与浙江交界，北与沿江平原区相接。本区地形地貌以黄山、天目山山脉形成的中、低山和丘陵为主，是青弋江、新安江、水阳江、秋浦河、青通河等水系的发源地。3条近似平行的山脉：九华山、黄山和白际—天目山横贯全境，间以呈串珠状分布的山谷和盆地。其中，黄山的莲花峰海拔 1 864m，为全省第一高峰。该区属中亚热带湿润季风气候，植被分区上属亚热带常绿阔叶林生态系统，在低山丘陵区域，常绿阔叶林由于受到破坏而形成落叶阔叶与常绿阔叶混交林。针叶林和毛竹等在本区森林生态系统中的分布也较为广泛。本区共记录鸟类269种，与大别山区相似，雀形目鸟类（155种）远多于非雀形目（114种）。繁殖鸟类173种，居安徽各动物地理区之首，表现出典型的东洋界区系特点。

本区林鸟涵盖安徽所有类群。非雀形目主要包括隼形目、鸡形目、鸽形目、鹃形目、鸮形目、夜鹰目、雨燕目、佛法僧目、戴胜目、䴕形目绝大部分物种，此外本区猛禽物种数量居各区之首。雀形目除少数旅鸟无记录外，安徽分布的其他物种在本区均有分布，且不少东洋界物种在安徽仅分布于本区，如橙腹叶鹎、栗腹矶鸫、黑领噪鹛、小黑领噪鹛、灰翅噪鹛、斑胸钩嘴鹛、淡绿鵙鹛、黑眉柳莺、栗头鹟莺、凤头鹀等。

本区水鸟数量相对较少，主要分布在太平湖等水库，以及青弋江、新安江和水阳江等水系的上游支流，常见的有小䴙䴘、白鹭、夜鹭、池鹭、黄斑苇鳽、紫背苇鳽、栗苇鳽、黑鳽、大麻鳽、黑水鸡、普通秧鸡、白胸苦恶鸟、红脚苦恶鸟、普通翠鸟、冠鱼狗等。此外，本区部分山溪、库塘可见中华秋沙鸭、鸳鸯、东方白鹳、黑鹳、白尾海雕等国家重点保护物种。

第二章 鸟类外部形态和名词术语

一、鸟类外部形态

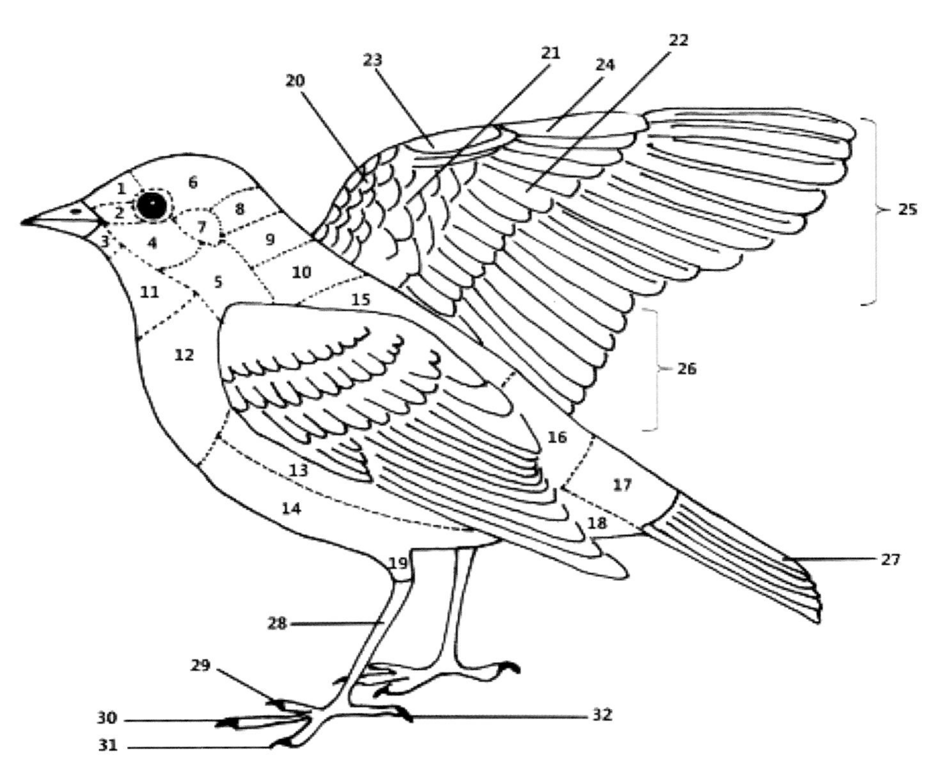

图2-1 鸟体外部形态示意图

1. 额,2. 眼先,3. 颏,4. 颊,5. 颈侧,6. 顶,7. 耳羽,8. 枕,9. 上颈,10. 下颈,11. 喉,12. 胸,13. 胁,14. 腹,15. 背,16. 腰,17. 尾上覆羽,18. 尾下覆羽,19. 腿,20. 小覆羽,21. 中覆羽,22. 大覆羽,23. 小翼羽,24. 初级覆羽,25. 初级飞羽,26. 次级飞羽,27. 尾羽,28. 跗蹠,29. 内趾,30. 中趾,31. 外趾,32. 后趾。

二、鸟类身体量度

在鸟类分类研究中，常需要测量鸟类身体的数据，如体长、尾长、翼展等，如图2-2所示。

(1)体长：自上喙先端至尾羽末端的自然长度。

(2)嘴峰长：自上喙先端至嘴基部着生羽毛处的直线距离，隼形目蜡膜除外。

(3)口裂长：自上喙先端至口角处的直线长度。

(4)尾长：自尾羽基部至最长尾羽先端的直线长度。

(5)翅长：自翼角(腕关节处)至最长飞羽先端的直线长度。

(6)跗蹠长：自跗间关节后缘中点至跗蹠与中趾关节前下方鳞片下缘的长度。

(7)翼展：将双翅水平展开，量其最大长度。

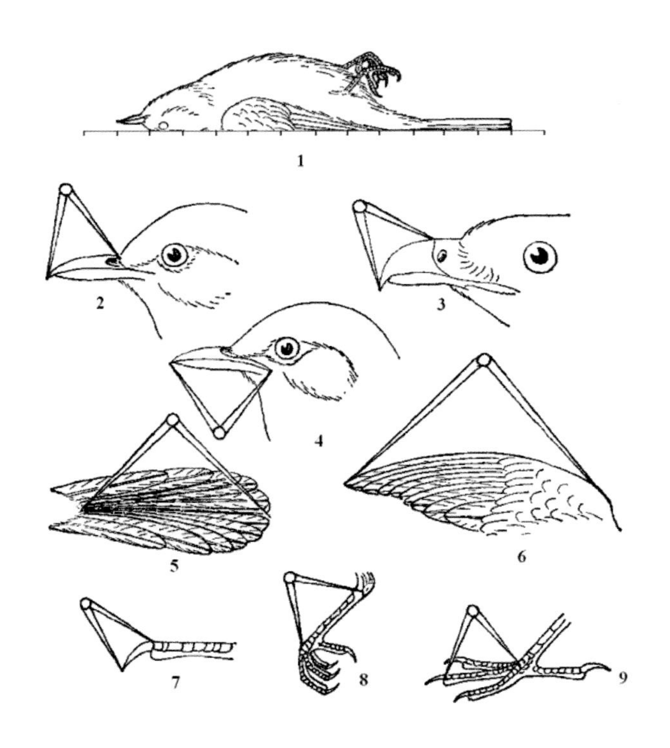

图2-2 鸟类身体量度（引自郑作新《中国鸟类系统检索（第三版）》）

1. 体长，2. 嘴峰长，3. 嘴峰长（隼形目），4. 口裂长，5. 尾长，6. 翅长，7. 爪长，8. 跗蹠长，9. 中趾长（不连爪）。

三、常用名词术语

1. 头部

图2-3　髭纹：自嘴角向后延伸，介于颊和喉之间。

图2-4　眼圈：眼的周缘，呈圆圈状，有时为裸皮。

图2-5　喉中线：喉部中央的纵纹。

图2-6　颊纹：自前而后，贯颊的纵纹。

图2-7　嘴甲：为嘴端的甲状加厚部分。

图2-8　额甲：为额部的裸皮角质化板。

图2-9　蜡膜:上嘴基部的皮肤盖,是一种感觉器。

图2-10　眼先:位于眼前,嘴角上方。

图2-11　羽冠:又称冠羽,头顶上特别延长或耸起的羽毛,形成冠状,成簇后伸。

图2-12　枕冠:后头上特别延长或耸起的成簇长羽。

图2-13　肉冠:头上的裸皮突出部形成的冠状结构。

图2-14　贯眼纹:又称过眼纹,是自眼先穿过眼延伸至眼后的纵纹。

图2-15　中央冠纹：又称顶冠纹或顶纹，是位于头顶中央的纵纹。

图2-16　侧冠纹：头顶两侧的纵纹；眉纹：位于眼上部的斑纹。

图2-17　颏纹：贯于颏部中央的纵纹。

图2-18　面盘：围绕双眼、鼻、口的羽毛形成人面状；耳突：头顶两侧突出成丛状的羽毛。

2. 躯干部

(1)背：上体自颈后至腰前缘的羽区。

(2)肩：上体背的两侧、翅基部的羽区。

(3)腰：下背后缘至尾上覆羽前缘的羽区。

(4)胸：龙骨突起所在区域。

(5)胁：体侧相当于肋骨所在区域。

(6)腹：下体胸以下至尾下覆羽的羽区，以泄殖腔孔为后界。

(7)肛周：围绕泄殖腔的短羽。

3. 尾羽和尾型

(1)中央尾羽：位于中央的一对尾羽，其外侧者统称外侧尾羽。

(2)尾上覆羽：上体腰部之后，覆盖尾羽基部的羽毛。

(3)尾下覆羽：下体泄殖腔口的后缘，覆盖尾羽基部的羽毛。

(4)平尾：中央尾羽与外侧尾羽长度几乎相等，如图2-17所示。

(5)圆尾：中央尾羽略长于外侧尾羽，形成圆形尾端，如图2-18所示。

(6)凸尾：中央尾羽较外侧尾羽长出较多，形成凸形尾端，如图2-19所示。

图2-17　平尾

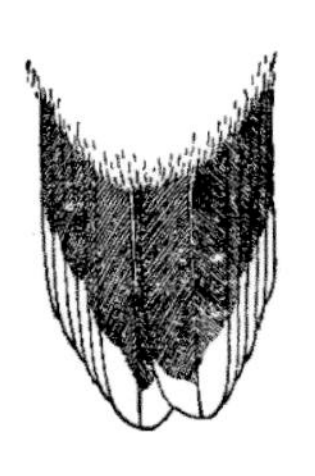

图2-18　圆尾

图2-19　凸尾

(7)楔尾：中央尾羽较外侧尾羽长出更多(较凸尾更著)，形成楔形尾端，如图2-20所示。

(8)凹尾：中央尾羽略短于外侧尾羽，如图2-21所示。

(9)燕尾(或称叉尾)：中央尾羽明显短于外侧尾羽，如图2-22所示。

图2-20　楔尾

2-21　凹尾

图2-22　燕尾

(10)铗尾：中央尾羽显著的短于外侧尾羽，最外侧尾羽特长，相差极显著，如图2-23所示。

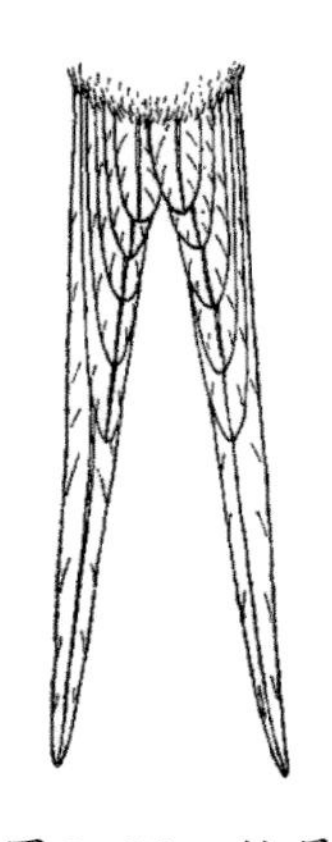

图2-23　铗尾

4. 翼和羽毛

(1)飞羽:着生在掌指和尺骨后缘的一长列羽毛,由外向内依次为初级飞羽、次级飞羽和三极飞羽。

(2)初级飞羽:着生在腕骨、掌骨和指骨上的飞羽。

(3)次级飞羽:位于初级飞羽的内侧,着生在尺骨上的飞羽。

(4)三级飞羽:位于次级飞羽内侧的飞羽。

(5)小翼羽:着生在第二指骨上的一撮羽毛。

(6)覆羽:为覆盖在飞羽基部的小型羽毛。

(7)翼角:翼的腕关节弯折处。

(8)翼镜:翼上特别明显的色斑,通常为初级飞羽或次级飞羽的不同羽色区段所构成。

(9)腋羽:翼基部下方的覆羽。

(10)肩羽:位于翼上方最内侧的覆盖三级飞羽的多层羽毛,当翅合拢时恰好位于肩部。

(12)翮:即羽片,由具钩和缺刻的羽支勾搭而成,其位于羽毛内侧者称内翮,位于羽毛外侧者称外翮,通常外翮较内翮狭窄。

(13)纵纹:羽毛上与羽轴平行或接近平行的斑纹,其与羽轴重合者称轴纹(羽干纹);多羽连成一条带状斑纹者称带斑。

(14)横斑:与羽轴垂直的斑纹,有的左右成对。

(15)端斑:位于羽毛末端的斑块。

(16)次端斑:紧邻端斑内侧的斑块。

(17)蠹状斑:甚为细密的波纹状或不规则的横斑。

(18)夏羽:即繁殖羽,为成鸟在繁殖季节的羽毛,从早春开始,通过部分换羽而呈现。旅鸟在春季迁徙过程中逐渐变成夏羽。

(19)冬羽:繁殖期过后经过一次完全换羽而产生,旅鸟在秋季迁徙过程中完成换羽过程。

(20)过渡羽:由繁殖羽向冬羽转换或由冬羽向繁殖羽转变过程中的羽毛,即体羽仍保留或开始出现部分繁殖羽特征。

5. 趾型

(1)常态足:3趾向前,1趾向后,如图2-24所示。

(2)异趾足:第3、4趾向前,第1、2趾向后,如图2-25所示。

(3)并趾足:3趾向前,1趾向后,但前3趾基部相合并,如图2-26所示。

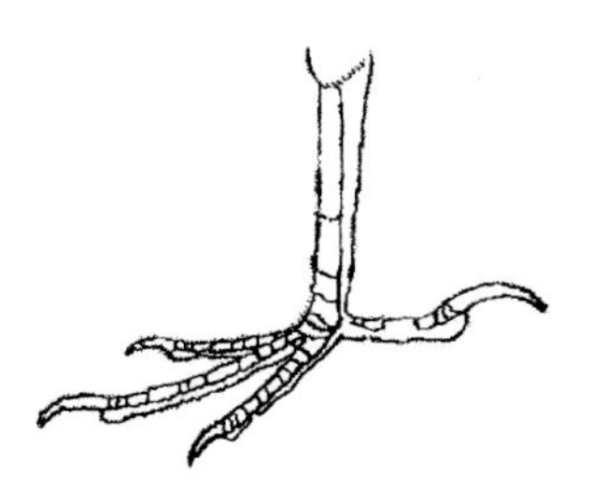

图2-24　常态足

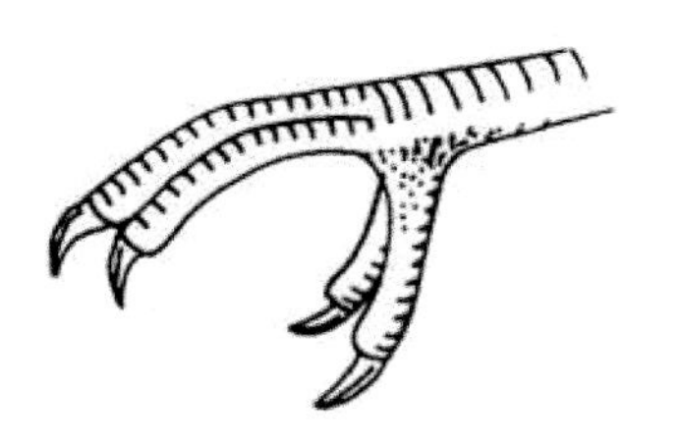

图2-25　异趾足

图2-26　并趾足

(4)前趾足:4趾均向前,如图2-27所示。

(5)对趾足:第2、3趾向前,第1、4趾向后,如图2-28所示。

图2-27　前趾足

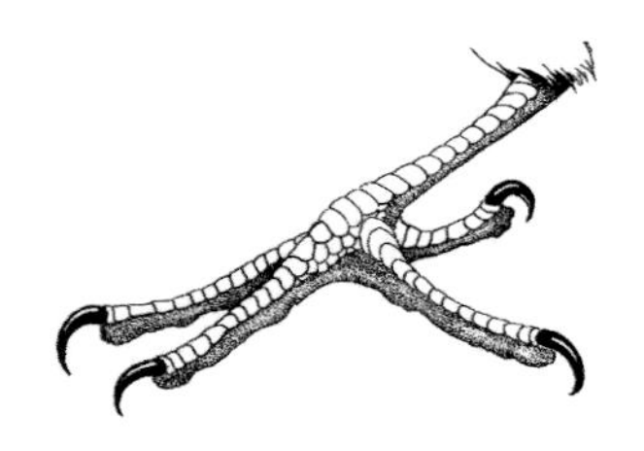

图2-28　对趾足

6. 蹼型

(1)蹼足:前三趾间有发达的蹼膜相连,如鸭,如图2-29所示。

(2)全蹼足:前趾及后趾间都有发达的蹼膜相连,如鹈鹕,如图2-30所示。

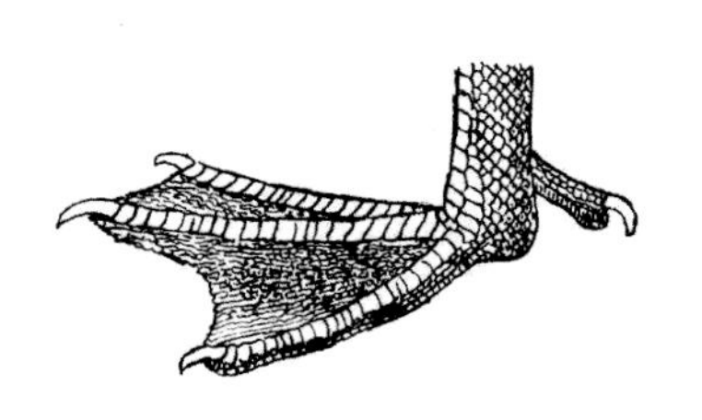

图2-29　蹼足

图2-30　全蹼足

(3)微蹼足:蹼的大部分退化,仅趾间基部留存,如鸻鹬类,如图2-31所示。

(4)瓣蹼足:趾的两侧附有叶状膜,如䴙䴘,如图2-32所示。

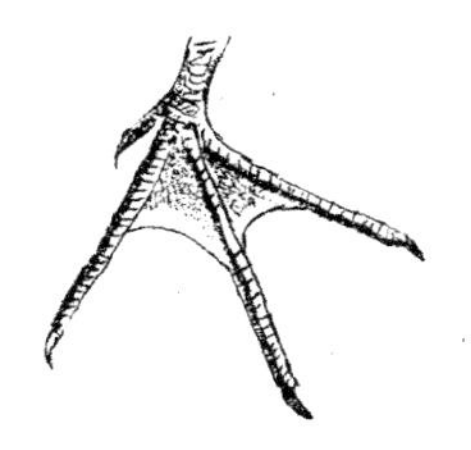
图 2-31　微蹼足

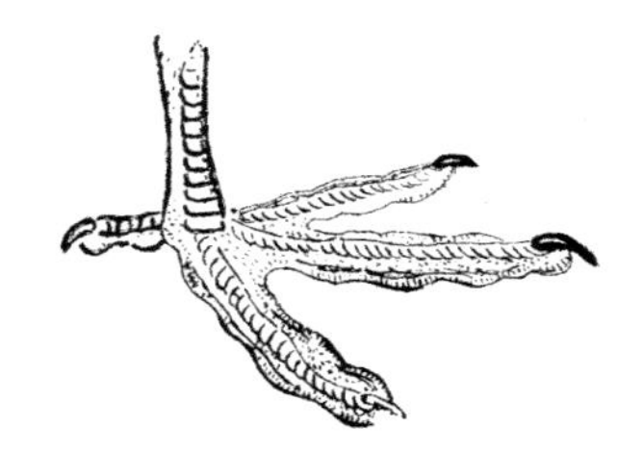
图 2-32　瓣蹼足

7. 居留型

(1)留鸟:终年留居在出生地而不迁徙的鸟类,有时做短距离游荡。

(2)候鸟:在春秋季节,沿着固定的路线往返于繁殖地与越冬地之间的鸟类。

(3)夏候鸟:春夏季居留并繁殖的候鸟,在该地称为夏候鸟。

(4)冬候鸟:仅在冬季居留的候鸟,在该地称为冬候鸟。

(5)旅鸟:夏季在北方繁殖,冬季在南方越冬,仅春秋迁徙时途经本地的鸟。

(6)迷鸟:由某种原因,从栖居地漂泊至异地或在迁徙途中偶然至异地的鸟。

8. 发育阶段

(1)雏鸟:孵出后至廓羽长成之前,不会飞行,不能独立生活阶段的鸟。

(2)幼鸟:离巢后能独立生活但尚未达性成熟的鸟。

(3)亚成鸟:比幼鸟更趋向成熟的阶段,通常用于第二年或更长的时间尚不能达到性成熟的鸟类。

(4)成鸟:性腺发育成熟(羽色也显示出物种特征),具有繁殖能力的鸟。一般小型鸟出生后第二年即为成鸟,大中型鸟常需3年~5年。

(5)早成鸟:雏鸟出壳后全身被绒羽,眼睁开,有视、听觉和避敌反应,能站立和行走并随亲鸟自行取食。

(6)晚成鸟:雏鸟出壳后裸露无羽,眼未睁,仅有最简单的求食反应,不能站立,需要亲鸟保温喂食一段时间后才能离巢。

第三章　安徽鸟类

一、潜鸟目

GAVIIFORMES

本目为中大型游禽。其嘴强直而尖；两翅尖而窄；尾短，多被尾上覆羽遮掩；脚位于身体后端，极少登陆行走；前3趾间具蹼，善于游泳与潜水。潜鸟目全球1科1属5种，中国有1科4种，安徽记录1科1种。

◆潜鸟科Gaviidae

▶黑喉潜鸟

【学　名】*Gavia arctica*

【英文名】Black-throated Diver

【识别特征】体长约68cm的中大型游禽。雌雄羽色相似。成鸟冬羽:头顶、后颈以及上体黑褐色;下颊、颈侧、颏、喉以及下体均白色;胸侧具黑褐色斑纹;于水面漂浮时,两胁后部的白色明显突出水面。

【生态习性】繁殖期栖息于高纬度地区开阔的湖泊、河流,冬季栖息于沿海地区,成对或小群活动。善游泳和潜水,遇险时多潜水逃避,水面起飞需要助跑。主要以鱼类为食,兼食无脊椎动物。

【分布概况】2017年2月,首次于淮北市濉溪县记录到该物种,该物种在安徽可能为迷鸟。

【保护级别】国家"三有"保护鸟类;中日候鸟保护协定物种。

冬羽 / 黄丽华 摄

冬羽 / 黄丽华 摄

冬羽 / 黄丽华 摄

二、䴙䴘目

PODICIPEDIFORMES

本目为典型的游禽。其趾具分离的瓣状蹼，善于潜水和游泳；后肢极度靠后，在陆地行走困难，几乎终生生活在水中；羽衣松软，尾羽短，且全为绒羽。雏鸟早成。中国有1科5种，安徽省记录1科2种。

◆䴙䴘科 Podicipedidae

▶小䴙䴘

【学　名】*Tachybaptus ruficollis*

【英文名】Little Grebe

亲鸟与幼鸟 / 汪湜 摄

孵卵 / 袁晓 摄

飞行 / 赵凯 摄

【识别特征】体长25cm～32cm的小型游禽，俗称水葫芦。雌雄体色相似，成鸟上体黑褐色，下体灰白色，翼灰褐色，尾短白色，趾间具瓣蹼。繁殖期头侧和颈侧红褐色，嘴角具乳黄色斑块，非繁殖期消失。虹膜浅黄色；繁殖期嘴黑色，非繁殖期侧缘黄色；跗蹠和蹼黑色。幼鸟头具白色条纹，嘴粉红色。

【生态习性】栖息于水草丛生的湖泊、池塘等湿地。善潜泳，几乎不离开水。性怯懦，遇惊扰立即潜入水下或隐匿于水草间。繁殖期4月～6月，以水草营造水上浮巢。主要以鱼、虾等水生动物为食。

【分布概况】安徽最常见的水鸟，各地广泛分布。留鸟。

【保护级别】国家“三有”保护鸟类。

冬羽 / 汪湜 摄

幼鸟 / 赵凯 摄

▶凤头䴙䴘

【学　名】*Podiceps cristatus*

【英文名】Great Crested Grebe

求偶 / 汪湜 摄

雏鸟于亲鸟背上 / 汪湜 摄

过渡羽 / 赵凯 摄

【识别特征】体长45cm～55cm的中等游禽。雌雄体色相似。成鸟头顶具黑色冠羽，颈修长，上体黑褐色，下体白色。繁殖期具斗篷状红褐色饰羽，冬季消失，头侧和颈侧白色。虹膜橙红色；嘴峰黑褐色，两侧粉红色；跗蹠和蹼黑色。幼鸟头具黑白相间条纹。

【生态习性】栖息于多水草的河流、湖泊、水库等开阔水域。单独或成小群活动。善潜水，主要以鱼、虾、软体动物等水生动物为食，兼食部分水生植物。繁殖期5月～7月，求偶炫耀时两相对视，频频点头；以水草、芦苇等营造水面浮巢。

【分布概况】安徽主要分布于沿江平原、江淮丘陵以及沿淮较为开阔的水域。留鸟，淮北平原为冬候鸟。

【保护级别】国家“三有”保护鸟类；中日候鸟保护协定物种。

飞行 / 赵凯 摄

冬羽 / 赵凯 摄

三、鹱形目

PROCELLARIIFORMES

本目均为海洋性鸟类。其外形似鸥，翼长而尖，善翱翔；嘴长且左右侧扁，先端呈钩状向下弯曲；鼻孔呈管状（具排盐功能），靠近嘴基部两侧；前趾趾间具蹼，后趾退化或消失，极少在陆地上行走。中国有3科16种，安徽省记录1科1种。

◆鹱科 Procellariidae

▶白额鹱

【学　名】*Calonectris leucomelas*

【英文名】Streaked Shearwater

【识别特征】体长42cm～49cm的中等游禽。雌雄羽色相似。成鸟嘴细长，鼻呈管状。前额、头顶及颈侧白色，具暗褐色纵纹；枕、后颈以及上体暗褐色，尾上覆羽具白色羽缘；飞羽狭长，黑褐色；下体、腋羽纯白色，翼下覆羽白色具暗褐色斑纹。虹膜褐色；嘴角质灰色；跗蹠及蹼粉色。

【生态习性】典型的海洋性鸟类，除繁殖期外，均在海面活动。常于海面低空飞行，发现猎物即俯冲抓捕；也善游泳和潜水，捕食浅层鱼类和海洋无脊椎动物。

【分布概况】主要分布于沿海地区。2011年，首次在巢湖支流南淝河上游的蜀山湖记录到该鸟。迷鸟。

【保护级别】国家“三有”保护鸟类；IUCN红色名录近危种(NT)；中澳候鸟保护协定物种。

飞行 / 阙品甲 摄

四、鹈形目

PELECANIFORMES

本目多为大型游禽。其四趾均朝前，趾间具全蹼，善于游泳和潜水；喙强大，先端多钩曲，具发达的喉囊。雏鸟晚成。中国有6科18种，安徽省记录2科3种。

◆鹈鹕科Pelecanidae

▶白鹈鹕

【学　名】*Pelecanus onocrotalus*

【英文名】Great White Pelican

【识别特征】体长140cm～180cm的大型游禽。雌雄体色相似，通体白色，头、颈沾粉，枕部具短冠羽，胸部具橙黄色簇羽；飞羽黑褐色，初级飞羽羽轴和次级飞羽外翈白色；额基部羽毛呈尖形。虹膜暗红色；嘴铅蓝色，端部红色且弯曲呈钩状，下嘴具宽大的黄色喉囊；跗蹠及蹼橙红色。

【生态习性】栖息于开阔的江河、湖泊等湿地。飞行时颈弯曲成“S”形，两翅鼓动缓慢而有力。多呈小群活动，善游泳，主要以鱼类为食。

【分布概况】偶见于安庆沿江、巢湖以及沿淮湿地，曾记录于淮北平原的宿州市汴河支流、安庆市石门湖以及池州市升金湖等地。旅鸟。

【保护级别】国家II级重点保护鸟类。

亚成鸟休息 / 邢新国 摄

成鸟飞行 / 邢睿 摄

集群 / 许传辉 摄

▶卷羽鹈鹕

【学　名】*Pelecanus crispus*

【英文名】Dalmatian Pelican

成鸟 / 朱英 摄

亚成鸟 / 朱英 摄

降落 / 袁晓 摄

【识别特征】体长160cm～180cm的大型游禽。通体灰白色，似白鹈鹕，但体型更大，颈背具卷曲冠羽，额基部羽毛内凹呈月牙形，飞行时翼下黑色部分较少，仅限于飞羽端部。虹膜浅黄色；上嘴铅灰色，端部黄色且弯曲呈钩状，下嘴和喉囊橙红色；跗蹠及蹼黑褐色。

【生态习性】栖息于河流、湖泊以及沼泽等湿地。多集群活动，颈部常弯曲成"S"形缩在肩部。主要以鱼类、软体类、加壳类等水生动物为食。

【分布概况】偶见于安庆沿江、巢湖以及沿淮周边淮河湿地。旅鸟。

【保护级别】国家Ⅱ级重点保护鸟类；IUCN红色名录易危（VU）；CITES附录Ⅰ。

成鸟飞行 / 朱英 摄

亚成鸟飞行 / 袁晓 摄

◆鸬鹚科 Phalacrocoracidae

▶普通鸬鹚

【学　名】*Phalacrocorax carbo*

【英文名】Great Cormorant

【识别特征】体长70cm～90cm的中大型游禽。雌雄体色相似。成鸟通体黑色而具紫绿色或紫铜色金属光泽；嘴角和喉囊黄色，下颊和喉白色。繁殖期头、颈杂有白色丝状羽，嘴角具红斑，腰部两侧具白色斑块，冬季消失。虹膜翠绿色；嘴灰褐色，端部弯曲呈钩状；跗蹠及蹼黑褐色。幼鸟上体黑褐色，下体污白色。

【生态习性】栖息于开阔的河流、湖泊等水域。集群活动，善于潜水捕鱼，主要以鱼类为食。鸬鹚因捕鱼本领高超，自古就被人们驯养捕鱼。

【分布概况】安徽各地开阔水域均有分布。冬候鸟。每年10月初抵达本省，次年3月中下旬离开。

【保护级别】国家"三有"保护鸟类；安徽省二级保护鸟类。

繁殖羽 / 赵凯 摄

冬羽 / 赵凯 摄

飞行 / 赵凯 摄

幼鸟 / 赵凯 摄

五、鹳形目

CICONIIFORMES

本目为中大型涉禽。其嘴形多侧扁而直，眼先和眼周裸露；颈长，飞行或停歇时多弯曲呈“S”型；脚长而强健，胫下部裸露，适于涉水行走；后趾发达，与前趾在同一平面上。雏鸟晚成。中国共有3科40种，安徽省记录3科20种。

◆鹭科 Ardeidae

▶苍鹭

【学　名】*Ardea cinerea*

【英文名】Grey Heron

求偶 / 郭建华 摄

冬羽 / 汪湜 摄

右幼鸟 / 夏家振 摄

【识别特征】体长75cm～110cm的大型涉禽。雌雄羽色相似。成鸟头、颈白色，头顶两侧及辫状冠羽黑色；上体苍灰色，飞羽黑褐色；前颈具数列纵行黑斑，体侧自前胸至肛周具黑色带纹；两胁和翼下覆羽蓝灰色。虹膜黄色；嘴橙黄色，冬季上嘴黑褐色；胫、跗蹠及趾红褐色，冬季暗褐色。幼鸟头及上体灰褐色而少黑色。

【生态习性】栖息于河流、湖泊的浅滩、水田、沼泽等湿地。春夏多单独或成对涉水觅食，或长时间静立水边伺机捕猎，冬季集群。飞行时颈缩成“S”形，两脚向后伸直。主要以鱼、虾、蛙等动物为食。繁殖期4月～6月，营巢于杉木林等处。

【分布概况】安徽各地均有分布。冬候鸟，部分留鸟。

【保护级别】国家“三有”保护鸟类。

飞行 / 夏家振 摄

▶草鹭

【学　名】*Ardea purpurea*

【英文名】Purple Heron

【识别特征】体长75cm～100cm的大型涉禽。雌雄羽色相似。成鸟额、头顶至颈背蓝黑色，枕具灰黑色辫状冠羽；颈棕褐色，颈侧具黑褐色带纹；上体及翼上覆羽灰褐色，飞羽和尾羽黑褐色；下体胸以下黑色，翼下覆羽红棕色；肩和前颈基部具灰白色矛状长羽。虹膜黄色；上嘴褐色、下嘴黄色；胫、跗蹠及趾黄褐色。幼鸟体羽多棕褐色，颈侧黑色纵纹不明显。

【生态习性】栖息于水草丰盛的湖泊、河流、库塘的浅水区域，或沼泽湿地。常3只～5只小群活动，飞行时颈缩成"S"形，两脚向后伸直。主要以鱼、虾、蛙等水生动物为食。

【分布概况】安徽迁徙季节见于沿江、江淮丘陵以及沿淮的湖泊、沼泽等湿地。旅鸟。每年春季3月下旬，秋季8月下旬至10月中旬，途经本省。

【保护级别】国家"三有"保护鸟类；中日候鸟保护协定物种。

成鸟 / 汪湜 摄

飞行腹面观 / 汪湜 摄

幼鸟 / 胡伟宁 摄

幼鸟捕食 / 赵凯 摄

▶大白鹭

【学　名】*Ardea alba*

【英文名】Great Egret

【识别特征】体长约100cm的大型涉禽。雌雄羽色相似。成鸟通体白色，颈部“S”形扭结明显，嘴裂超过眼睛后缘。繁殖期嘴黑色，眼先蔚蓝色，胫、跗蹠及趾暗红色；背部具白色长蓑羽，超过尾部。非繁殖期背部蓑羽消失，嘴黄色，眼先和嘴黄至黄绿色，胫、跗蹠及趾黑色。虹膜浅黄色。

【生态习性】栖息于河流、湖泊、库塘等水域的浅水区。单独或成小群活动，颈常弯曲成“S”形，飞行时腿向后伸直。主要以鱼、蛙、甲壳动物等为食。繁殖期4月～7月，营巢于高大乔木的树杈上。

【分布概况】分布于本省的沿江平原、江淮丘陵以及淮北平原。冬候鸟，少数留鸟。

【保护级别】国家“三有”保护鸟类；中日候鸟保护协定物种；中澳候鸟保护协定物种。

左白鹭 / 汪湜 摄

繁殖羽 / 夏家振 摄

飞行腹面观 / 胡云程 摄

冬羽 / 赵凯 摄

▶中白鹭

【学　名】*Egretta intermedia*

【英文名】Intermediate Egret

【识别特征】体长约70cm的中大型涉禽。似大白鹭，通体白色，但体型较小，嘴裂不过眼后缘。繁殖期嘴黑色，眼先黄色，背和胸均具丝状蓑羽。非繁殖期背和胸部饰羽消失，嘴黄色而端部黑褐色。虹膜浅黄色；胫、跗蹠及趾黑色。

【生态习性】栖息于河流、湖泊的浅水区域，以及沼泽、稻田等湿地。单独或成小群活动，飞行时颈部缩成“S”形，腿向后伸直，超过尾端。主要以鱼、虾以及昆虫为食。繁殖期4月～6月，常与其他鹭类混群，营巢于杉树等乔木树杈上。

【分布概况】分布于本省的沿江平原、江淮丘陵以及淮北平原。夏候鸟。春季4月初抵达本省，秋季10月中下旬南迁。

【保护级别】国家“三有”保护鸟类；中日候鸟保护协定物种。

繁殖羽 / 汪湜 摄

飞行腹面观 / 汪湜 摄

亲鸟与雏鸟 / 汪湜 摄

过渡羽 / 赵凯 摄

▶白鹭

【学　名】*Egretta garzetta*

【英文名】Little Egret

育雏 / 汪湜 摄

【识别特征】体长45cm～65cm的中等涉禽。雌雄相似。通体白色,明显较大白鹭和中白鹭小。虹膜浅黄色;嘴黑色;胫、跗蹠亦为黑色,但爪黄色。繁殖期眼先粉红色,后头具2根辫状冠羽,背和上胸具蓬松的蓑羽。非繁殖期眼先黄绿色,所有饰羽均消失。

【生态习性】栖息于河流、湖泊、库塘沿岸,以及稻田、沼泽等浅水湿地。单独或集群活动,飞行姿态同其他鹭类,颈部缩成"S"形,腿向后伸直超出尾端。主要以鱼、虾以及昆虫为食。繁殖期4月～6月,常与其他鹭类混群,营巢于杉树等乔木的树杈上。

【分布概况】安徽各地广泛分布。留鸟。

【保护级别】国家"三有"保护鸟类。

繁殖羽 / 汪湜 摄

过渡羽 / 赵凯 摄

冬羽 / 周科 摄

飞行 / 赵凯 摄

▶黄嘴白鹭

【学　名】*Egretta eulophotes*

【英文名】Chinese Egret

【识别特征】体长50cm～65cm的中等涉禽。似白鹭，通体白色，趾黄色。但黄嘴白鹭繁殖期嘴橙红色，眼先蓝色；枕部具簇状冠羽，胸具矛状饰羽，背部蓑羽达尾端；腿蓝黑色。非繁殖期饰羽消失，嘴黑褐色，基部黄色；胫、跗蹠黄绿色，趾黄色。虹膜浅黄色。

【生态习性】栖息于河流、湖泊的浅水区以及沼泽等湿地。单独或成对活动，主要以鱼、虾、蟹等水生动物为食。

【分布概况】安徽偶见于沿江湿地的望江、东至、宿松等县。旅鸟。

【保护级别】国家II级重点保护鸟类；IUCN红色名录易危(VU)。

繁殖羽 / 林清贤 摄

冬羽 / 林清贤 摄

繁殖羽 / 袁晓 摄

▶牛背鹭

【学　名】*Bubulcus ibis*

【英文名】Cattle Egret

【识别特征】体长45cm～55cm的中等涉禽。雌雄羽色相似。嘴和颈明显较其他鹭类粗短。繁殖期嘴、脚红色，头、颈和胸橙黄色，背和胸具橙黄色丝状长形饰羽。非繁殖期通体白色，少数个体头部微缀黄色，虹膜黄色；嘴黄色；胫、跗蹠及趾黑色。

【生态习性】栖息于近水草地、耕地、农田、沼泽地等干湿区域。喜与牛为伴，常见在牛背上觅食，主要以昆虫为食，兼食鱼、虾等动物。繁殖期4月～7月，常与其他鹭类混群，营巢于近水杉树等乔木的树杈上。

【分布概况】安徽各地均有分布。夏候鸟。每年春季4月初抵达本省，秋季10月中旬南迁。

【保护级别】国家“三有”保护鸟类，中日候鸟保护协定物种；中澳候鸟保护协定物种。

繁殖羽 / 胡云程 摄

飞行 / 薛辉 摄

牛背上 / 薛辉 摄

左中白鹭 / 赵凯 摄

▶池鹭

【学　名】*Ardeola bacchus*

【英文名】Chinese Pond Heron

繁殖羽 / 汪湜 摄

孵卵 / 夏家振 摄

捕食 / 夏家振 摄

【识别特征】体长约47cm的中等涉禽。雌雄羽色相似。成鸟翼羽、尾羽以及下体腹以下白色。繁殖期眼周和眼先黄绿色，嘴基浅蓝色，中间黄而端黑；胫、跗蹠和趾暗红色至黄色；头、颈和前胸深栗色；上体蓝黑色，羽毛呈披针状蓑羽。冬羽上体暗褐色，头、颈和胸皮黄色密具褐色纵纹。虹膜黄色，上嘴黑褐色，下嘴基部黄绿色；胫、跗蹠及趾黄绿色。幼鸟似成鸟冬羽。

【生态习性】栖息于多水草的河流、湖泊、池塘以及稻田等湿地。多单独活动。主要以鱼、虾、蛙以及昆虫等小型动物为食。繁殖期4月～7月，常与其他鹭类混群，营巢于近水乔木的树杈上。

【分布概况】安徽各地均有分布。夏候鸟。每年春季4月初抵达本省，秋季10月中旬南迁。

【保护级别】国家“三有”保护鸟类。

冬羽 / 夏家振 摄

▶绿鹭

【学　名】*Butorides striata*

【英文名】Striated Heron

飞行 / 胡云程 摄

繁殖羽 / 胡云程 摄

捕食 / 刘子祥 摄

幼鸟/赵凯 摄

【识别特征】体长35cm～50cm的中小型涉禽。雌雄羽色相似。成鸟眼先黄绿色,头及冠羽绿黑色,嘴角有一黑色条纹;背和肩具蓝灰色披针形矛状羽,翼上覆羽,具狭窄的黄白色羽缘,构成本种特征性的网状斑纹;颈侧和体侧灰色,下体中央白色。虹膜黄色;嘴黑色;胫、跗蹠和趾黄绿色。幼鸟上体暗褐色,翼上覆羽羽端具白色点斑;下体皮黄色,胸具黑褐色纵纹。

【生态习性】栖息于山溪、河流、湖泊、池塘等水域岸边。性孤独,多单独活动。主要以鱼、虾等水生动物以及昆虫为食。繁殖期4月～6月,营巢于枝叶茂密的乔木树杈或灌木上。

【分布概况】安徽各地均有分布,但不如其他鹭类常见。夏候鸟。每年春季4月中旬抵达本省,秋季10月初南迁。

【保护级别】国家“三有”保护鸟类;中日候鸟保护协定物种。

警觉 / 汪湜 摄

▶夜鹭

【学　名】*Nycticorax nycticorax*

【英文名】Black-crowned Night Heron

飞行 / 赵凯 摄

亚成鸟 / 赵凯 摄

幼鸟 / 赵凯 摄

【识别特征】体长50cm~60cm的中等涉禽。雌雄羽色相似。成鸟额基部、眉纹以及丝状冠羽白色；头及上体绿黑色，翼灰色，下体白色。虹膜红色；嘴黑色；胫、跗蹠及趾黄色，繁殖期红色。幼鸟上体和翼上覆羽暗褐色，具皮黄色或白色点状斑纹；下体白色，具暗褐色纵纹。虹膜橙黄色；嘴黑色，下嘴基部黄绿色；脚黄绿色。

【生态习性】栖息于山溪、河流、湖泊、池塘等水域附近。常集小群活动或单独长时间伫立于水边伺机捕鱼。主要以鱼、蛙等水生动物为食。繁殖期4月~7月，常于其他鹭类混群，营巢于枝叶茂密的树杈上。

【分布概况】安徽各地均有分布。夏候鸟。春季3月上中旬抵达本省，秋季11月中下旬南迁，少数迟至12月中下旬离开本省。

【保护级别】国家“三有”保护鸟类；中日候鸟保护协定物种。

繁殖羽 / 汪湜 摄

▶海南鳽

【学　名】*Gorsachius magnificus*

【英文名】White-eared Night Heron

成鸟 / 朱英 摄

【识别特征】体长60cm ~ 70cm的中等涉禽。雌雄羽色相似。成鸟眼球略显凸出，头及冠羽黑色；眼后和眼下方各有一白色条纹，颈侧具棕红色带纹；上体暗褐色，下体自颏、喉至胸中央有一宽阔的褐色纵纹；胸以下白色，杂以棕褐色斑纹。虹膜黄褐色，眼先黄绿色；嘴黑褐色，下嘴基部黄色；胫、跗蹠及趾黄绿色。幼鸟颈侧无棕色带纹，而具纵行的白色斑点，翼上覆羽具较大的白色斑点。

【生态习性】栖息于高山密林中的山溪、河谷。夜行性，白天多隐藏在密林中。主要以鱼、蛙以及昆虫等动物为食。

【分布概况】安徽分布于皖南山区、大别山区，以及沿江平原。曾记录于霍邱、黄山浮溪、芜湖古城区以及宣城和旌德等地。旅鸟。

【保护级别】国家II级重点保护鸟类；中国特有种；IUCN红色名录濒危（EN）。

成鸟 / 董文晓 摄

▶黄斑苇鳽

【学　名】*Ixobrychus sinensis*

【英文名】Yellow Bittern

雄鸟 / 汪湜 摄

幼鸟 / 胡云程 摄

雌鸟飞行 / 赵凯 摄

【识别特征】体长约30cm～40cm的小型涉禽。雄鸟头顶及冠羽黑色，背、肩及翼上覆羽栗褐色，腰至尾上覆羽灰褐色，飞羽和尾羽黑色；雌鸟似雄鸟，但头栗褐色具黑色纵纹，下体皮黄，具黄褐色纵纹。虹膜黄色；嘴黄褐色但嘴峰黑褐色；胫、跗蹠及趾黄绿色。幼鸟上体黄褐色，具黑褐色纵纹；下体黄白色，具褐色纵纹。

【生态习性】栖息于富有挺水植物的河流、湖泊、池塘以及沼泽地，常见于芦苇丛中。多单独或成对活动，性机警。主要以鱼、蛙等水生生物为食。繁殖期5月～7月，营巢于芦苇丛和蒲草丛中。

【分布概况】安徽各地均有分布。夏候鸟。每年春季4月中旬抵达本省，秋季10月中下旬南迁。

【保护级别】国家"三有"保护鸟类；中日候鸟保护协定物种；中澳候鸟保护协定物种。

雌鸟 / 夏家振 摄

▶紫背苇鳽

【学　名】*Ixobrychus eurhythmus*

【英文名】Schrenck's Bittern

雄鸟 / 刘子祥 摄

雄鸟 / 刘子祥 摄

雌鸟 / 朱英 摄

【识别特征】体长30cm～40cm的中小型涉禽。雌雄异色。雄鸟头顶暗褐色，头侧、后颈、背、肩紫栗色，腰至尾上覆羽暗灰色；尾羽、飞羽以及初级覆羽黑褐色，小覆羽与肩同色，其余覆羽灰黄色；下体土黄色，喉至胸中央具黑褐色纵纹。雌鸟上体及翼上覆羽栗褐色，具白色斑点；下体皮黄色，具黑褐色纵纹。虹膜黄色，瞳孔后缘与虹膜相连；眼先、上嘴基部和下嘴黄色，嘴峰黑褐色；胫、跗蹠及趾黄绿色。幼鸟似雌鸟，翼覆羽具皮黄色羽缘。

【生态习性】栖息于岸边植物丰茂的河流、湖泊、库塘附近，或沼泽、农田等干湿地附近。性机警，多晨昏单独活动。主要以鱼、虾等水生动物以及昆虫为食。繁殖期5月～7月，营巢于植物茂盛的湿草地或沼泽地。

【分布概况】安徽各地均有分布，但不如黄斑苇鳽常见。夏候鸟。春季4月中旬抵达本省，10月中旬南迁。

【保护级别】国家"三有"保护鸟类；中日候鸟保护协定物种。

幼鸟 / 薄顺奇 摄

▶栗苇鳽

【学　名】*Ixobrychus cinnamomeus*

【英文名】Cinnamon Bittern

雄鸟 / 夏家振 摄

幼鸟 / 钱斌 摄

雄鸟 / 薛辉 摄

【识别特征】体长30cm～40cm的中小型涉禽。雌雄异色。雄鸟头、上体以及翼羽栗红色，颈侧具白斑；下体浅黄褐色，喉至胸中央具黑褐色带纹。雌鸟头及上体暗栗色，杂以细小的浅棕色斑点；下体土黄色，自喉至胸具数条黑褐色纵纹。虹膜黄色，瞳孔后缘与虹膜相连；嘴黄色；胫、跗蹠及趾黄绿色。幼鸟似雌鸟，但上体黑褐色，羽缘皮黄色。

【生态习性】栖息于溪流、湖泊、池塘的芦苇及水草丛中。性机警，多晨昏于芦苇丛或草丛中活动。主要以鱼、蛙、昆虫等动物为食。繁殖期4月～7月，营巢于草丛或芦苇丛中。

【分布概况】安徽各地均有分布，但不如黄斑苇鳽常见。夏候鸟。春季4月中旬抵达本省，10月中旬南迁。

【保护级别】国家"三有"保护鸟类。

左雄右雌 / 夏家振 摄

▶黑苇鳽

【学　名】*Dupetor flavicollis*

【英文名】Black Bittern

【识别特征】体长50cm～60cm的中等涉禽。雄鸟头、上体以及翼羽黑色，具蓝辉金属光泽；颈侧橙黄色，前颈至胸暗栗色，杂以白色条纹；胸以下黑褐色。雌鸟似雄鸟，但上体褐色且少金属光泽。虹膜红褐色；嘴暗红褐色，嘴峰黑褐色；胫、跗蹠及趾暗褐色，繁殖期暗红色。幼鸟似成鸟，但上体和翼羽具浅色羽缘，构成鳞状斑纹。

【生态习性】栖息于湖泊、池塘、稻田，沼泽等水生植物茂密的湿地。多于晨昏单独或成对活动。主要以鱼、虾、昆虫等动物为食。繁殖期5月～7月，营巢于芦苇或灌丛。

【分布概况】安徽各地均有分布。淮北平原为旅鸟，其余地区为夏候鸟。春季4月中旬抵达本省，10月中旬南迁。

【保护级别】国家"三有"保护鸟类。

成鸟 / 夏家振 摄

成鸟 / 汪湜 摄

飞行 / 夏家振 摄

飞行 / 赵凯 摄

▶大麻鳽

【学　名】*Botaurus stellaris*

【英文名】Eurasian Bittern

成鸟侧面观 / 袁晓 摄

成鸟 / 夏家振 摄

飞行 / 桂涛 摄

【识别特征】体长约70cm的中大型涉禽。雌雄羽色相似。头顶、眼先以及颊纹黑褐色，颊和耳羽黄褐色，后颈、颈侧、上体各部以及翼覆羽黄褐色，密杂以黑褐色斑纹；飞羽、初级覆羽红褐色，具黑褐色横斑；下体皮黄色，具褐色斑纹。虹膜黄色；嘴黄绿色，嘴峰黑褐色；胫、跗蹠及趾黄绿色。

【生态习性】栖息于山地、丘陵和平原地区的河流、湖泊、池塘边的芦苇丛、草丛和灌丛中。多单独或成对活动，受惊时常头、颈向上伸直，体色和斑纹与周围枯草、芦苇融为一体，不易被发现。主要以鱼、虾、蛙、水生昆虫等动物为食。

【分布概况】安徽各地均有分布。冬候鸟，淮北平原为旅鸟。每年秋季10月下旬抵达本省，次年3月中下旬迁往北方繁殖。

【保护级别】国家"三有"保护鸟类；中日候鸟保护协定物种。

警觉 / 赵凯 摄

◆鹳科 Ciconiidae

▶黑鹳

【学　名】*Ciconia nigra*

【英文名】Black Stork

【识别特征】体长100cm～120cm的大型涉禽。雌雄羽色相似。成鸟头、颈、胸以及上体各部黑色，具多种金属光泽，胸以下白色；腋羽白色，翼下覆羽黑色。虹膜褐色；眼周裸皮、嘴、胫、跗蹠及趾均为红色。幼鸟头、颈和上胸棕褐色，上体暗褐色，胸以下白色，嘴暗红色。

【生态习性】冬季主要栖息于开阔的湖泊、河岸和沼泽地。多单独或成小群活动。主要以鱼、蛙、蜥蜴以及昆虫等动物为食。

【分布概况】本省冬季主要分布于沿江湿地的安庆、贵池、东至以及青阳等地，迁徙季节见于大别山区的东淠河。皖南山地丘陵区和沿江平原区为冬候鸟，大别山区为旅鸟。每年秋季10月下旬抵达本省，次年3月中旬离开。

【保护级别】国家I级重点保护鸟类；CITES附录II；中日候鸟保护协定物种。

右幼鸟 / 夏家振 摄

成鸟 / 顾长明 摄

成鸟 / 杨立人 摄

幼鸟飞行 / 胡云程 摄

▶东方白鹳

【学　名】*Ciconia boyciana*

【英文名】Oriental White Stork

交配 / 胡云程 摄

亲鸟与幼鸟 / 顾长明 摄

【识别特征】体长110cm～130cm的大型涉禽。雌雄羽色相似。成鸟头、颈、体羽、小覆羽和中覆羽以及腋羽和翼下覆羽白色，前颈具披针状饰羽；飞羽和大覆羽黑色且具金属光泽，但内侧初级飞羽和次级飞羽外翈灰白色。虹膜白色；嘴黑色粗壮；胫、跗蹠及趾红色。

【生态习性】栖息于开阔的湖泊、河滩、沼泽等湿地。多成对或结小群活动，站立休息时颈常缩成"S"形。主要以鱼、蛙等动物为食，兼食昆虫等其他动物。

【分布概况】安徽各地均有分布记录。沿江平原和皖南山地丘陵区为冬候鸟，其余地区为旅鸟。2000年～2010年，安庆沿江的武昌湖发现东方白鹳的繁殖群体，2005年共记录8窝成活。由于缺少高大树木，该繁殖群体在高压线上营巢，对供电系统造成安全隐患，2010年前后被供电系统清除。

【保护级别】国家I级重点保护鸟类；IUCN红色名录濒危(EN)；CITES附录I；中日候鸟保护协定物种。

冬羽 / 顾长明 摄

起飞 / 汪湜 摄

◆鹮科 Threskiornithidae

▶白琵鹭

【学　名】*Platalea leucorodia*

【英文名】White Spoonbill

摄食 / 汪湜 摄

休息 / 夏家振 摄

亚成鸟飞行 / 汪湜 摄

【识别特征】体长70cm~90cm的大型涉禽。雌雄羽色相似。成鸟通体白色,眼与上嘴基部有黑色细纹相连,颏、喉裸皮黄色。繁殖期枕部具橙黄色丝状冠羽,前颈具橙黄色颈环,冬季羽冠和橙黄色颈环均消失。虹膜暗红色;嘴黑色上下扁平,端部黄色且扩大,形如琵琶;胫、跗蹠及趾黑色。幼鸟通体白色,飞羽具黑褐色羽轴,最外侧飞羽具黑褐色条纹或端斑。

【生态习性】栖息于河流、湖泊、水库的浅水区以及开阔的沼泽地。多成小群活动,极少单独活动,休息时常呈"一"字形散开。主要以鱼类、虾、蟹、昆虫等动物为食。

【分布概况】安徽分布于沿江平原、江淮丘陵以及淮河沿岸湿地。沿江平原为冬候鸟,江淮丘陵和淮北平原为旅鸟。每年10月上旬到达本省,次年3月下旬离开。

【保护级别】国家II级重点保护鸟类;CITES附录II;中日候鸟保护协定物种。

警觉 / 夏家振 摄

▶黑脸琵鹭

【学　名】*Platalea minor*

【英文名】Black-faced Spoonbill

【识别特征】体长70cm～80cm的大型涉禽。通体白色，似白琵鹭，但眼先、眼周以及颊的裸出部分均为黑色；嘴上下扁平，端部扩大呈琵琶状，但端部亦为黑色而非黄色。

【生态习性】栖息于河流、湖泊、水库的浅水区以及开阔的沼泽地。喜集群或与白琵鹭等其他鹭类混群。主要以鱼类、虾、蟹、昆虫等动物为食。

【分布概况】安徽偶见于沿江湿地。2016年11月，首次在安庆七里湖记录该物种与白琵鹭混群。旅鸟。

【保护级别】国家II级重点保护鸟类；IUCN红色名录濒危(EN)；中日候鸟保护协定物种。

繁殖羽 / 汪湜 摄

左白琵鹭 / 赵凯 摄

觅食 / 董文晓 摄

亚成鸟飞行 / 胡伟宁 摄

六、雁形目
ANSERIFORMES

本目为中大型游禽。其嘴多扁平，先端具加厚的嘴甲，两侧边缘具栉状突起；多数种类翅上具翼镜；尾短，脚短；前趾间具蹼，后趾短小而不着地。雏鸟早成。中国共有1科51种，安徽省记录1科32种。

◆鸭科 Anatidae

▶小天鹅

【学　名】*Cygnus columbianus*

【英文名】Tundra Swan

【识别特征】体长110cm～140cm的大型游禽。似大天鹅，成鸟通体白色。嘴基部黄色区域较小，沿嘴缘向前延伸不超过鼻孔。虹膜棕褐色；跗蹠及蹼黑色。幼鸟体羽白色占灰，头部褐色较重；嘴粉红色，端部黑色。

【生态习性】栖息于水生植物丰茂的湖泊、河湾、水库等开阔水域。性喜集群，迁徙飞行时常排成"一"或"V"字形。主要以水生植物的根、茎和种子为食，兼食部分水生动物。

【分布概况】安徽主要分布于沿江、江淮丘陵以及淮河沿岸的湿地。冬候鸟。每年10月上旬抵达本省，次年3月中下旬北去繁殖。

【保护级别】国家Ⅱ级重点保护鸟类；中日候鸟保护协定物种。

成鸟 / 汪湜 摄

起飞 / 赵凯 摄

集群 / 汪湜 摄

前排幼鸟 / 赵凯 摄

▶鸿雁

【学　名】*Anser cygnoides*

【英文名】Swan Goose

【识别特征】体长80cm～90cm的大型游禽。雌雄羽色相似，雄鸟上嘴基部有一疣状突。成鸟嘴与额基之间有一棕白色细纹；头顶至后颈棕褐色，颈侧和前颈棕白色；上体及翼上覆羽暗褐色，各羽具浅色羽缘；尾上覆羽和尾羽灰黑色，两侧和端部均白色；下体胸至腹浅棕色，两胁具暗褐色斑纹，腹以下白色。虹膜褐色；嘴黑色；跗蹠及蹼橙红色。幼鸟上体灰褐色，上嘴基部无白纹。

【生态习性】栖息于开阔的湖泊、河流、水库等水域及其附近的草地和农田。性喜集群，主要以草本植物的叶、芽为食，兼食部分甲壳类和软体动物。快速飞行时呈“人”字形队列，减速飞行则排成“一”字形。

【分布概况】安徽主要分布于沿江平原、江淮丘陵以及淮北平原的开阔湿地。冬候鸟。每年10月中下旬抵达本省，次年3月中下旬北去繁殖。

【保护级别】国家“三有”保护鸟类；安徽省二级保护鸟类；IUCN红色名录易危种（VU）；中日候鸟保护协定物种。

成鸟 / 赵凯 摄

摄食 / 赵凯 摄

小群 / 汪湜 摄

群飞 / 赵凯 摄

▶豆雁

【学　名】*Anser fabalis*

【英文名】Bean Goose

飞行腹面观 / 赵凯 摄

成鸟 / 汪湜 摄

起飞 / 夏家振 摄

【识别特征】体长70cm～85cm的大型游禽。雌雄羽色相似。成鸟嘴甲和鼻孔之间具橘黄色块斑；头、颈暗棕褐色，背和翼上覆羽灰褐色具浅色羽缘；飞羽、尾羽以及腰黑褐色，腰侧和尾上覆羽白色；下体胸以上浅褐色，两胁具黑褐色横斑；腹以下白色。虹膜暗褐色；嘴黑色；跗蹠及蹼橘黄色。

【生态习性】越冬期主要栖息于河流、湖泊、水库、沼泽等开阔湿地。性喜集群，常与鸿雁等混群。主要以植物性食物为食，通常在栖息地附近的农田、草地和沼泽地觅食。快速飞行时呈"人"字形队列，减速飞行则排成"一"字形。

【分布概况】安徽主要分布于沿江平原、江淮丘陵以及淮北平原的开阔湿地。冬候鸟。每年10月中下旬抵达本省，次年3月中下旬北迁。

【保护级别】国家"三有"保护鸟类；安徽省二级保护鸟类；中日候鸟保护协定物种。

警觉 / 夏家振 摄

▶白额雁

【学　名】*Anser albifrons*

【英文名】White-fronted Goose

群飞 / 夏家振 摄

幼鸟 / 赵凯 摄

【识别特征】体长60cm～80cm的大型游禽。雌雄羽色相似。成鸟嘴粉色，额具大块白斑，眼周色暗。头、颈以及上背暗褐色，背和翼上覆羽具浅色羽缘；下背和腰黑色，尾上覆羽白色；飞羽和尾羽黑色，尾羽端部白色；下体胸和两胁灰褐至暗褐色，杂以白色斑纹；腹至尾下覆羽白色。虹膜褐色；跗蹠及蹼橘黄色。幼鸟似成鸟，额部白斑小或缺失，嘴呈橘黄色，下体黑色斑块少。

【生态习性】越冬期主要栖息于河流、湖泊、水库及其附近开阔的沼泽和农田等湿地。常成小群活动，也与豆雁、鸿雁等混群。主要以植物性食物为食，多在陆地觅食。

【分布概况】安徽主要分布于沿江平原、江淮丘陵以及淮北平原。冬候鸟。每年10月上旬抵达本省，次年3月上旬开始北迁。

【保护级别】国家II级重点保护鸟类；中日候鸟保护协定物种。

成鸟摄食 / 桂涛 摄

▶小白额雁

【学　名】*Anser erythropus*

【英文名】Lesser White-fronted Goose

【识别特征】体长50cm～60cm的中等游禽。似白额雁，但体型略小，嘴和颈较短，体色更深；眼圈黄色，成鸟额部白色斑块延伸至头顶。虹膜褐色；嘴粉红色；跗蹠及蹼橘黄色。

【生态习性】越冬期主要栖息于开阔的河流、湖泊、水库及其附近的农田、沼泽等湿地。性喜集群，常见与白额雁混群。主要以植物的茎、叶和种子为食。

【分布概况】安徽主要分布于沿江平原、江淮丘陵以及淮北平原的较为开阔的湖泊、河流等湿地。冬候鸟。每年10月中旬抵达本省，次年3月中旬北迁。本种在安徽越冬数量较白额雁少。

【保护级别】国家"三有"保护鸟类；安徽省二级保护鸟类；IUCN红色名录易危种（VU）；中日候鸟保护协定物种。

成鸟 / 夏家振 摄

游泳 / 胡云程 摄

休息 / 赵凯 摄

飞行腹面观 / 袁晓 摄

▶灰雁

【学　名】*Anser anser*

【英文名】Graylag Goose

成鸟 / 袁晓 摄

【识别特征】体长70cm～90cm的大型游禽。雌雄羽色相似。与豆雁和鸿雁嘴的颜色明显不同，与白额雁和小白额雁区别在于额无白斑。成鸟头顶、后颈以及上体暗褐色，背和翼上覆羽具浅色羽缘；飞羽和尾羽黑褐色，尾羽端部和尾覆羽白色；下体灰白色，两胁具不规则褐色斑纹。虹膜褐色，眼圈红色；嘴橘红色；跗蹠及蹼橘红色。

【生态习性】越冬期栖息于富有芦苇等挺水植物的河流、湖泊、库塘等水域。多集小群活动，主要以植物性食物为食，兼食虾、螺等水生动物。

【分布概况】安徽主要分布于沿江平原、江淮丘陵以及淮北平原的较为开阔的湖泊、河流等湿地。冬候鸟。每年10月中旬抵达本省，次年3月中旬北迁。

【保护级别】国家"三有"保护鸟类；安徽省二级保护鸟类。

警戒 / 袁晓 摄

群体 / 夏家振 摄

▶斑头雁

【学　名】*Anser indicus*

【英文名】Bar-headed Goose

【识别特征】体长60~85cm的中大型游禽。雌雄羽色相似。头侧、头顶至枕白色,后头和枕各具一道黑色横斑;颈暗棕色,头侧白色延伸至颈侧成白色带纹;上体多灰褐色,初级飞羽和次级飞羽黑褐色;下体颏、喉白色,胸、腹灰色,两胁具宽阔的暗栗色端斑,下腹至尾下覆羽白色。虹膜暗棕色;嘴橙黄色,端部黑色;跗蹠和蹼橙黄色。幼鸟头顶至后颈暗栗色,颈侧污白色。

【生态习性】越冬期栖息于开阔的河流、湖泊、沼泽等开阔湿地。成小群活动,或与其他雁鸭类混群。主要以禾本科和莎草科植物为食,兼食虾、螺等水生动物。

【分布概况】安徽偶见于安庆沿江开阔的湖泊、河流等湿地。迷鸟。

【保护级别】国家"三有"保护鸟类;安徽省二级保护鸟类。

摄食 / 陈军 摄

游泳 / 陈军 摄

摄食 / 陈军 摄

休息 / 赵凯 摄

▶雪雁

【学　名】*Anser caerulescens*

【英文名】Snow Goose

【识别特征】体长60cm～85cm的中大型游禽。雌雄羽色相似。成鸟初级飞羽黑色，初级覆羽灰色，体羽余部白色。虹膜暗褐色；嘴红色；跗蹠及蹼红色。幼鸟头、后颈及上体多灰色。

【生态习性】繁殖于北美极地苔原地带，高度适应高原生活。冬季偶见于中国东部开阔的湖泊、沼泽地及其附近的农耕地。性喜集群。主要以植物性食物为食。

【分布概况】安徽偶见于安庆沿江开阔的湖泊、河流等湿地，曾多次记录单只雪雁与豆雁等混群。迷鸟。

【保护级别】国家"三有"保护鸟类；安徽省二级保护鸟类。

与豆雁混群 / 王雪峰 摄

与白额雁混群 / 尹莉 摄

飞行 / 薄顺奇 摄

混群 / 尹莉 摄

▶黑雁

【学　名】*Branta bernicla*

【英文名】Brent Goose

【识别特征】体长 56cm ~ 89cm 的中大型游禽。雌雄羽色相似。成鸟头、颈和胸黑色，前颈上端具白色横斑，并延伸至颈侧；上体暗褐色，飞羽和尾羽黑褐色，尾上覆羽及其两侧白色；上腹和两胁灰褐色，杂以白色斑纹，下腹至尾下覆羽白色。虹膜褐色；嘴黑色；跗蹠及蹼黑色。幼鸟前颈上端无白斑。

【生态习性】繁殖于北极沿岸苔原低洼地，冬季多于东部沿海地带越冬。性喜集群，主要以植物性食物为食，兼食部分动物性食物。

【分布概况】安徽偶见于安庆沿江开阔的湖泊滩头等湿地，2017 年 1 月首次在安庆菜子湖记录到 1 只黑雁与白额雁混群。迷鸟。

【保护级别】国家"三有"保护鸟类；安徽省二级保护鸟类；中日候鸟保护协定物种。

正面观 / 赵凯 摄

背面观 / 赵凯 摄

混群 / 赵凯 摄

▶赤麻鸭

【学　名】*Tadorna ferruginea*

【英文名】Ruddy Shelduck

【识别特征】体长50cm～70cm的中大型游禽。雄鸟额和头棕白色，体羽多赤褐色，下颈基部有一窄的黑色颈环；初级飞羽、初级覆羽黑褐色，其余翼覆羽白色微沾棕黄；翼镜辉绿色；尾上覆羽和尾羽黑色，腋羽和翼下覆羽白色。雌鸟似雄鸟，但无黑色领环，额、头顶、眼周近白色。虹膜褐色；嘴、跗蹠及蹼黑色。

【生态习性】栖息于河流、湖泊、库塘等水域。性喜集群，多成小群活动。主要以水生植物的茎叶等组织为食，兼食甲壳动物等水生动物。

【分布概况】安徽主要分布于沿江平原、江淮丘陵以及淮北平原的河流、湖泊、库塘等湿地。冬候鸟。较为常见，每年10月中下旬抵达本省，次年3月中下旬北去繁殖。

【保护级别】国家"三有"保护动物；安徽省二级保护鸟类；中日候鸟保护协定物种。

雌鸟 / 赵凯 摄

冬羽 / 汪湜 摄

雄鸟 / 薛辉 摄

飞行背面观 / 胡云程 摄

▶翘鼻麻鸭

【学　名】*Tadorna tadorna*

【英文名】Common Shelduck

雄鸟 / 胡云程 摄

雌鸟 / 夏家振 摄

飞行 / 夏家振 摄

【识别特征】体长 50cm ~ 65cm 的中等游禽。雄鸟嘴基部具明显的皮质肉瘤，嘴红色上翘；头和上颈黑色，具绿色光泽；肩羽黑色，上背至胸有一宽阔的栗色环带，上体余部白色；初级飞羽黑色，翼镜绿色；三级飞羽栗色，翼上覆羽多白色；尾下覆羽棕黄色，腹中央至尾下覆羽有一宽的黑色纵带，下体余部以及翼下覆羽白色。雌鸟似雄鸟，但嘴基无瘤状突起，额基具白色斑块。虹膜暗褐色；跗蹠及蹼粉红色。

【生态习性】栖息于河流、湖泊、库塘等水域。性喜集群，主要以水生动物为食，兼食少量植物性食物。

【分布概况】安徽主要分布于沿江平原和江淮丘陵之间的河流、湖泊、库塘等湿地。冬候鸟。每年 10 月中下旬抵达本省，次年 3 月中下旬北去繁殖。

【保护级别】国家“三有”保护鸟类；安徽省二级保护鸟类；中日候鸟保护协定物种。

雄鸟休息 / 汪湜 摄

▶棉凫

【学　名】*Nettapus coromandelianus*

【英文名】Cotton Pygmy Goose

雄鸟 / 夏家振 摄

雄鸟 / 汪湜 摄

雌鸟 / 汪湜 摄

左雌右雄 / 汪湜 摄

【识别特征】体长约30cm的小型游禽。雌雄异色。雄鸟额至头顶黑色，颈基具黑绿色环带；上体以及翼上覆羽多黑褐色，具绿色金属光泽；飞羽黑褐色，初级飞羽大部以及次级飞羽端部白色；头侧、后颈以及下体白色，翼下覆羽黑褐色。雌鸟具黑褐色贯眼纹，无黑色颈环；上体暗棕褐色，胸污白色而具黑褐色斑纹，两胁灰褐色，胸以下白色。虹膜红褐色；雄鸟嘴黑色，雌鸟下嘴侧缘黄褐色；跗蹠和蹼黄绿色。

【生态习性】栖息于多水草的河流、湖泊、库塘等水域。成对或小群活动，主要以水生植物的芽、叶为食，兼食水生动物。繁殖期5月～7月，营巢于靠近水域的树洞。

【分布概况】安徽主要分布于沿江平原的河流、湖泊、库塘等水域，数量稀少。夏候鸟。

【保护级别】国家“三有”保护鸟类；安徽省二级保护鸟类。

雏鸟 / 杨立人 摄

群飞背面观 / 汪湜 摄

▶鸳鸯

【学　名】*Aix galericulata*

【英文名】Mandarin Duck

【识别特征】体长40cm～45cm的中等游禽。雌雄异色。雄鸟眼周及眉纹白色粗著，枕后具栗色冠羽；眼先和颊橙黄色，前颈和颈侧赤褐色；上体及翼上覆羽多褐色，肩羽和次级飞羽蓝、绿和白色相间；最后一枚三级飞羽特化成橙黄色帆状饰羽；上胸紫蓝色，胸侧绒黑而具条白色条纹；两胁棕黄色，下体余部白色。雌鸟头及上体灰橄榄褐色，具白色眼圈和眼后线。虹膜褐色；雄鸟嘴红色，雌鸟黑色；跗蹠及蹼橙黄色。

【生态习性】栖息于多水草的河流、湖泊、库塘等水域。成对或小群活动，主要以水生植物的芽、叶为食，兼食水生动物。繁殖期5月～7月，营巢于靠近水域的树洞。

【分布概况】安徽分布于皖南山区、大别山区僻静的溪流或库塘等水域。多为冬候鸟。每年10月上旬抵达本省，次年4月上旬北去繁殖。皖南山区和大别山区有少量繁殖群。

【保护级别】国家II级重点保护鸟类。

雌鸟 / 胡云程 摄

雄鸟 / 胡云程 摄

飞行背面观 / 赵凯 摄

左雌右雄 / 汪湜 摄

▶赤颈鸭

【学　名】*Anas penelope*

【英文名】Eurasian Wigeon

雄鸟 / 汪湜 摄

雌鸟 / 汪湜 摄

左雄右雌 / 汪湜 摄

【识别特征】体长41cm～52cm的中等游禽。雌雄异色。雄鸟额至头顶乳黄色，头颈余部赤褐色；背、肩灰白色，具暗褐色波状细纹；翼具大型白斑，三级飞羽绒黑色延长；翼镜翠绿色，其上下缘绒黑色；下体胸部浅赤褐色，体侧与背同色，腹部白色；尾上覆羽和尾下覆羽均为绒黑色，腋羽和翼下覆羽灰白色。雌鸟头颈暗棕褐色，上体暗褐色而具浅色羽缘；翼镜灰褐色，其上、下以及内侧边缘白色；胸及两胁棕褐色，下体余部白色。虹膜棕色；嘴蓝灰色，先端黑色；跗蹠铅蓝色。

【生态习性】栖息于江河、湖泊、库塘等开阔水域。善潜水，性喜集群，常与其他鸭类混群。主要以眼子菜、水藻等植物组织为食，兼食少量水生动物。

【分布概况】安徽主要分布于沿江平原、江淮丘陵、大别山区以及淮北平原富有水草的河流、湖泊、库塘等水域。冬候鸟。每年秋季10月中下旬抵达本省，次年3月下旬北去繁殖。

【保护级别】国家“三有”保护鸟类；安徽省二级保护鸟类；中日候鸟保护协定物种。

群飞 / 袁晓 摄

▶罗纹鸭

【学　名】*Anas falcata*

【英文名】Falcated Duck

【识别特征】体长40cm～52cm的中等游禽。雌雄异色。雄鸟头顶暗栗色，头侧、后颈铜绿色；背、肩灰白色，密布暗褐色波状细纹；腰至尾上覆羽暗褐色，尾上覆羽黑色；翼镜绿黑色，上下缘白色；三级飞羽绒黑色，延长呈镰状；颏、喉和前颈白色，前颈基部具黑色领环；胸部暗褐色，密布白色新月形斑；尾下覆羽绒黑色，两侧具乳黄色斑块；下体余部与背同色，翼下覆羽白色。雌鸟头颈暗棕褐色，上体黑褐色具黄褐色羽缘，而呈“V”形斑；下体胸及两胁棕黄色，密布暗褐色新月形斑。虹膜褐色；嘴黑灰色；跗蹠及蹼暗灰色。

【生态习性】栖息于河流、湖泊、水库等开阔水域。性喜集群，多成小群活动。主要以水生植物为食，兼食部分无脊椎动物。

【分布概况】安徽各地均有分布，主要分布于沿江平原、江淮丘陵以及淮北平原的河流、湖泊、库塘等开阔水域。冬候鸟。每年10月中下旬抵达本省，次年3月下旬北去繁殖。

【保护级别】国家“三有”保护鸟类；安徽省二级保护鸟类；IUCN红色名录近危(NT)；中日候鸟保护协定物种。

雄鸟 / 郭玉民 摄

雌鸟 / 袁晓 摄

左雌右雄 / 夏家振 摄

雄鸟飞行 / 袁晓 摄

▶赤膀鸭

【学　名】*Anas strepera*

【英文名】Gadwall

雄鸟 / 郭玉民 摄

雌鸟 / 薄顺奇 摄

【识别特征】体长44cm~54cm的中等游禽。雌雄异色。雄鸟头颈暗棕褐色，头侧色浅；上背暗褐色而具白色波状细纹，下背至尾上覆羽绒黑色；翼镜黑、白两色，中覆羽赤褐色，其余飞羽和翼覆羽灰褐色；胸部暗褐色，具新月形白色羽缘；体侧与上背同色，腹部白色；尾下覆羽绒黑色，腋羽和翼下覆羽白色。雌鸟上体暗褐色，具棕白色羽缘；下体胸和两胁浅黄褐色，杂以暗褐色斑纹。虹膜褐色；雄鸟嘴黑色，雌鸟嘴峰黑色，两侧橙黄色；跗蹠及蹼橘黄色。

【生态习性】栖息于河流、湖泊、库塘等开阔水域。常成小群或与其他鸭类混群。主要以水生植物为食。

【分布概况】安徽主要分布于沿江平原、江淮丘陵以及淮北平原的河流、湖泊、库塘等水域。冬候鸟、旅鸟。每年11月中下旬抵达本省，次年3月上旬北去繁殖。

【保护级别】国家“三有”保护鸟类；安徽省二级保护鸟类；中日候鸟保护协定物种。

雄鸟飞行 / 薄顺奇 摄

左雌右雄 / 袁晓 摄

▶花脸鸭

【学　名】*Anas formosa*

【英文名】Baikal Teal

雄鸟 / 朱英 摄

雄鸟 / 朱英 摄

雌鸟 / 赵凯 摄

【识别特征】体长37cm ~ 44cm的中等游禽。雌雄异色。雄鸟头顶黑色，头侧乳黄色被黑色细带纹一分为二，其后方为翠绿色大型斑；上背、两胁石板灰色，上体余部多褐色；肩羽呈柳叶状，由黑、白和红褐色组成；翼镜自上而下由红、绿、黑和白4色构成；胸部红棕色具黑褐色点斑，腹部白色，尾下覆羽黑褐色，腋羽白色。雌鸟头顶褐色沾棕，头侧色浅；嘴基具白色圆斑，眼后具浅棕色眉纹；上体和两胁暗褐色，肩羽绒黑色，均具红褐色羽缘；尾下覆羽和腋羽白色。虹膜棕褐色；嘴黑色；跗蹠及蹼黄色。

【生态习性】多栖息于富有水生植物的开阔水域。常成小群或与其他野鸭混群。主要以藻类等水生植物的芽、嫩叶、果实和种子为食。

【分布概况】安徽除大别山区以外，各地均有分布记录，但现已非常少见。冬候鸟、旅鸟。每年11月上旬抵达本省，雌鸟3月上旬北去繁殖。

【保护级别】国家“三有”保护鸟类；安徽省二级保护鸟类；CITES附录II；中日候鸟保护协定物种。

雄鸟 / 袁晓 摄

▶绿翅鸭

【学　名】*Anas crecca*

【英文名】Green-winged Teal

雌鸟 / 夏家振 摄

雄鸟 / 胡云程 摄

左雌右雄 / 夏家振 摄

【识别特征】体长30cm～47cm的中小型游禽。雌雄异色。雄鸟头颈深栗色，头侧自眼周向后有一宽阔的蓝绿色带纹；上背及体侧暗灰色，具白色虫蠹状细纹；外侧肩羽呈白色条状，具绒黑色羽缘；翼镜翠绿色，上下边缘白色，外侧绒黑色；下体棕白色，胸具黑色点斑；尾下覆羽绒黑色，两侧具乳黄色斑块。雌鸟具黑色贯眼纹，头颈褐色沾棕；上体黑褐色，具浅红褐色羽缘；下体近白色，胸和两胁具褐色斑点，尾下覆羽和腋羽白色。虹膜棕褐色；嘴黑色；跗蹠及蹼黄色。

【生态习性】冬季栖息于开阔的河流、湖泊库塘等水域。性喜集群。主要以水生植物为食，兼食小型水生动物。繁殖期栖息于水草丰茂的僻静湖泊、池塘，地面营巢，简陋但极其隐蔽。

【分布概况】安徽各地均有分布记录，较为常见的冬候鸟。冬候鸟、少数留鸟。每年9月下旬抵达本省，次年3月中下旬北去繁殖。

【保护级别】国家"三有"保护鸟类；安徽省二级保护鸟类；中日候鸟保护协定物种。

飞行背面观/ 夏家振 摄

▶绿头鸭

【学　名】*Anas platyrhynchos*

【英文名】Mallard

起飞 / 赵凯 摄

左雌右雄 / 赵凯 摄

雌鸟 / 汪湜 摄

【识别特征】体长47cm～62cm的中等游禽。雌雄异色。雄鸟头、颈亮绿色具金属光泽，颈基部具白色领环；上背和侧暗灰色，具灰白色波状细纹；尾上覆羽和中央尾羽绒黑色；翼镜紫蓝色，上下边缘各具较窄的黑纹和白色宽边；白色颈环以下至上胸暗栗色，腹部灰白色，尾下覆羽黑色。雌鸟具黑褐色贯眼纹，上体黑褐色，具浅黄褐色羽缘，形成明显的"V"形斑；下体棕白色，满布黑褐色斑纹。虹膜暗褐色；雄鸟嘴黄绿色，嘴甲黑色，雌鸟嘴峰黑褐色，侧缘黄褐色；跗蹠及蹼橘红色。

【生态习性】栖息于湖泊、河流、库塘、沼泽等水域。成对或成小群活动，冬季集大群，也与其他鸭类混群。杂食性，主要以植物性食物为食，兼食部分水生动物。本种为家鸭祖先。

【分布概况】安徽各地均有分布，较为常见的冬候鸟。每年10月中下旬抵达本省，次年3月中下旬北去繁殖。

【保护级别】国家"三有"保护鸟类；安徽省二级保护鸟类；中日候鸟保护协定物种。

群飞 / 赵凯 摄

▶斑嘴鸭

【学　名】*Anas poecilorhyncha*

【英文名】Spot-billed Duck

【识别特征】体长52cm～64cm的中等游禽。雌雄羽色相似。嘴黑色具黄色端斑为本种标识性特征；翼镜蓝色，上下缘具较窄的白色带纹；眉纹白色而贯眼纹黑褐色，头侧皮黄色，颊部有一暗褐色条纹；头顶及上体黑褐色，肩羽及翼覆羽具浅黄褐色羽缘；下体皮黄色，密布暗褐色斑纹；尾下覆羽黑色，腋羽和翼下覆羽白色。虹膜棕褐色；跗蹠及蹼橘红色。

【生态习性】栖息于河流、湖泊、库塘、沼泽等湿地。常成小群活动，冬季与其他鸭类混群。主要以水生植物为食，兼食部分水生动物。繁殖期栖息于水草丰茂的湖泊、库塘，繁殖期5月～7月，营巢于僻静的岸边或湖心岛的芦苇丛中。

【分布概况】安徽各地均有分布，冬季主要栖息于沿江、江淮丘陵以及淮河支流开阔的水域。部分冬候鸟，部分留鸟。迁徙群体每年11月中下旬抵达本省，次年3月中下旬北去繁殖。

【保护级别】国家“三有”保护鸟类；安徽省二级保护鸟类。

成鸟 / 赵凯 摄

休憩 / 夏家振 摄

起飞 / 夏家振 摄

飞行 / 赵凯 摄

▶针尾鸭

【学　名】*Anas acuta*

【英文名】Northern Pintail

雄鸟 / 顾长明 摄

【识别特征】体长43cm ~ 70 cm的中等游禽。雌雄异色。雄鸟头及头侧棕褐色，后颈中部黑褐色，颈侧有一白色细带纹融入下体；肩羽黑色延长呈条状，具棕白色羽缘；上体余部和体侧暗灰色，密布暗褐色波状细纹；翼镜铜绿色，具红褐色上缘和白色下缘；中央两枚尾羽特别延长，绒黑色；下体白色，尾下覆羽黑色，两侧具乳黄色带斑。雌鸟头棕褐色，上体黑褐色，具红褐色羽缘和点状斑；体侧暗褐色，具宽阔的棕白色羽缘，而呈"V"形斑纹。虹膜褐色；嘴黑色；跗蹠及蹼黑色。

左雄右雌 / 顾长明 摄

【生态习性】栖息于开阔的河流、湖泊、库塘、沼泽等湿地。性喜集群，主要以水生植物为食，兼食部分昆虫和水生动物。

【分布概况】安徽主要分布于沿江平原、江淮丘陵以及淮北平原的开阔湿地。冬候鸟，淮北平原为旅鸟。每年10月上旬抵达本省，次年3月下旬北去繁殖。

【保护级别】国家"三有"保护鸟类；安徽省二级保护鸟类；中日候鸟保护协定物种。

雄鸟 / 胡云程 摄

飞行 / 夏家振 摄

起飞 / 夏家振 摄

▶白眉鸭

【学　名】*Anas querquedula*

【英文名】Garganey

雄鸟 / 袁晓 摄

雄鸟飞行 / 张忠东 摄

雌鸟飞行 / 夏家振 摄

【识别特征】体长32cm～48cm的中等游禽。雌雄异色。雄鸟头顶至后颈中央黑色，具粗著的白色眉纹；颊、颈侧巧克力色，杂以白色细纹；上体多黑褐色，具棕白色羽缘；肩羽和翼上覆羽蓝灰色；翼镜绿色，上下各具宽阔的白边；胸部棕褐色，密布暗褐色斑纹；体侧灰白色，具褐色波状斑纹；下体余部以及腋羽白色。雌鸟具棕白色眉纹和黑褐色贯眼纹，头颈褐色沾棕，上体黑褐色具棕白色羽缘；胸和体侧棕褐色，具白色羽缘。虹膜褐色；嘴黑色；跗蹠及蹼黑色。

【生态习性】栖息于开阔的湖泊、江河、库塘等水域。常成对或小群活动，或与其他鸭类混群。多在富有水草的浅水处觅食，主要以水生植物为食，兼食部分水生动物。

【分布概况】安徽主要分布于沿江平原、江淮丘陵以及淮北平原的开阔湿地。冬候鸟。每年9月下旬至10月上旬抵达本省，次年3月下旬北去繁殖。

【保护级别】国家“三有”保护鸟类；安徽省二级保护鸟类；中日候鸟保护协定物种；中澳候鸟保护协定物种。

左雌右雄 / 夏家振 摄

▶琵嘴鸭

【学　名】*Anas clypeata*

【英文名】Northern Shoveler

雄鸟 / 汪湜 摄

雌鸟 / 赵凯 摄

雄鸟展翅 / 汪湜 摄

雄鸟飞行 / 薄顺奇 摄

【识别特征】体长43cm~51cm的中等游禽。雌雄异色。上嘴先端扩大呈铲状是本种标识性特征。雄鸟头顶黑褐色，余部暗绿色而具金属光泽；上背、外侧肩羽白色，上体余部黑褐色；小覆羽和中覆羽蓝灰色，翼镜翠绿色；大覆羽端部白色，形成明显的翼上白斑；胸部白色，腹和两胁栗褐色；尾下覆羽黑色，两侧前缘白色，腋羽和翼下覆羽白色。雌鸟上体暗褐色，具较窄的棕白色羽缘；翼上覆羽蓝灰色，体侧暗褐色具较宽的红褐色羽缘。雄鸟虹膜黄色，雌鸟褐色；雄鸟嘴黑色，雌鸟黄褐色；跗蹠及蹼橙红色。

【生态习性】栖息于河流、湖泊、水塘、沼泽等开阔水域。常成对或小群活动。喜在浅水沼泽地觅食，主要以软体动物等为食，兼食少量水生植物。

【分布概况】安徽主要分布于沿江平原、江淮丘陵以及淮北平原的开阔湿地。冬候鸟，淮北平原为旅鸟。每年10月中下旬抵达本省，次年3月中下旬北去繁殖。

【保护级别】国家"三有"保护鸟类；安徽省二级保护鸟类；中日候鸟保护协定物种；中澳候鸟保护协定物种。

左罗纹鸭 / 夏家振 摄

▶赤嘴潜鸭

【学　名】*Netta rufina*

【英文名】Red-crested Pochard

【识别特征】体长45cm-55cm的中等游禽。雌雄异色。雄鸟嘴红色，头、上颈栗色；下颈至上背黑色，下背及翼上覆羽暗褐沾棕，腰及尾上覆羽黑褐色；肩羽棕褐色，前缘具白色斑块；飞羽大部白色，仅先端黑褐色；下体黑色，两胁以及翼下白色。雌鸟嘴黑色，先端侧缘红色；头顶黑褐色，头侧、颈侧以及颏和喉灰白色；上体褐色，翼镜白色；下体浅褐色，翼下白色。雄鸟虹膜红色，雌鸟棕褐色；雄鸟跗蹠及蹼红色，雌鸟黄色。

【生态习性】栖息于岸边水生植物丰富的湖泊、库塘等开阔水域。成对、小群或与其他鸭类混群。善潜水取食，主要以水藻、眼子菜等水生植物为食。

【分布概况】安徽偶见于沿江、江淮丘陵以及沿淮的湖泊、库塘等湿地。冬候鸟。每年10月中下旬抵达本省，次年3月中下旬北去繁殖。

【保护级别】国家“三有”保护鸟类；安徽省二级保护鸟类。

雄鸟 / 朱英 摄

雌鸟摄食 / 朱英 摄

雄鸟展翅 / 朱英 摄

左雄右雌 / 朱英 摄

▶红头潜鸭

【学　名】*Aythya ferina*

【英文名】Common Pochard

【识别特征】体长42cm～49cm的中等游禽。雌雄异色。雄鸟头、上颈栗红色，下颈和胸部棕黑色；腰至尾上覆羽和尾下覆羽黑色，上体余部灰白色，具黑色波状细纹；翼上覆羽灰褐色，翼镜白色，下体余部以及腋羽和翼下覆羽白色。雌鸟头、颈、胸、下体体侧棕褐色，上体暗褐色，翼镜灰色。虹膜红色；嘴基部和端部黑色，中间蓝灰色；跗蹠及蹼灰褐色。

【生态习性】栖息于富有水生植物的河流、湖泊、库塘等开阔水域。成群或混群活动，善于潜水。主要以水藻等水生植物为食，兼食软体动物等水生动物。

【分布概况】安徽主要分布于沿江平原、江淮丘陵以及淮北平原的开阔湿地。冬候鸟，淮北平原为旅鸟。每年10月中下旬抵达本省，次年3月中下旬北去繁殖。

【保护级别】国家"三有"保护鸟类；安徽省二级保护鸟类；IUCN红色名录易危种（VU）；中日候鸟保护协定物种。

雄鸟 / 夏家振 摄

雌鸟起飞 / 夏家振 摄

游泳 / 夏家振 摄

飞行 / 夏家振 摄

▶青头潜鸭

【学　名】*Aythya baeri*

【英文名】Baer's Pochard

雄鸟 / 夏家振 摄

雌鸟 / 黄丽华 摄

飞行 / 夏家振 摄

【识别特征】体长42cm～47cm的中等游禽。雌雄异色。雄鸟头颈暗绿色具金属光泽，上体黑褐色；翼镜白色宽阔；胸部栗色，两胁棕褐色杂以白色；下体余部以及腋羽和翼下覆羽白色。雌鸟头颈暗栗色，嘴基具栗红色斑；上体和翼上覆羽黑褐色，翼镜白色；胸棕褐色，体侧栗褐色杂以白色。雄鸟虹膜白色，雌鸟褐色；嘴深灰色，嘴甲黑色；跗蹠及蹼铅灰色。

【生态习性】栖息于富有水草的湖泊、库塘、沼泽等开阔水域。常成对或小群活动，善潜水和游泳。杂食性，主要以水草等植物为食，兼食软体动物、甲壳动物等动物。

【分布概况】安徽分布于沿江平原、江淮丘陵以及淮北平原的湖泊、河流等湿地。冬候鸟，淮北平原为旅鸟。每年10月中下旬抵达本省，次年3月中下旬北去繁殖。

【保护级别】国家"三有"保护鸟类；安徽省二级保护鸟类；IUCN红色名录极危种(CR)；中日候鸟保护协定物种。

右白眼潜鸭 / 夏家振 摄

▶白眼潜鸭

【学　名】*Aythya nyroca*

【英文名】Ferruginous Duck

【识别特征】体长33cm～43cm的中等游禽。雌雄相近。雄鸟虹膜白色；头、颈、胸深栗色，颈基部具黑色颈环；上体黑褐色，翼镜白色；体侧棕褐色，上腹白色，下腹浅棕褐色，尾下覆羽、腋羽和翼下覆羽白色。雌鸟似雄鸟，但虹膜灰白色，体羽栗色部分较暗，呈暗棕褐色。嘴蓝灰色；跗蹠及蹼灰褐色。

【生态习性】栖息于水草丰富的湖泊、库塘、沼泽等开阔湿地。成对、小群或与其他鸭类混群。善潜水觅食，主要以水生植物为食，兼食部分水生动物。

【分布概况】安徽分布于沿江平原和江淮丘陵地区的湖泊、库塘、沼泽等湿地。冬候鸟。每年10月中下旬抵达本省，次年3月中下旬北去繁殖。

【保护级别】国家"三有"保护鸟类；安徽省二级保护鸟类；IUCN红色名录近危种(NT)。

雄鸟 / 黄丽华 摄

展翅 / 夏家振 摄

左雌右雄 / 黄丽华 摄

飞行腹面观 / 袁晓 摄

►凤头潜鸭

【学　名】*Aythya fuligula*

【英文名】Tufted Duck

【识别特征】体长39cm～49cm的中等游禽。雌雄异色。雄鸟头颈紫黑色，具明显的冠羽；上体、两翼以及翼上覆羽黑褐色，翼镜白色；胸和尾下覆羽黑色，腹、体侧以及腋羽和翼下覆羽白色。雌鸟羽冠较短，额基具浅色斑块；头、颈、胸棕褐色，上体黑褐色，两胁浅棕褐色，腹以下灰白色。虹膜黄色；嘴铅灰色，先端黑色；跗蹠及蹼灰褐色。

【生态习性】主要栖息于湖泊、河流、库塘等开阔水域。性喜集群，善潜水，常与其他鸭类混群。主要以水生动物为食，兼食少量水生植物。

【分布概况】安徽分布于沿江平原、江淮丘陵以及淮北平原的湖泊、库塘等开阔水域。冬候鸟，淮北平原为旅鸟。每年10月下旬抵达本省，次年3月下旬北去繁殖。

【保护级别】国家"三有"保护鸟类；安徽省二级保护鸟类；中日候鸟保护协定物种。

雄鸟 / 黄丽华 摄

雌鸟 / 夏家振 摄

游泳 / 夏家振 摄

雌鸟起飞 / 夏家振 摄

▶斑背潜鸭

【学　名】*Aythya marila*

【英文名】Greater Scaup

【识别特征】体长42cm～49cm的中等游禽。雌雄异色。雄鸟头颈黑色，具绿色金属光泽；上背、腰和尾上覆羽黑色；下背、肩羽白色，密布黑色波浪状细纹；翼镜白色；下体胸黑色，腹部和两胁白色，尾下覆羽黑色，腋羽和翼下覆羽白色。雌鸟嘴基具明显的白色块斑；头、颈、胸棕褐色，两胁浅棕褐色；上体黑褐色，翼镜白色。虹膜黄色；嘴铅灰色；跗蹠及蹼铅灰色。

【生态习性】栖息于湖泊、河流、库塘等开阔水域。成对或集群活动，善潜水觅食，起飞前需要在水面助跑。主要以小型鱼类、甲壳类、软体动物等水生动物为食，兼食水藻等水生植物。

【分布概况】安徽分布于沿江平原、江淮丘陵以及淮北平原的湖泊、库塘等开阔水域。冬候鸟，淮北平原为旅鸟。每年10月下旬抵达本省，次年3月下旬北去繁殖。

【保护级别】国家“三有”保护鸟类；安徽省二级保护鸟类；中日候鸟保护协定物种。

雄鸟 / 薄顺奇 摄

雄鸟(右亚成鸟) / 袁继明 摄

雌鸟 / 朱英 摄

起飞 / 袁晓 摄

▶斑头秋沙鸭

【学　名】*Mergellus albellus*

【英文名】Smew

雄鸟起飞 / 张忠东 摄

群飞 / 薄顺奇 摄

冬羽 / 袁晓 摄

【识别特征】体长36cm～46cm的中等游禽。雌雄异色。雄鸟眼先和眼周黑色，形似熊猫眼；枕部两侧各有一黑色带纹，头颈余部白色；上背前缘白色，两侧各有一狭细的黑色条纹延伸至胸侧；内侧肩羽、中覆羽以及三级飞羽白色，上体余部黑色；下体白色，两胁具褐色波状细纹。雌鸟眼先黑褐色，头顶至后颈栗色；上体仅中覆羽和外侧三级飞羽白色，余部黑褐色，颊、颈侧白色，胸及两胁暗褐色，下体余部白色。虹膜褐色；嘴黑色；跗蹠及蹼黑褐色。

【生态习性】主要栖息于河流、湖泊、库塘等开阔水域。成群活动，善游泳和潜水。主要以鱼类、甲壳类等水生动物为食，兼食部分水生植物组织。

【分布概况】安徽主要分布于沿江平原、江淮丘陵地区的湖泊、河流等湿地。冬候鸟。每年10月中旬抵达本省，次年3月下旬北去繁殖。

【保护级别】国家“三有”保护鸟类；安徽省二级保护鸟类；中日候鸟保护协定物种。

飞行 / 陈军 摄

▶普通秋沙鸭

【学　名】*Mergus merganser*

【英文名】Common Merganser

雄鸟捕食 / 袁晓 摄

雌鸟游泳 / 袁晓 摄

左雄右雌 / 朱英 摄

【识别特征】体长 54cm ~ 68cm 的中大型游禽。雌雄异色。雄鸟头、上颈黑色,具绿色金属光泽;内侧肩羽、次级飞羽、中覆羽和大覆羽白色,上体余部黑褐色;下颈、下体以及腋羽和翼下覆羽白色。雌鸟头、上颈栗色,下颈及下体灰白色,体侧灰褐色;初级飞羽黑褐色,翼镜白色,上体余部灰褐色。虹膜褐色;嘴红色细长,端部呈钩状;跗蹠及蹼红色。

【生态习性】栖息于河流、湖泊、库塘等开阔水域。多呈小群活动,潜水觅食。主要以小型鱼类、软体动物等水生动物为食。

【分布概况】安徽各地的库塘、湖泊、河流等水域均有分布记录。比较常见的冬候鸟。每年10 月中下旬抵达本省,次年 3 月下旬北去繁殖。

【保护级别】国家"三有"保护鸟类;安徽省二级保护鸟类;中日候鸟保护协定物种。

雌鸟起飞 / 夏家振 摄

雄鸟飞行 / 朱英 摄

▶中华秋沙鸭

【学　名】*Mergus squamatus*

【英文名】Scaly-sided Merganser

【识别特征】体长58cm~64cm的中大型游禽。似普通秋沙鸭，但体侧具明显的黑褐色鳞状斑纹。雄鸟头颈黑色具绿色金属光泽，后头具簇状冠羽；上背、内侧肩羽黑色，上体余部白色密布黑色横纹；次级飞羽、大覆羽以及中覆羽白色，两翼余部黑色；下体棕白色，两胁具黑褐色鳞状斑纹。雌鸟头颈棕褐色，眼先及眼周黑色；上体及翼上覆羽暗褐色，杂以白色波纹。虹膜褐色；嘴细窄，橘红色；跗蹠及蹼橘红色。

【生态习性】栖息于阔叶林或针阔混交林附近的溪流、河谷、库塘等僻静的水域。成对或小群活动。主要以山溪鱼类等水生动物为食。

【分布概况】安徽主要分布于皖南山区、大别山区人为干扰较少的山溪、库塘。冬候鸟，江淮丘陵地区为旅鸟。每年10月下旬抵达本省，次年3月上旬北去繁殖。

【保护级别】国家I级重点保护鸟类；IUCN红色名录濒危种(EN)。

雌鸟捕食 / 胡云程 摄

左雄右雌 / 胡云程 摄

亲鸟与幼鸟 / 汪湜 摄

左雌右雄 / 赵凯 摄

七、隼形目

FALCONIFORMES

本目为猛禽，体型变化较大。其嘴强大，上嘴向下弯曲而呈利钩状；嘴基部具蜡膜，鼻孔裸露位于蜡膜上；善疾飞和翱翔；脚强健，尖端具锐爪；视觉发达，白天活动。雏鸟晚成。中国共有3科64种，安徽省记录3科31种。

◆鹗科 Pandionidae

▶鹗

【学　名】*Pandion haliaetus*

【英文名】Osprey

观察 / 朱英 摄

伺机捕鱼 / 赵冬冬 摄

排遗 / 薄顺奇 摄

【识别特征】体长 50cm ~ 65cm 的中等猛禽。雌雄羽色相似。成鸟头顶和后颈白色，贯眼纹黑褐色；上体暗褐色，下体白色，胸部具褐色斑纹；腋羽和翼下覆羽白色，微具褐色斑纹。虹膜黄色；蜡膜灰色，嘴黑色；跗蹠及趾黄色，爪黑色。

【生态习性】栖息于江河、湖泊、水库等水域附近的森林。单独或成对活动，迁徙季节成小群。趾底具刺突，外趾能反转使四趾变成两前两后，适于捕鱼，主要以鱼类为食。

【分布概况】安徽主要分布于沿江平原、江淮丘陵以及淮北平原。旅鸟。每年春季4月下旬至5月中旬，秋季10月中旬，途经本省。

【保护级别】国家II级重点保护鸟类；CITES附录II。

飞行腹面观 / 胡云程 摄

◆鹰科 Accipitridae

▶黑冠鹃隼

【学　名】*Aviceda leuphotes*

【英文名】Black Baza

【识别特征】体长26cm~31cm的中小型猛禽。雌雄羽色相似。成鸟头及上体黑色，具蓝辉色金属光泽；后头具竖立的冠羽，肩羽和飞羽缀有锈红色和白色斑块；上胸具白色大斑块，下胸至上腹具白色和暗栗色相间的横纹；下体余部、腋羽和翼下覆羽黑色。虹膜红色；蜡膜灰色，嘴角质色；跗蹠及趾铅灰色。

【生态习性】栖息于山地森林、低山丘陵，尤喜溪边及林间空地。成对或小群活动。主要以蜥蜴、鼠类等小型脊椎动物为食。繁殖期4月~7月，营巢于溪流附近高大的乔木上。

【分布概况】安徽主要分布于皖南山区、大别山区以及江淮丘陵地区。留鸟。

【保护级别】国家II级重点保护鸟类；CITES附录II。

捕食 / 袁继明 摄

观察 / 杨剑波 摄

飞行腹面观 / 夏家振 摄

飞行背面观 / 夏家振 摄

▶凤头蜂鹰

【学　名】*Pernis ptilorhyncus*

【英文名】Oriental Honey Buzzard

成鸟飞行 / 朱英 摄

成鸟飞行 / 夏家振 摄

幼鸟飞行 / 朱英 摄

【识别特征】体长62cm～65cm的中等猛禽。羽色变异较大，从浅色到深褐色不等。各色型成鸟头侧具有短而硬的鳞片状羽毛；喉白色，两侧及其下方缘以黑色斑纹，喉中央通常具黑色纵纹。雄鸟虹膜红褐色，尾羽具宽阔的黑白相间带纹；头及上体羽色相近，下体与翼下覆羽羽色相近。雌鸟和亚成鸟虹膜黄色，雌鸟尾羽带纹较细，端部稍宽，亚成鸟带纹较细且不规则。蜡膜黄色，嘴黑色；跗蹠及趾黄色，爪黑色。

【生态习性】栖息于山地、丘陵以及平原地区的疏林地和林缘开阔地。嗜食蜂蜜和蜂蛹，常偷袭蜂巢，主要以小型鼠类、爬行类以及大型昆虫为食。

【分布概况】安徽见于江淮丘陵地区。旅鸟。春节迁徙5月上旬至中旬，秋季10月上旬至中旬，途经本省。

【保护级别】国家II级重点保护鸟类；CITES附录II。

成鸟观察 / 董文晓 摄

▶黑翅鸢

【学　名】*Elanus caeruleus*

【英文名】Black-winged Kite

搜寻 / 汪湜 摄

搜寻 / 汪湜 摄

捕食 / 汪湜 摄

【识别特征】体长30cm～34cm的小型猛禽。雌雄羽色相似。成鸟贯眼纹黑色，颊部白色；头及上体蓝灰色，中覆羽和小覆羽黑色，飞翔时极为明显；翅长尾短，两翅收拢时超过尾羽末端；下体及翼下覆羽白色，初级飞羽腹面黑色。虹膜红色；蜡膜黄色，嘴黑色；跗蹠及趾黄色。幼鸟贯眼纹和翼上黑斑似雄鸟，但上体褐色具浅黄色羽缘。

【生态习性】栖息于稀树田野、草坡等生境。单独或成对活动，能够振羽悬停于空中寻找猎物。主要以鼠类、野兔、小型爬行动物和鸟类为食。

【分布概况】安徽偶见于沿江平原的池州、江淮丘陵地区的明光等地，在池州有交配记录。夏候鸟。

【保护级别】国家II级重点保护鸟类；CITES附录II。

准备交配 / 汪湜 摄

▶黑鸢

【学　名】*Milvus migrans*

【英文名】Black Kite

飞行 / 赵凯 摄

观察 / 赵凯 摄

幼鸟 / 赵凯 摄

【识别特征】体长55cm～67cm的中等猛禽。雌雄羽色相似。耳羽黑褐色，头顶至后颈棕褐色；上体暗褐色，初级飞羽黑褐色，腹面基部具大型白斑，尾呈浅叉状；下体棕褐色，具黑褐色羽干纹。虹膜褐色；蜡膜浅黄色，嘴黑色；跗蹠及趾黄色，爪黑色。幼鸟体羽多棕褐色，下体具棕白色纵纹，翼上覆羽具白色羽缘。

【生态习性】栖息于开阔平原、低山丘陵等各种生境。常在空中长时间盘旋搜寻猎物。主要以鼠类、蛇、蛙、鱼、野兔、蜥蜴等小型脊椎动物为食。繁殖期4月～7月，营巢于高大乔木上。

【分布概况】安徽各地均有分布，最常见的猛禽之一。留鸟。

【保护级别】国家II级重点保护鸟类；CITES附录II。

携带猎物 / 赵凯 摄

捕鱼 / 夏家振 摄

▶白尾海雕

【学　名】*Haliaeetus albicilla*

【英文名】White-tailed Sea Eagle

成鸟 / 胡荣庆 摄

【识别特征】体长85cm~91cm的大型猛禽。雌雄羽色相似。嘴大而黄，尾短而纯白。成鸟头及上体以及小覆羽多棕褐色，飞羽黑褐色，下体暗褐色，胸部羽毛呈披针形；腋羽和翼下覆羽棕褐色。虹膜黄色；蜡膜黄色；跗蹠下段裸露部分和趾黄色。幼鸟嘴黑色，体羽和尾羽褐色，体色随年龄变化较大。

【生态习性】栖息于森林附近开阔的河流、湖泊区域。单独或成对活动，冬季集小群。喜栖息于浅水区的岩石上。主要以鱼类为食，也捕食中小型脊椎动物。

【分布概况】安徽见于皖南山区的太平湖、沿江平原的菜子湖等水域。冬候鸟。每年10月中旬抵达本省，次年4月中旬离开。

【保护级别】国家I级重点保护鸟类；CITES附录I。

成鸟 / 付伟 摄

▶秃鹫

【学　名】*Aegypius monachus*

【英文名】Cinereous Vulture

【识别特征】体长 110cm ~ 118cm 的大型猛禽。雌雄相似。成鸟头被黑褐色绒羽,后颈裸皮铅蓝色,颈基部具褐色皱翎;体羽暗棕褐色,尾短楔形;胸具毛状绒羽,胸侧为褐色矛状长羽。虹膜褐色;蜡膜蓝色,嘴黑褐色;跗蹠及趾灰色。幼鸟蜡膜红色,体羽羽色更深。

【生态习性】栖息于低山丘陵、高山荒原、山谷溪流和林缘地带,冬季偶见于平原地区。典型的食腐动物,常在开阔而裸露的山地和平原上空翱翔,搜寻动物尸体。

【分布概况】安徽偶见于淮北平原和江淮丘陵地区。冬候鸟。

【保护级别】国家 II 级重点保护鸟类;IUCN 红色名录近危(NT);CITES 附录 II。

遭围攻 / 夏家振 摄

幼鸟 / 袁晓 摄

飞行 / 薄顺奇 摄

▶蛇雕

【学　名】*Spilornis cheela*

【英文名】Crested Serpent Eagle

成鸟 / 袁晓 摄

【识别特征】体长61cm～73cm的中大型猛禽。雌雄羽色相似。成鸟眼与嘴之间的裸皮黄色，头顶和后颈黑色杂以白斑；上体暗褐色，飞羽黑褐色；尾黑色，具宽阔的白色中央带斑；下体棕褐色具虫蠹状细横纹，胸以下密布白色点斑；腋羽和翼下覆羽棕褐色，密布不规则白色斑点；飞羽腹面黑褐色，具宽阔的白色带状次端斑。虹膜黄色；蜡膜黄色，嘴黑褐色；跗蹠及趾黄色。幼鸟头、颈白色，尾暗褐色，具2道白色横纹。

【生态习性】栖息于山地森林及林缘开阔地带。单独或成对活动，常在高空翱翔和盘旋，停飞时多栖息于枯树顶端枝杈上。主要以蛇类、蜥蜴、鼠类等脊椎动物为食。繁殖期4月～6月，营巢于高大乔木顶端枝杈上。

【分布概况】安徽主要分布于皖南山区，偶见于沿江平原和江淮丘陵地区。留鸟。

【保护级别】国家II级重点保护鸟类；CITES附录II。

飞行 /袁晓 摄

亚成鸟 / 叶腾 摄

▶白腹鹞

【学　名】*Circus spilonotus*

【英文名】Eastern Marsh Harrier

雄鸟 / 胡云程 摄

雄幼鸟 / 赵凯 摄

雄鸟 / 夏家振 摄

雌亚成鸟 / 赵凯 摄

【识别特征】体长53cm～60cm的中等猛禽。雌雄异色。雄鸟头、上体以及内侧翼覆羽黑色，杂以白色斑纹；外侧初级飞羽黑褐色，其余飞羽灰色；尾上覆羽白色微具褐色横斑，尾羽银灰色；喉至胸黑色杂以白色纵纹，下体余部白色；腋羽、翼下覆羽以及飞羽腹面白色，微具褐色斑纹。雌鸟头颈黄褐色，上体暗褐色，飞羽黑褐色，尾上覆羽褐色，下体暗棕褐色，胸部具棕白色纵纹。幼鸟似雌鸟，但头顶和喉部棕白色。成鸟虹膜黄色，幼鸟褐色；蜡膜黄色，嘴黑褐色；跗蹠及趾黄色。

【生态习性】栖息于湖泊、河流、沼泽等湿地附近的开阔地带。单独或成对活动。主要以小型脊椎动物和大型昆虫为食。

【分布概况】安徽除大别山区外各地均有分布记录。冬候鸟，淮北平原为旅鸟。每年秋季9月下旬抵达本省，次年春季3月中下旬北去繁殖。

【保护级别】国家II级重点保护鸟类；CITES附录II。

雄幼鸟 / 李永民 摄

▶白尾鹞

【学　名】*Circus cyaneus*

【英文名】Hen Harrier

雄鸟飞行 / 袁晓 摄

雌鸟飞行 / 汪湜 摄

雌鸟飞行 / 汪湜 摄

【识别特征】体长47cm～51cm的中等猛禽。雌雄异色。雄鸟头及上体蓝灰色，外侧初级飞羽黑色，尾上覆羽纯白色；喉至胸与背同色，下体余部、腋羽和翼下覆羽白色。雌鸟头及上体暗褐色，具棕褐色羽缘；尾上覆羽白色；下体皮黄色，胸部具棕褐色纵纹，腹部及两胁为点状斑纹。成鸟虹膜黄色，幼鸟褐色；蜡膜黄绿色；嘴黑色，基部蓝灰色；跗蹠及趾黄色。

【生态习性】栖息于低山丘陵、平原地区的湖泊、河流、沼泽等湿地附近的开阔地带。多单独活动，常低空飞行搜寻猎物。主要以小型脊椎动物和大型昆虫为食。

【分布概况】安徽除大别山区尚未有记录外，各地均有分布。冬候鸟，淮北平原为旅鸟。每年秋季10月上旬抵达淮北地区，次年春季3月下旬北去繁殖。

【保护级别】国家II级重点保护鸟类；CITES附录II；中日候鸟保护协定物种。

幼鸟飞行 / 赵凯 摄

▶鹊鹞

【学　名】*Circus melanoleucos*

【英文名】Pied Harrier

【识别特征】体长约40cm的中等猛禽。雌雄异色。雄鸟头、颈、上体以及胸黑色，无白色纵纹；外侧初级飞羽和中覆羽黑色，两翼余部银灰色；下体余部以及腋羽和翼下覆羽纯白色。雌鸟头褐色杂以白色纵纹，上体暗褐色；尾上覆羽白色，尾羽暗灰色具褐色横斑；下体白色，具棕褐色纵纹；腋羽和翼下覆羽白色，密布棕褐色斑纹。虹膜黄色；蜡膜黄色，嘴黑色；跗蹠及趾黄色。幼鸟：虹膜褐色，上体暗褐色，下体棕栗色，尾上覆羽白色。

【生态习性】栖息于低山丘陵、平原、林缘灌丛，以及湖泊、河流、沼泽等附近的开阔地带。多单独活动，常在开阔平原或沼泽地带低空飞行，搜寻食物。主要以鼠类、小型鸟类、蜥蜴、蛇、蛙等小型动物为食。

【分布概况】安徽分布于沿江平原、江淮丘陵以及淮北平原。冬候鸟，淮北平原为旅鸟。每年秋季9月中旬抵达淮北平原，次年3月下旬北去繁殖。

【保护级别】国家II级重点保护鸟类；CITES附录II。

雄鸟(救护)/李永民 摄

雌鸟飞行/吕晨枫 摄

雌鸟飞行/薄顺奇 摄

▶凤头鹰

【学　名】*Accipiter trivirgatus*

【英文名】Crested Goshawk

【识别特征】体长36cm～50cm的中等猛禽。雌雄羽色相似。成鸟头黑灰色，具不甚明显的冠羽；上体暗褐色；翼指6根，腋羽和翼下覆羽浅黄褐色，飞羽腹面白色具黑褐色带斑；下体白色，喉部具黑色中央纵纹，胸部具棕褐色纵纹，腹和两胁具棕褐色横纹；尾羽浅褐色，具宽阔的黑褐色横纹，尾下覆羽白色蓬松。虹膜黄色；蜡膜黄色，嘴黑色；跗蹠及趾黄色。幼鸟似成鸟，但下体胸、腹均为纵行的黑色点状斑纹。

【生态习性】栖息于山地森林、山脚林缘地带，以及平原地区的岗地。多单独活动，常隐匿在树丛中，伺机捕食。主要以蛙、蜥蜴、鼠类等小型脊椎动物为食。繁殖期4月～7月，营巢于高大的乔木上。

【分布概况】安徽除淮北平原外，各地均有分布。留鸟。

【保护级别】国家II级重点保护鸟类；CITES附录II。

亲鸟与幼鸟 / 唐建兵 摄

成鸟 / 桂涛 摄

成鸟飞行 / 薛辉 摄

幼鸟飞行 / 张忠东 摄

▶赤腹鹰

【学　名】*Accipiter soloensis*

【英文名】Chinese Goshawk

雌鸟飞行 / 夏家振 摄

雄鸟 / 汪湜 摄

幼鸟 / 陈军 摄

【识别特征】体长26cm～31cm的小型猛禽。雌雄相似。翼指4根，蜡膜橙色，是本种标识性特征。雄鸟头及上体蓝灰色，初级飞羽黑色；下体胸、腹和两胁浅棕色，腹以下以及腋羽和翼下覆羽白色；虹膜红褐色。雌鸟似雄鸟，但胸、腹部深棕色，两胁具棕褐色横纹，虹膜黄色。嘴黑色；跗蹠及趾橘黄色。幼鸟头及上体暗褐色，具棕褐色羽缘，下体白色，喉具黑色中央纵纹，胸具棕褐色纵纹，两胁为横斑。

【生态习性】栖息于山地森林、低山丘陵和山麓平原的林缘、开阔地带。单独或成对活动，休息时多停在树顶或电线杆上。主要以蛙、蜥蜴、鼠类等小型脊椎动物为食。繁殖期5月～6月，营巢于高大乔木。

【分布概况】安徽除沿江平原和淮北平原外，其他地区均有分布记录。为本省山地、丘陵地区夏季最常见的鹰。夏候鸟。

【保护级别】国家II级重点保护鸟类；CITES附录II。

育雏 / 唐建兵 摄

▶日本松雀鹰

【学　名】*Accipiter gularis*

【英文名】Japanese Sparrow Hawk

【识别特征】体长23cm～33cm的小型猛禽。雌雄异色。翼指5根，喉中线较细，尾具4条深色横纹。雄鸟头及上体深灰色，胸、腹和两胁浅棕红色，横纹不明显；腋羽和翼下覆羽皮黄色，密布褐色点状斑纹；虹膜红褐色。雌鸟上体暗褐色，下体白色密布褐色横纹；虹膜黄色。幼鸟上体暗褐色，具棕褐色羽缘；下体白色，喉中央具较粗的黑褐色纵纹，胸部具棕褐色纵行点状斑纹，腹部中央斑纹呈“心”形，两胁为褐色横斑。蜡膜黄色，嘴黑灰色；跗蹠及趾黄色。

【生态习性】栖息于山地针叶林、混交林中以及林缘地带，属典型的森林猛禽。多单独活动，主要以小型鸟类、小型脊椎动物等为食。

【分布概况】安徽除沿江平原外，其他地区均有分布记录。冬候鸟，淮北平原和江淮丘陵地区为旅鸟。每年秋季在10月中旬抵达本省，次年4月下旬北去繁殖。

【保护级别】国家II级重点保护鸟类；CITES附录II。

雄鸟 / 薄顺奇 摄

幼鸟飞行 / 夏家振 摄

雄鸟飞行 / 夏家振 摄

幼鸟飞行 / 夏家振 摄

▶松雀鹰

【学　名】*Accipiter virgatus*

【英文名】Besra Sparrow Hawk

成鸟 / 赵锷 摄

成鸟 / 张忠东 摄

幼鸟 / 赵凯 摄

【识别特征】体长30cm ~ 36cm的小型猛禽。雌雄羽色相似。翼指5根，喉白具粗著的黑褐色中央纵纹。成鸟头部黑灰色，上体灰褐色，尾具4条宽阔的黑褐色横斑；胸侧棕褐色，腹、白色具棕褐色横纹；尾下覆羽白色，腋羽以及翼下覆羽皮黄色，密布黑褐色点状斑纹。幼鸟上体暗褐色，具棕褐色羽缘；下体胸具褐色滴状纵纹，腹部斑纹呈“心”形，两胁为横纹。虹膜黄色；蜡膜黄色，嘴黑色；跗蹠及趾黄绿色。

【生态习性】栖息于山地针叶林、阔叶林以及针阔混交林，属典型的森林猛禽。性机警，多单独活动。主要以小型鸟类，以及鼠类等小型脊椎动物为食。繁殖期4月~6月，营巢于高大树木上部。

【分布概况】安徽分布于皖南山区、大别山区以及江淮丘陵地区。留鸟。

【保护级别】国家II级重点保护鸟类；CITES附录II；中日候鸟保护协定物种。

幼鸟飞行 / 夏家振 摄

▶雀鹰

【学　名】*Accipiter nisus*

【英文名】Eurasian Sparrow Hawk

雄鸟 / 刘子祥 摄

亚成鸟 / 夏家振 摄

雌鸟飞行 / 张忠东 摄

【识别特征】体长31cm～40cm的中等猛禽。翼指6根，喉具褐色细纹。雄鸟头及上体暗灰色，上体具黑褐色羽干纹，颊部红棕色；下体白色，密布红棕色横纹。雌鸟具白色眉纹，头及上体灰褐色；下体白色，具较宽的褐色横斑和较细的羽干纹，尾下覆羽纯白色。幼鸟上体灰褐色，具浅黄褐色羽缘；下体白色，具矢状横斑和羽干纹。虹膜黄色；蜡膜黄色，嘴黑色；跗蹠及趾黄色。

【生态习性】栖息于低山丘陵、山脚平原、农田以及村落附近。多单独活动，主要以鼠类、鸟类等小型脊椎动物为食。

【分布概况】安徽各地均有分布。冬候鸟。每年秋季10月中旬抵达本省，次年4月下旬北去繁殖。

【保护级别】国家II级重点保护鸟类；CITES附录II。

雄鸟飞行 / 赵凯 摄

▶苍鹰

【学　名】*Accipiter gentilis*

【英文名】Northern Goshawk

幼鸟飞行 / 董文晓 摄

幼鸟 / 吕晨枫 摄

【识别特征】体长52cm～60cm的中等猛禽。雌雄羽色相似。翼指6根，具白色宽眉纹。成鸟头顶至后颈黑色，上体青灰色；下体白色，喉具黑色细纵纹，余部具黑褐色横纹和羽干纹；腋羽和翼下覆羽图案同腹部。虹膜红褐色；蜡膜黄绿色，嘴黑色；跗蹠及趾黄色。幼鸟虹膜黄色；上体暗褐色，具浅黄褐色羽缘；下体皮黄色，具滴状纵纹。

【生态习性】栖息于山地、丘陵地区的针叶林、阔叶林和针阔混交林以及林缘地带。多单独活动，隐蔽于林间伺机出击捕猎。主要以鸟类、野兔、鼠类等脊椎动物为食。

【分布概况】安徽分布于皖南山区、江淮丘陵和大别山区。大别山区和皖南山区为冬候鸟，江淮丘陵区为旅鸟。每年秋季10月上旬抵达本省，次年3月下旬北去繁殖。

【保护级别】国家II级重点保护鸟类；CITES附录II。

成鸟捕食 / 李英杰 摄

▶灰脸鵟鹰

【学　名】*Butastur indicus*

【英文名】Grey-faced Buzzard

成鸟 / 夏家振 摄

起飞 / 夏家振 摄

成鸟 / 汪湜 摄

【识别特征】体长40cm~42cm的中等猛禽。雌雄羽色相似。成鸟头侧黑灰色，具白色眉纹；上体及翼上覆羽暗棕色，两翅狭长，收拢时达尾端；尾灰褐色，具3条深色横纹；喉白色，具黑褐色中央纵纹；胸部棕褐色，胸以下白色具棕褐色横纹；尾下覆羽白色。幼鸟上体褐色，具棕白色羽缘；喉白色，具黑褐色中央纵纹；下体皮黄色，胸部具黑褐色纵纹，两胁具横纹。虹膜黄色；蜡膜黄色，嘴黑色；跗蹠及趾黄色。

【生态习性】栖息于山地、丘陵地区的林缘地带。平时多单独活动，迁徙季节集群。主要以啮齿动物、小鸟、蛇类、蜥蜴、蛙类等小型脊椎动物为食。

【分布概况】安徽迁徙季节见于江淮丘陵地区。旅鸟。春季4月中下旬，秋季10月中旬，途经本省。

【保护级别】国家II级重点保护鸟类；CITES附录II；中日候鸟保护协定物种。

幼鸟 / 夏家振 摄

▶普通鵟

【学　名】*Buteo buteo*

【英文名】Common Buzzard

成鸟捕食 / 李永民 摄

飞行腹面观 / 赵凯 摄

飞行背面观 / 夏家振 摄

【识别特征】体长48cm～53cm的中等猛禽。雌雄羽色相似。体色变化较大，有棕色型、暗色型和浅色型；鼻孔几与嘴裂平行，与其他鵟鹰有别；初级飞羽端部黑褐色，基部具白色块斑；飞羽翼下白色，翼角处具黑褐色腕斑；尾呈扇形，灰褐色而具黑褐色横纹。虹膜黄褐色；蜡膜黄色，嘴黑色；跗蹠及趾黄色。

【生态习性】栖息于低山、丘陵的林缘地带。多单独活动，常见在开阔的林缘地带、农耕区上空盘旋觅食。主要以鼠类、蛇类、蜥蜴、蛙类等小型脊椎动物为食。

【分布概况】安徽各地均有分布记录。冬候鸟，淮北平原为旅鸟。每年9月下旬10月初抵达本省，次年4月中下旬北去繁殖。

【保护级别】国家II级重点保护鸟类；CITES附录II。

侧面观 / 赵凯 摄

背面观 / 赵凯 摄

▶林雕

【学　名】*Ictinaetus malayensis*

【英文名】Black Eagle

携带猎物 / 薄顺奇 摄

飞行背面观 / 朱英 摄

【识别特征】体长约75cm的大型猛禽。雌雄羽色相似。成鸟通体黑褐色，尾及尾上覆羽具明显的灰白色横斑；尾长具浅色横纹，飞行时明显较乌雕长；翼指7根，翼收拢时超过尾端。虹膜褐色；蜡膜和嘴黄色；跗蹠被羽，趾黄色，爪黑色。幼鸟上体灰褐色具皮黄色羽缘，翼下覆羽黄褐色。

【生态习性】栖息于中低山的阔叶林和混交林地带。觅食飞行时两翅扇动缓慢，追捕猎物时能在浓密林中快速穿梭。主要以鼠类、雉鸡、蛇类、蜥蜴、蛙类等小型脊椎动物为食。繁殖期头年11月至次年3月，营巢于高大乔木的上部。

【分布概况】安徽主要分布于皖南山区，偶见于沿江平原。留鸟。

【保护级别】国家II级重点保护鸟类；CITES附录II。

成鸟降落 / 薛辉 摄

▶乌雕

【学　名】*Aquila clanga*

【英文名】Greater Spotted Eagle

【识别特征】体长 63cm ~ 73cm 的中大型猛禽。雌雄羽色相似。成鸟鼻孔圆形(其他雕类椭圆形);通体暗褐色,尾短呈扇形,尾上覆羽具"V"形白斑;飞行时两翅平直,不上举。虹膜黄褐色;蜡膜黄色,嘴黑色;跗蹠被羽,趾黄色,爪黑褐色。幼鸟肩、翼上覆羽具白色点斑,大覆羽具白色端斑。

【生态习性】栖息于低山丘陵地区河流、湖泊的林缘地带,迁徙时见于开阔地区。多单独活动,主要以蛇类、蛙类、鱼类以及鸟类等脊椎动物为食物。

【分布概况】安徽偶见于皖南山区。旅鸟。

【保护级别】国家II级重点保护鸟类;IUCN红色名录易危(VU);CITES附录II。

成鸟 / 李显达 摄

亚成鸟 / 董文晓 摄

▶白肩雕

【学　名】*Aquila heliaca*

【英文名】Imperial Eagle

成鸟 / 董文晓 摄

成鸟 / 董文晓 摄

【识别特征】体长73cm～78cm的大型猛禽。雌雄羽色相似。成鸟头顶至后颈皮黄色，上体及两翼多黑褐色，肩羽具白色羽片，形成显著的肩斑；下体以及翼下覆羽暗褐色。幼鸟头及上体土褐色，具棕白色针状羽干纹；次级飞羽和翼上覆羽具较宽的白色羽缘，飞行时极其明显；下体以及翼下覆羽浅黄褐色，具黑褐色纵纹。虹膜黄褐色；蜡膜黄色，嘴黑灰色；跗蹠被羽呈棕黄色，趾黄色，爪黑色。

【生态习性】栖息于低山、丘陵的阔叶林和混交林的林缘地带。多单独活动，主要以野兔、雉鸡等小型哺乳类和鸟类为食。

【分布概况】安徽主要分布于皖南山区、大别山区（3月份有分布记录）以及江淮丘陵地区（2月和3月份有分布记录）。旅鸟。

【保护级别】国家Ⅰ级重点保护鸟类；IUCN红色名录易危（VU）；CITES附录Ⅰ。

幼鸟 / 钱斌 摄

►金雕

【学　名】*Aquila chrysaetos*

【英文名】Golden Eagle

【识别特征】体长75cm～90cm的大型猛禽。雌雄羽色相似。成鸟头顶后部至后颈赤褐色，体羽多黑褐色；尾羽基部灰褐色，端部黑褐色；尾下覆羽和覆腿羽赤褐色。亚成鸟尾羽基部、翼下初级飞羽基部白色。虹膜黄色；蜡膜黄色，嘴黑色；跗蹠被羽，趾黄色，爪黑色。

【生态习性】栖息于山地针叶林、针阔混交林以及林间开阔地。多单独活动。主要以大型鸟类和兽类为食。

【分布概况】安徽见于大别山区（6月份和7月份均有分布记录）。夏候鸟。

【保护级别】国家I级重点保护鸟类；CITES附录II。

亚成鸟 / 程文明 摄

亚成鸟 / 王勇刚 摄

亚成鸟 / 周卫国 摄

亚成鸟 / 王勇刚 摄

▶白腹隼雕

【学　名】*Hieraaetus fasciata*

【英文名】Bonelli's Eagle

【识别特征】体长67cm～70cm的中大型猛禽。雌雄羽色相似。成鸟头及上体暗褐色，飞羽黑褐色；尾羽灰褐色具黑色细横纹和端斑；下体白色具黑色纵纹；翼下覆羽黑褐色。虹膜黄色；蜡膜黄色，嘴黑色；跗蹠被羽，趾黄色，爪黑色。幼鸟上体及翼上覆羽土黄色，飞羽黑褐色；下体及翼下覆羽黄褐色，具黑褐色纵纹；虹膜棕褐色。

【生态习性】栖息于山地、丘陵富有灌丛的荒山、河谷边的岩石地带，冬季见于山脚平原近水源区域。成对或单独活动。主要以鸟类和小型哺乳动物为食。繁殖期为3月～5月，营巢于高大乔木或峭壁上。

【分布概况】安徽除淮北平原外，各地均有分布记录。留鸟。

【保护级别】国家II级重点保护鸟类；CITES附录II。

成鸟 / 赵凯 摄

幼鸟 / 朱英 摄

成鸟 / 赵凯 摄

幼鸟 / 朱英 摄

▶鹰雕

【学　名】*Spizaetus nipalensis*

【英文名】Moutain Hawk Eagle

成鸟飞行 / 薛辉 摄

幼鸟飞行背面观 / 董文晓 摄

幼鸟飞行腹面观 / 董文晓 摄

【识别特征】体长 70cm ~ 74cm 的中大型猛禽。雌雄相似。成鸟翼指 7 根，具粗著的黑色喉中线和冠羽；头侧近黑色，上体褐色，飞羽和尾羽均具黑褐色带纹；下体白色，胸具黑褐色纵纹，胸以下为棕褐色横纹；翼下覆羽黄褐色，密布褐色斑纹。虹膜黄褐色；蜡膜灰褐色，嘴黑色；跗蹠被羽，趾黄色，爪黑色。幼鸟头皮黄色或白色，上体褐色具浅色羽缘；下体皮黄，体侧具褐色斑纹。

【生态习性】栖息于山地森林地带的阔叶林和混交林中，冬季也见于低山丘陵和山脚平原地的林缘地带。多单独活动，主要以野兔、野鸡和鼠类等小型哺乳动物和鸟类为食。繁殖期 4 月 ~ 6 月，营巢于山地森林高大的乔木树上。

【分布概况】安徽主要分布于皖南山区。留鸟。

【保护级别】国家 II 级重点保护鸟类；CITES 附录 II。

幼鸟飞行腹面观 / 阮跃 摄

◆隼科Falconidae

▶白腿小隼

【学　名】*Microhierax melanoleucus*

【英文名】Pied Falconet

【识别特征】体长17cm～19cm的小型猛禽。成鸟头侧及下体白色，眼周及耳羽黑色而呈特征性的"熊猫眼"；头及上体黑色，飞羽和翼覆羽具白色点斑。雌雄羽色相似，雄鸟下体沾橙黄色，腹以下尤甚。幼鸟翼上覆羽赤褐色。虹膜褐色；嘴黑色；跗蹠及趾黑色。

【生态习性】栖息于山地林间开阔地、山间河谷林缘地带。多成小群活动，常在飞行中捕食昆虫。主要以小型鸟类和大型昆虫为食。繁殖期4月～6月，营巢于树洞。

【分布概况】安徽分布于皖南山区的祁门等地，2012年7月下旬，在牯牛降国家级自然保护区记录一群11只。留鸟。

【保护级别】国家II级重点保护鸟类；CITES附录II。

飞行 / 汪湜 摄

争食 / 胡云程 摄

群体 / 杨剑波 摄

正面观 / 胡云程 摄

▶红隼

【学　名】*Falco tinnunculus*

【英文名】Common Kestrel

【识别特征】体长31cm～37cm的小型猛禽。雌雄异色。雄鸟头顶至后颈蓝灰色，眼下具黑褐色髭纹；上体砖红色具黑斑；尾蓝灰色具宽阔的黑色次端斑；下体棕黄色，胸和体侧具黑褐色纵纹。雌鸟头及上体红褐色，头部杂以黑褐色细纹，上体具黑褐色斑块，尾具数条黑褐色横纹和宽阔的次端斑；下体皮黄色具黑褐色纵纹。幼鸟似雌鸟。虹膜褐色；蜡膜黄色，嘴黑色；跗蹠黄色，爪黑色。

【生态习性】栖息于山地、丘陵、平原地区的林缘，以及具稀疏树木的旷野。多单独活动。主要以小型鸟类、啮齿类等小型脊椎动物为食。繁殖期5月～7月，营巢于悬崖、山坡岩石缝隙、树洞等处，也利用喜鹊等鸦科鸟类的旧巢。

【分布概况】安徽各地均有分布。留鸟。

【保护级别】国家II级重点保护鸟类；CITES附录II。

雄鸟 / 夏家振 摄

雌鸟 / 赵凯 摄

雄鸟 / 赵凯 摄

亚成鸟 / 赵凯 摄

雌鸟 / 赵凯 摄

▶红脚隼(阿穆尔隼)

【学　名】*Falco amurensis*

【英文名】Amur Falcon

【识别特征】体长25cm～30cm的小型猛禽。《中国鸟类野外手册》名为阿穆尔隼。雌雄异色。雄鸟通体石板灰色,尾下覆羽红色,腋羽和翼下覆羽白色。雌鸟头深灰色具黑色细纵纹;上体蓝灰色具黑色斑块和细羽干纹;飞羽黑褐色,尾羽蓝灰色具黑色横纹;下体白色沾棕,胸具黑褐色纵纹,腹部为不规则横纹。幼鸟似雌鸟,眼上方具短的白色眉纹,上体具红褐色羽缘。虹膜褐色;蜡膜橙红色,嘴黑色;跗蹠及趾红色,爪色浅。

【生态习性】栖息于低山、丘陵、开阔平原地带。多单独活动,迁徙季节集群,喜立于电线上。主要以小型脊椎动物和大型昆虫为食。

【分布概况】安徽各地均有分布记录。旅鸟。每年秋季9月下旬至11月中旬各地均有分布记录,但春季尚无记录,该物种春季迁徙可能另有途径。

【保护级别】国家II级重点保护鸟类;CITES附录II。

雄鸟 / 夏家振 摄

雌鸟 / 胡云程 摄

雄鸟 / 赵凯 摄

幼鸟 / 赵凯 摄

雌亚成鸟 / 夏家振 摄

▶灰背隼

【学　名】*Falco columbarius*

【英文名】Merlin

【识别特征】体长27cm～29cm的小型猛禽。雌雄异色。雄鸟眉纹白色，颈背棕褐色；头及上体蓝灰色，具黑褐色羽干纹；飞羽黑褐色，尾羽蓝灰色具宽阔的黑色次端斑；下体棕褐色，具黑褐色羽干纹。雌鸟头棕褐色，杂以黑褐色细纹；上体暗褐色，具宽的红褐色羽缘；尾浅褐色，具红褐色横纹和宽阔的黑色次端斑；下体近白色，具棕褐色纵纹。虹膜褐色；蜡膜黄色，嘴黑灰色；跗蹠及趾黄色。

【生态习性】栖息于开阔的低山丘陵、山脚平原地带。多单独活动，主要以小型脊椎动物和昆虫为食。

【分布概况】安徽分布于皖南山区、大别山区和江淮丘陵地区。不常见冬候鸟。

【保护级别】国家II级重点保护鸟类；CITES附录II；中日候鸟保护协定物种。

雄鸟 / 薄顺奇 摄

雌鸟 / 薄顺奇 摄

▶燕隼

【学　名】*Falco subbuteo*

【英文名】Eurasian Hobby

【识别特征】体长29cm～31cm的小型猛禽。雌雄羽色相近。似红脚隼雌鸟，但蜡膜、跗蹠和趾均为黄色，爪黑色，髭纹更粗著。成鸟具白色细眉纹，头及上体暗蓝灰色具黑色羽干纹；颈侧白色，耳区有一向下黑色突起；下体白色，胸腹具黑褐色纵纹；尾下覆羽和覆腿羽棕红色；翅狭长，翼下覆羽白色密布黑色斑纹。虹膜褐色；蜡膜黄色，嘴黑灰色。幼鸟上体具红褐色羽缘。

【生态习性】栖息于林缘或有稀疏树木生长的开阔区域。单独或成对活动，主要以小型脊椎动物和昆虫为食。繁殖期为5月～7月，营巢于高大乔木上，也侵占喜鹊等鸦科鸟类的旧巢。

【分布概况】安徽分布于沿江、江淮丘陵以及淮北平原地区。夏候鸟。每年4月上旬抵达本省，10月下旬南迁越冬。

【保护级别】国家II级重点保护鸟类；CITES附录II；中日候鸟保护协定物种。

成鸟 / 汪湜 摄

成鸟 / 翁发祥 摄

成鸟 /黄丽华 摄

亚成鸟 / 夏家振 摄

▶游隼

【学　名】*Falco peregrinus*

【英文名】Peregrine Falcon

成鸟 / 袁晓 摄

幼鸟 / 赵凯 摄

幼鸟 / 胡云程 摄

【识别特征】体长 40cm ~ 45cm 的中等猛禽。雌雄羽色相似。成鸟眼周黄色,头及头侧黑色,颊部浅色区域较小;上体暗蓝灰色,具黑色羽干纹;下体浅红棕色,胸具黑褐色点状斑纹,腹以下为横纹;覆腿羽白色,具黑褐色横纹。幼鸟:上体灰褐色,下体皮黄色,密布黑褐色纵纹。虹膜褐色;蜡膜黄色,嘴灰黑色;跗蹠及趾黄色。幼鸟上体灰褐色,具红褐色羽缘;下体皮黄色,密布黑褐色纵纹。

【生态习性】栖息于山地、丘陵以及河流、湖泊的沿岸开阔地带。单独或成对活动,主要以鸟类、鼠、兔等中小型脊椎动物为食。繁殖期 4 月 ~ 6 月,营巢于林间空地或山地峭壁悬崖上。

【分布概况】安徽各地均有分布记录。皖南山区为留鸟,其他地区为旅鸟。

【保护级别】国家 II 级重点保护鸟类;CITES 附录 I。

成鸟 / 薄顺奇 摄

八、鸡形目

GALLIFORMES

本目体型大小多与家鸡相似，陆禽。其嘴短健，上嘴微弯曲，略长于下嘴，适于地面啄食；两翼短圆，不善远距离飞行；腿脚强健，3趾向前1趾向后，适于奔走；雄鸟跗蹠后缘一般具距，多具发达的尾。雏鸟早成。中国共有2科63种，安徽省记录1科7种。

◆雉科 Phasianidae

▶鹌鹑(日本鹌鹑)

【学　名】*Coturnix japonica*

【英文名】Japanese Quail

过渡羽 / 李永民 摄

冬羽 / 夏家振 摄

【识别特征】体长15cm～20cm的小型陆禽。形似小鸡。成鸟冬羽:具长的白色眉纹和顶冠纹,头颈黑色杂以褐色斑纹;上体沙褐色具显著的黄白色矛状条纹;喉灰白色,颈侧具黑褐色带斑;胸部橙黄色,杂以白色羽干纹;两胁栗褐色,杂以白色条纹和黑褐色斑纹。雄鸟夏羽:头侧、颏、喉赤褐色。虹膜红褐色;嘴黑褐色;跗蹠及趾红色。

【生态习性】栖息于山脚平原、低山丘陵地带,以及沼泽、溪流或湖泊岸边的草地与灌丛地带。成对或成小群活动,以植物芽、叶、果实及种子为食,兼食昆虫及其幼虫。

【分布概况】安徽各地均有分布。皖南为冬候鸟,其余地区为旅鸟。每年10月上中旬抵达本省,次年4月下旬北去繁殖。

【保护级别】国家"三有"保护鸟类;IUCN红色名录近危(NT);安徽省二级保护鸟类;中日候鸟保护协定物种。

冬羽 / 夏家振 摄

▶灰胸竹鸡

【学　名】*Bambusicola thoracicus*

【英文名】Chinese Bamboo Partridge

【识别特征】体长27cm～35cm的小型陆禽。雌雄羽色相似。皖南俗称“吊死鬼”，源于其鸣声：“diu…si…g…wei”，起音舒缓，渐鸣渐急。成鸟额、眉纹蓝灰色；颊、耳羽、颈侧栗红色；上体褐色，散布栗红色块斑和白色点斑；下体颏、喉至胸栗红色，上胸蓝灰色，胸以下棕黄色具黑褐色点斑。雄鸟跗蹠后缘有距。虹膜红褐色；嘴黑褐色；跗蹠绿灰色。

【生态习性】栖息于山区、丘陵的灌木、杂草及竹林丛生地带。喜结小群，昼出夜伏。夏季多在山腰和山顶活动，冬季移至山脚、溪边和丛林中觅食。杂食性，以植物性食物为主，兼食昆虫及其幼虫。繁殖期4月～7月，营巢于灌丛、草丛、树下或竹林下地面凹地。

【分布概况】安徽分布于皖南山区。留鸟。

【保护级别】国家“三有”保护鸟类；安徽省二级保护鸟类；中国特有种。

鸣叫 / 胡伟宁 摄

觅食 / 唐建兵 摄

摄食 / 胡云程 摄

中间为幼鸟 / 朱英 摄

▶勺鸡

【学　名】*Pucrasia macrolopha*

【英文名】Koklass Pheasant

【识别特征】体长46cm～53cm的中等陆禽。雌雄异色。雄鸟头侧暗辉绿色，头顶具较长的黑色冠羽，颈侧具白色块斑；上体灰白色，具“V”形黑色条纹，状若柳叶；下体胸腹栗色。雌鸟眉纹棕白色而杂以黑色点斑，颈侧具棕白色块斑；上体棕褐色，密布黑褐色细纹；下体颏、喉棕白色，余部多栗黄色而具黑色条纹，尾下覆羽栗红色而具白色端斑。虹膜褐色；嘴黑灰色；跗蹠及趾灰色。安徽分布的有东南亚种（*P. m. darwini*）和安徽亚种（*P. m. joretiana*）。东南亚种颈部无黄色领状斑纹，背羽具4条黑色条纹，下体两侧棕黄色而非灰色，尾下覆羽黑色，两侧边缘各具一栗色点斑，羽端白色。安徽亚种似东南亚种，但背羽仅具2条黑色条纹，下体两侧羽色灰白色。

【生态习性】栖息于海拔500m～1 500m开阔的多岩林地。性机警，单独或成对活动。主要以植物种子和果实为食。繁殖期4月～7月，于林下灌丛中营巢。

【分布概况】东南亚种主要分布于皖南山区，安徽亚种主要分布于大别山区。留鸟。

【保护级别】国家II级重点保护鸟类。

东南亚种雄鸟 / 董文晓 摄

东南亚种幼鸟 / 吴海龙 摄

安徽亚种雄鸟 / 胡云程 摄

安徽亚种雌鸟 / 夏家振 摄

▶白鹇

【学　名】*Lophura nycthemera*

【英文名】Silver Pheasant

【识别特征】体长65cm~110cm的大型陆禽。雌雄异色。雄鸟上体白色具密布黑色细纹,下体蓝黑色;尾羽长,中央尾羽纯白色,外侧尾羽具波形黑纹。雌鸟头顶及羽冠暗褐色,脸部裸皮暗红色;体羽余部橄榄褐色。虹膜褐色;嘴黄色;跗蹠和趾红色,爪黄色。幼鸟似雌鸟,下体黑色密布白色"V"形斑。

【生态习性】栖息于亚热带山地常绿阔叶林中。多在晨昏成群活动,性机警,很少起飞,受惊时多由山下往山上奔跑,夜间栖于树枝上。杂食性,多以各种浆果、种子等植物性食物为主,兼食昆虫。繁殖期4月~6月,一雄多雌,营巢于林下灌丛地面。

【分布概况】安徽分布于皖南山区。留鸟。

【保护级别】国家II级重点保护鸟类。

雄鸟 / 汪湜 摄

雌鸟 / 胡云程 摄

雄幼鸟 / 汪湜 摄

前为雄幼鸟 / 顾长明 摄

▶白颈长尾雉

【学　名】*Syrmaticus ellioti*

【英文名】Elliot's Pheasant

【识别特征】体长44cm～80cm的中大型陆禽。雌雄异色。雄鸟脸部裸皮红色，后颈和颈侧灰白色，颏、喉及前颈黑色；上体多栗色，翼上覆羽具宽阔的白色带纹；尾羽银灰色具栗褐色宽横纹，中央尾羽特别延长。雌鸟头顶至后颈栗褐色，头侧眼周暗红色，颏喉黑色，体羽灰褐至暗褐色，尾羽较短。虹膜黄褐色；雄鸟嘴浅黄色，雌鸟灰褐色；跗蹠蓝灰色。

【生态习性】栖息于低山丘陵地区的阔叶林、针阔混交林、竹林和林缘灌丛地带。成小群活动，性胆怯而机警。杂食性，主要以植物性食物为食，兼食昆虫等动物性食物。繁殖期4月～6月，一雄多雌，营巢于林下隐秘处。

【分布概况】安徽分布于皖南山区。留鸟。

【保护级别】国家I级重点保护鸟类；中国特有种；IUCN红色名录近危种（NT）；CITES附录I。

雄鸟 / 胡伟宁 摄

雌鸟 / 胡伟宁 摄

雄鸟 / 胡伟宁 摄

雌鸟 / 胡伟宁 摄

▶白冠长尾雉

【学　名】*Syrmaticus reevesii*

【英文名】Reeves's Pheasant

雄鸟 / 杨剑波 摄

雄鸟 / 杨剑波 摄

【识别特征】体长66cm～160cm的大型陆禽。雌雄异色。雄鸟头顶和上颈白色，自前额基部过眼至枕部为宽阔的黑色环带，眼下具白斑；上体金黄色具黑色羽缘；中央两对尾羽特别延长，具金黄色羽缘和棕黑色横纹；下体胸及体侧栗色，杂以黑和白斑块，腹以下黑色。雌鸟眉纹皮黄色，头顶、耳羽黑褐色；上背黑褐色具白色矢状斑，上体余部灰褐色具虫蠹状斑，翼上覆羽具浅黄色羽干纹；下体颏、喉金黄色；胸栗褐色杂以白色矢状斑；腹以下乳黄色。虹膜褐色；雄鸟嘴浅黄色，雌鸟黑褐色；跗蹠灰色。

【生态习性】栖息于山地多沟谷悬崖的阔叶林、针阔混交林。单独或小群活动。性机警而胆怯，善于奔跑和短距离飞翔。杂食性，主要以植物性食物为食。繁殖期3月～6月，多单配制，营巢于林下灌丛。

【分布概况】安徽分布于大别山区。留鸟。

【保护级别】国家II级重点保护鸟类；中国特有种；IUCN红色名录易危种（VU）。

雌鸟 / 赵锷 摄

▶环颈雉

【学　名】*Phasianus colchicus*

【英文名】Ring-necked Pheasant

雄鸟 / 赵凯 摄

雌鸟 / 赵凯 摄

幼鸟 / 夏家振 摄

【识别特征】体长 50cm ~ 90cm 的中大型陆禽。雌雄异色。雄鸟眉纹白色，眼周裸皮红色；颈暗蓝绿色，基部具白色领环；上背和两胁棕黄色杂以黑褐色斑，下背和腰蓝灰色；尾长灰黄而具黑色横纹胸赤铜色，具黑色鳞状纹；腹部黑褐色，尾下覆羽栗色。雌鸟头、颈栗褐色杂以黑褐色，颈基部栗色更浓，眼下具白斑；上体多黑褐色，杂以黄褐色斑；尾短具黑褐色横纹，下体灰黄。虹膜红褐色；雄鸟嘴浅黄色，雌鸟褐色；跗蹠灰褐色。

【生态习性】栖息于丘陵、平原地区的灌丛、竹丛或草丛中。成对或集小群活动，善于地面疾走。杂食性，主要以植物种子、浆果和昆虫为食。繁殖期4月 ~ 6月，一雄多雌，营巢于草丛、灌丛等隐秘处的地面。

【分布概况】安徽各地广泛分布。留鸟。

【保护级别】国家“三有”保护鸟类；安徽省二级保护鸟类。

雄鸟 / 赵凯 摄

九、鹤形目

GRUIFORMES

本目体型大小差别较大，多为涉禽。其颈和腿均较长，胫部通常裸露无羽，4趾或3趾，趾间无蹼或蹼不发达；具4趾时，后趾离地，与前3趾不在同一平面。雏鸟早成。中国共有4科34种，安徽省记录有4科16种。

◆三趾鹑科 Turnicidae

▶黄脚三趾鹑

【学　名】*Turnix tanki*

【英文名】Yellow-legged Buttonquail

雄鸟 / 袁晓 摄

【识别特征】体长12cm～18cm的小型涉禽。雌雄羽色相似。似鹌鹑，后趾退化。成鸟头顶黑褐色，具皮黄色顶冠纹，后颈、颈侧以及胸棕栗色；上体灰褐色，杂有黑色和栗色斑块；翼上覆羽和体侧浅黄色，具黑褐色圆斑；尾短；前颈和上胸橙栗色，下胸和两胁浅黄色具黑色圆斑，腹以下白色。虹膜白色；上嘴黑褐色，下嘴黄色；跗蹠及趾黄色。

【生态习性】栖息于低山丘陵和山脚平原地带的灌丛、草地和农田地带。单独或成对活动，善藏匿于灌丛或草丛，难以发现。杂食性，主要以植物性食物为食，兼食昆虫等无脊椎动物。繁殖期5月～8月，营巢于草丛或作物丛中。一雌多雄，雌鸟交配产卵后离开，另觅配偶，雄鸟负责孵卵和育雏。

【分布概况】安徽分布于沿江平原和江淮丘陵地区。夏候鸟。

【保护级别】无。

雌鸟 / 夏家振 摄

◆鹤科Gruidae

▶白鹤

【学　名】*Grus leucogeranus*

【英文名】Siberian Crane

成鸟 / 汪湜 摄

左幼鸟 / 陈军 摄

成鸟 / 夏家振 摄

【识别特征】体长120cm～140cm的大型涉禽。雌雄羽色相似。成鸟额至眼后缘裸露无羽，朱红色；通体白色，但初级飞羽、初级覆羽和小翼羽黑色；站立时黑色的初级飞羽通常被白色的三级飞羽掩盖，飞翔时则十分醒目。幼鸟头、颈、上背及翼上覆羽棕黄色，初级飞羽黑色。虹膜浅黄色；嘴赭红色；胫跗裸出部分、跗蹠部以及趾暗红色。

【生态习性】栖息于开阔的河流、湖泊的滩头、沼泽等湿地。冬季集群，喜于浅水滩头或沼泽地觅食。主要以苦草、眼子菜、苔草等植物的茎和块根为食，兼食部分水生动物。每年10月中下旬抵达本省，次年3月上旬北去繁殖。

【分布概况】安徽除皖南山区外，各地均有分布记录。沿江平原为冬候鸟，其余地区为旅鸟。

【保护级别】国家I级重点保护鸟类；IUCN红色名录极危种(CR)；CITES附录I。

飞行 / 朱英 摄

▶沙丘鹤

【学　名】*Grus canadensis*

【英文名】Sandhill Crane

【识别特征】体长110cm～120cm的大型涉禽。雌雄羽色相似。成鸟眼先、额、前头裸露无羽，鲜红色；颊、耳羽近白色，后颈浅灰色；体羽多为石板灰色，缀有褐色；翼上覆羽与背同色，飞羽内侧暗褐色，三级飞羽延长呈弓形。虹膜黄色；嘴暗褐色；胫跗裸出部分、跗蹠部以及趾黑褐色。

【生态习性】栖息于开阔的河流、湖泊的滩头、沼泽等湿地。成家族群活动。主要以植物的茎、叶、芽以及种子为食。

【分布概况】安徽偶见于沿江平原。迷鸟。2015年12月，首次在枞阳县菜子湖记录到该物种与白头鹤混群。

【保护级别】国家II级重点保护鸟类；CITES附录II。

族群 / 江红星 摄

▶白枕鹤

【学　名】*Grus vipio*

【英文名】White-naped Crane

飞行 / 俞肖剑 摄

飞行 / 杨立人 摄

左幼鸟 / 汪湜 摄

【识别特征】体长约100cm的大型涉禽。雌雄羽色相似。成鸟眼周露皮红色，嘴基绒毛近黑色；头顶、枕部、后颈白色，体羽以及前颈和颈侧带纹暗石板灰色，以及前颈和颈侧带纹；外侧飞羽和初级覆羽黑褐色，三级飞羽灰色并延长成“弓”形。虹膜黄色；嘴黄色；胫、跗蹠及趾红色。幼鸟头部沾棕褐色。

【生态习性】栖息于河流、湖泊的浅水区，以及多水草的沼泽地带。多成小群活动，偶尔单独活动。主要以植物种子、茎、叶等为食，兼食部分水生动物。

【分布概况】安徽除皖南山区以外，各地均有分布记录。沿江平原和淮北平原为冬候鸟，大别山区和江淮丘陵为旅鸟。每年10月中旬抵达本省，次年3月中下旬北去繁殖。

【保护级别】国家II级重点保护鸟类；IUCN红色名录易危种（VU）；CITES附录I；中日候鸟保护协定物种。

成鸟 / 江红星 摄

▶灰鹤

【学　名】*Grus grus*

【英文名】Common Crane

飞行背面观 / 张忠东 摄

飞行腹面观 / 张忠东 摄

族群 / 顾长明 摄

【识别特征】体长100cm～110cm的大型涉禽。雌雄羽色相似。成鸟头、颈黑色，头顶裸出部分红色，自眼后有一白色宽纹经耳区、后枕延伸至上背；飞羽和尾羽黑色，三级飞羽灰色且延长弯曲成"弓"形，羽枝呈毛发状；其余体羽多灰色。虹膜黄色；嘴黄色；胫、跗蹠及趾黑褐色。幼鸟顶冠被羽，体羽灰色沾棕。

【生态习性】栖息于开阔的湖泊、河漫滩和沼泽等湿地。多成小群活动，觅食时常有一只鹤处于警戒状态。飞行时常排成"人"字形或"V"字形队列，头脚几乎处在同一水平面上。杂食性，主要以植物性食物为主，兼食鱼、虾等水生动物。

【分布概况】安徽分布于沿江平原和江淮丘陵地区。沿江平原为冬候鸟，江淮丘陵为旅鸟。每年10月上旬抵达本省，次年3月中旬北去繁殖。

【保护级别】国家II级重点保护鸟类；CITES附录II；中日候鸟保护协定物种。

族群 / 袁晓 摄

▶白头鹤

【学　名】*Grus monacha*

【英文名】Hooded Crane

【识别特征】体长95cm～110cm的大型涉禽。雌雄羽色相似。成鸟头、颈白色，前头裸皮朱红色；体羽多深灰色，飞羽黑褐色，内侧飞羽羽枝松散，延长弯曲成"弓"形。虹膜红褐色；嘴黄绿色；胫裸出部和跗蹠灰黑色，趾红色。幼鸟头颈棕黄色，嘴粉红色。

【生态习性】栖息于河流、湖泊的浅水滩头以及沼泽地和湿草地。多以家庭为单位的小群活动。杂食性，兼食鱼、虾等水生动物以及农作物的种子。

【分布概况】安徽主要分布于沿江平原的大型湖泊、河流湿地。冬候鸟。每年10月下旬抵达本省，次年3月中旬北去繁殖。

【保护级别】国家I级重点保护鸟类；IUCN红色名录易危(VU)；CITES附录I；中日候鸟保护协定物种。

幼鸟 / 赵凯 摄

成鸟 / 汪湜 摄

飞行/ 赵凯 摄

族群 / 陈军 摄

◆秧鸡科Rallidae

▶灰胸秧鸡

【学　名】*Gallirallus striatus*

【英文名】Slaty-breasted Banded Rail

觅食 / 郭玉民 摄

【识别特征】体长20cm~30cm的中小型涉禽。雌雄羽色相似。成鸟头顶至后颈栗褐色，上体和体侧暗褐色，具白色波状细纹；颏、喉白色，头侧、颈侧、胸至上腹蓝灰色，腹以下灰白色。虹膜红褐色；嘴红褐色；跗蹠及趾灰褐色。幼鸟头颈黑褐色，下体灰白色。

【生态习性】栖息于溪流、湖岸、沟渠、稻田、沼泽等湿地的草丛或灌丛中。性机警，多晨昏单独活动。主要以虾、蟹、昆虫等水生动物为食，兼食部分植物性食物。繁殖期5月~7月，营巢于水边草丛中或芦苇中。

【分布概况】安徽分布于沿江平原和江淮丘陵地区。留鸟。

【保护级别】国家“三有”保护鸟类。

涉水 / 袁晓 摄

▶普通秧鸡

【学　名】*Rallus aquaticus*

【英文名】Water Rail

【识别特征】体长25cm～29cm的中小型涉禽。雌雄羽色相似。成鸟头顶至后颈黑褐色，头侧蓝灰色，贯眼纹黑褐色；上体橄榄褐色，具黑褐色纵纹；颏白色，下体多蓝灰色，具浅褐色端斑；两胁及尾下覆羽黑褐色，具醒目的白色斑纹。虹膜红褐色；嘴橘红色，嘴峰黑色；跗蹠及趾暗红色。

【生态习性】栖息于湖泊、沟渠等水域岸边的草丛、灌丛，以及水稻田中。多晨昏单独或成对活动，白天多匿藏在茂密的草丛或灌丛下。杂食性，兼食鱼、虾等小型水生动物和植物性食物。

【分布概况】安徽分布沿江平原、江淮丘陵和淮北平原。冬候鸟，淮北平原为旅鸟。江淮丘陵地区7月下旬至次年2月下旬均有分布记录。

【保护级别】国家"三有"保护鸟类；中日候鸟保护协定物种。

成鸟 / 桂涛 摄

觅食 / 桂涛 摄

觅食 / 薄顺奇 摄

幼鸟 / 夏家振 摄

▶红脚苦恶鸟

【学　名】*Amaurornis akool*

【英文名】Brown Crake

亲鸟与雏鸟 / 唐建兵 摄

觅食 / 赵凯 摄

觅食 / 周科 摄

【识别特征】体长24cm～30cm的中小型涉禽。雌雄羽色相似。成鸟头顶、后颈及上体橄榄褐色，头侧、颈侧、胸、腹蓝灰色；颏、喉白色，两胁及尾下覆羽与上体同色。虹膜红褐色；嘴黑褐色，下嘴基部黄绿色；胫裸露部分、跗蹠和趾红色。幼鸟上体暗灰褐色，下体蓝灰沾黑色。雏鸟黑色。

【生态习性】栖息于低山、丘陵和平原地带水草丰茂的河流、湖泊、灌渠和库塘等湿地。单独或成小群活动。杂食性，主要以昆虫等无脊椎动物为食，兼食植物种子。繁殖期4月～6月，巢营于水域附近的灌丛、草丛或水田中。

【分布概况】安徽除淮北平原外，各地均有分布。留鸟。

【保护级别】国家"三有"保护鸟类。

摄食 / 汪湜 摄

▶白胸苦恶鸟

【学　名】*Amaurornis phoenicurus*

【英文名】White-breasted Waterhen

【识别特征】体长25cm～29cm的中小型涉禽。雌雄羽色相似。成鸟头、颈以及上背和肩暗石板灰色；下背至尾羽尾羽棕褐色；额、眼先、颊以及下体自颏至腹中央纯白色，腹以下红棕色。虹膜红褐色；嘴黄绿色，上嘴基部红色；胫裸露部分、跗蹠以及趾黄色。幼鸟背橄榄褐色，下体灰白色。

【生态习性】栖息于水生植物丰茂的湖泊、池塘、沼泽地以及水稻田等湿地。单独或成对活动；惊飞时头颈伸直，两腿悬垂。杂食性，主要以昆虫等无脊椎动物为食，兼食种子等植物组织。繁殖期4月～6月，求偶鸣声单调重复："苦恶……苦恶……"，营巢于近水的草丛或灌丛等隐秘处。

【分布概况】安徽各地均有分布。夏候鸟。

【保护级别】国家"三有"保护鸟类。

配对 / 夏家振 摄

觅食 / 胡云程 摄

起飞 / 夏家振 摄

觅食 / 胡云程 摄

▶小田鸡

【学　名】*Porzana pusilla*

【英文名】Baillon's Crake

【识别特征】体长17cm～18cm的小型涉禽。雌雄羽色相似。成鸟头顶褐色沾棕,头侧、颈侧蓝灰色;上体及翼上覆羽橄榄褐色,具白色点状斑纹;下体喉至胸蓝灰色,腹以下黑褐色具白色横纹。虹膜红褐色;嘴黄绿色;胫、跗蹠及趾黄绿色。幼鸟头侧、胸及体侧橄榄褐色,下体近白色。

【生态习性】栖息于低山、丘陵、平原地区富有水生植被的水域、沼泽地,以及水稻田中。单独或成对活动。杂食性,主要以无脊椎动物和小型脊椎动物为食,兼食水藻等植物。

【分布概况】安徽各地均有分布。旅鸟。每年春节4月下旬至5月上旬,秋季8月下旬至9月上旬,途经本省。

【保护级别】国家"三有"保护鸟类;中日候鸟保护协定物种。

幼鸟 / 袁晓 摄

成鸟 / 朱英 摄

幼鸟觅食 / 胡伟宁 摄

幼鸟觅食 / 胡伟宁 摄

►红胸田鸡

【学　名】*Porzana fusca*

【英文名】Ruddy-breasted Crake

成鸟 / 朱英 摄

成鸟 / 夏家振 摄

【识别特征】体长21cm～23cm的小型涉禽。雌雄羽色相似。成鸟前头、头侧以及下体胸至腹栗红色后颈以及上体暗褐色；颏白色，尾下覆羽黑色具白色斑纹。虹膜红色；嘴黑褐色；胫裸出部分、跗蹠及趾橘红色。幼鸟：头侧及下体灰褐色。

【生态习性】栖息于河流、湖泊、库塘等水域岸边的草、灌丛中，以及沼泽地和水稻田。性羞怯，单独或成对，晨昏活动频繁。杂食性，主要以水生动物和昆虫为食，兼食部分水生植物。繁殖期5月～7月，营巢于沼泽、池塘以及水田等处的草丛或灌丛中。

【分布概况】安徽各地均有分布。夏候鸟。每年4月中下旬抵达本省，11月上旬南迁越冬。

【保护级别】国家“三有”保护动物；中日候鸟保护协定物种。

觅食 / 朱英 摄

▶董鸡

【学　名】*Gallicrex cinerea*

【英文名】Watercock

雄鸟繁殖羽 / 夏家振 摄

雄鸟 / 袁晓 摄

飞行 / 夏家振 摄

【识别特征】体长36cm～40cm的中等涉禽。雌雄异色。雄鸟繁殖羽：额甲红色，末端游离，头颈、背以及下体黑色；上体余部以及翼羽褐色沾棕，尾羽黑褐色。雌鸟及雄鸟非繁殖羽：额甲不显，头顶至后颈灰褐色，上体黑褐色具宽阔的黄褐色羽缘；头侧、颈侧以及下体黄色，两胁具黑褐色波状细纹。虹膜黄褐色；嘴黄色；胫、跗蹠和趾绿色。

【生态习性】栖息于湖泊、河流等水域岸边草、灌丛，富有水生植物的库塘、沟渠以及农田等人工湿地。成对或单独活动。杂食性，主要以无脊椎动物和小型脊椎动物为食。繁殖期5月～7月，营巢于水域附近的草丛、芦苇丛中。

【分布概况】安徽各地均有分布。夏候鸟。每年春节4月中下旬抵达本省，秋季10月初南迁越冬。

【保护级别】国家“三有”保护鸟类；中日候鸟保护协定物种。

雌鸟 / 钱斌 摄

▶黑水鸡

【学　名】*Gallinula chloropus*

【英文名】Common Moorhen

成鸟 / 胡云程 摄

育雏 / 汪湜 摄

幼鸟 / 赵凯 摄

【识别特征】体长30cm ~ 35cm的中等涉禽。雌雄羽色相似。成鸟额甲鲜红色，头颈黑色；上背青灰色，上体余部橄榄褐色；飞羽和尾羽黑褐色；下体胸腹黑灰色，两胁具白色条纹；尾下覆羽中央黑色，两侧纯白。虹膜红褐色；嘴基部红色，端部黄色；胫红色，跗蹠及趾绿色。幼鸟无红色额甲，体羽多灰褐色，尾下覆羽两侧白色。

【生态习性】栖息于水草丰富的湖泊、河流、池塘、沼泽等各类淡水湿地。多成对或小群活动，善游泳和潜水，受惊时常将尾竖起，露出白色的尾下覆羽。杂食性，主要以水生无脊椎动物和水生植物组织为食。繁殖期5月 ~ 7月，营巢于隐秘的水草或芦苇丛间。

【分布概况】安徽各地广泛分布，最常见的水鸟之一。留鸟。

【保护级别】国家"三有"保护鸟类；中日候鸟保护协定物种。

惊飞 / 赵凯 摄

▶白骨顶

【学　名】*Fulica atra*

【英文名】Common Coot

成鸟 / 夏家振 摄

飞行 / 袁晓 摄

群体 / 夏家振 摄

【识别特征】体长40cm～43cm的中等游禽。雌雄羽色相似。成鸟嘴粉白色，具白色额甲；头、颈黑色，体羽灰黑沾棕；最外侧飞羽外侧边缘白色，内侧飞羽端部白色，飞行时可见。虹膜红褐色；胫裸出部分橙黄色，跗蹠及趾灰绿色，趾间具瓣蹼。幼鸟头顶黑褐色杂有白色细纹，头侧、下体灰白色。

【生态习性】栖息于开阔的河流、湖泊等水域。多集群活动。杂食性，主要以鱼、虾等水生动物为食，兼食水生植物。

【分布概况】安徽分布于沿江、江淮丘陵以及淮北平原的各类湿地。冬候鸟。每年10月中下旬抵达本省，次年3月中下旬北去繁殖。

【保护级别】国家“三有”保护鸟类。

休息 / 夏家振 摄

亲鸟与雏鸟 / 夏家振 摄

◆鸨科 Otididae

▶大鸨

【学　名】*Otis tarda*

【英文名】Great Bustard

雌鸟 / 郭玉民 摄

雄鸟 / 郭玉民 摄

【识别特征】体长 100cm~120cm 的大型涉禽。头、颈灰色，后颈棕栗色向前延伸至胸带；上体多棕栗色，密布黑色横纹；飞羽黑褐色，初级覆羽和大覆羽灰白色，其余翼覆羽与背同色；尾羽棕栗色，具白色端斑；下体多灰白色。雄鸟颏、喉及嘴角具细长的白色丝状羽。虹膜褐色；嘴灰色；胫、跗蹠及趾角质灰色。

【生态习性】典型的草原鸟类，越冬期主要栖息于开阔的干草地、农田、开阔的河漫滩等地。集群活动，主要以植物茎、叶以及种子为食，兼食昆虫。

【分布概况】安徽冬季见于沿江以及江淮丘陵地区的开阔湿地及其附近的农田。20 世纪 80 年代曾记录于当涂石臼湖、长丰县东王乡等地。近年已经十分罕见，2011 年合肥野生动物园救护了一只来源于巢湖的雄性个体。冬候鸟。秋季 11 月抵达本省，次年 3 月初北去繁殖。

【保护级别】国家 I 级重点保护鸟类；IUCN 红色名录易危种（VU）；CITES 附录 II。

飞行 / 郭玉民 摄

配对 / 胡云程 摄

十、鸻形目

CHARADRIIFORMES

本目为中小型涉禽，且多为迁徙性鸟类。其体多砂土色，嘴多细长；翅长而尖，善于长距离飞翔；脚较长，胫部裸露，后趾通常不发达，高于前3趾。雏鸟早成。中国共有14科134种，安徽省记录8科59种。

◆水雉科 Jacanidae

▶水雉

【学　名】*Hydrophasianus chirurgus*

【英文名】Pheasant-tailed Jacana

飞行 / 胡云程 摄

起飞 / 唐建兵 摄

幼鸟 / 汪湜 摄

【识别特征】体长35cm～42cm的中等涉禽。雌雄羽色相似。成鸟繁殖羽：头、颈侧以及下体颏至前颈白色，枕具黑色斑块，后颈金黄色；上体多棕褐色，腰以下黑色，中间4枚尾羽特别延长；外侧初级飞羽具黑褐色，其余飞羽以及翼覆羽白色；下体颈以下棕褐色，腋羽和翼下覆羽白色。幼鸟头顶黄褐色，上体灰褐具黄褐色羽缘，头侧及下体多污白色，胸具褐色斑纹。

【生态习性】栖息于富有挺水和漂浮植物的淡水湖泊、池塘和沼泽地。单独或成对活动，步履轻盈，善在挺水植物上行走。主要以小型无脊椎动物和水生植物为食。繁殖期5月～7月，营巢于芡实等浮叶植物上。

【分布概况】安徽分布于沿江平原、江淮丘陵以及淮北平原。夏候鸟。每年4月上旬抵达本省，10月中旬南迁越冬。

【保护级别】国家"三有"保护鸟类；中澳候鸟保护协定物种。

育雏 / 唐建兵 摄

◆彩鹬科 Rostratulidae

▶彩鹬

【学　名】*Rostratula benghalensis*

【英文名】Greater Painted Snipe

【识别特征】体长24cm～25cm的小型涉禽。雌雄异色，本种雌鸟较雄鸟色彩艳丽。雄鸟繁殖羽：眼圈、眼后短眉纹黄白色；头、颈、胸以及上体多灰黄，杂以暗绿色和白色斑纹；肩部具宽阔的白色带纹，胸以下白色。雌鸟繁殖羽：眉纹白色粗著，头侧、颈和上胸棕红色，头顶、上体多绿灰色杂以黑褐色虫蠹状斑；肩具白带，胸以下白色。虹膜褐色；嘴长橙黄色；胫、跗蹠及趾黄绿色。幼鸟似雄鸟。

【生态习性】栖息于丘陵、平原地区的库塘、沼泽、沟渠等湿地以及水稻田中。性机警，单独或成对活动。主要以小型脊椎动物为食，兼食植物组织。一雌多雄，繁殖期4月～6月，营巢于沼泽或水田附近的水草丛中，池州地区5月初即见雏鸟。

【分布概况】安徽主要分布于沿江平原、江淮丘陵地区。夏候鸟。每年春季3月中下旬抵达本省，8月下旬至9月上旬南迁越冬。

【保护级别】国家“三有”保护鸟类；中日候鸟保护协定物种；中澳候鸟保护协定物种。

雌鸟 / 夏家振 摄

左雄右雌 / 胡云程 摄

雌鸟 / 胡云程 摄

雄鸟与幼鸟 / 汪湜 摄

◆反嘴鹬科 Recurvirostridae

▶黑翅长脚鹬

【学　名】*Himantopus himantopus*

【英文名】Black-winged Stilt

【识别特征】体长33cm～41cm的中等涉禽。雄鸟虹膜红褐色，嘴黑色细长，腿修长粉红色；上体及翼上覆羽黑色，具蓝绿色金属光泽；下背至腰有一白色带纹与尾上覆羽相连；体羽余部白色，头顶至后颈的黑色区域个体间变异较大。雌鸟似雄鸟，但上体棕褐色。幼鸟上体褐色，具明显的浅色羽缘。

【生态习性】栖息于开阔的河流、湖泊等湿地的浅水滩头，以及沼泽地。集群活动，主要以鱼类、甲壳类等水生动物为食。

【分布概况】安徽分布于沿江平原、江淮丘陵以及淮北平原。冬候鸟，少数留鸟。3月下旬在巢湖周边湿地记录到交配过程，6月初有雏鸟记录，8月下旬沿江湿地出现幼鸟群体。冬候鸟每年10月上旬抵达本省，次年3月下旬北去繁殖。

【保护级别】国家"三有"保护鸟类；中日候鸟保护协定物种。

飞行 / 夏家振 摄

左雌右雄 / 赵凯 摄

交配 / 夏家振 摄

成鸟 / 汪湜 摄

幼鸟 / 赵凯 摄

▶反嘴鹬

【学　名】*Recurvirostra avosetta*

【英文名】Pied Avocet

【识别特征】体长33cm～43cm的中等涉禽。雌雄羽色相似。成鸟嘴黑色，细长而上翘；头顶至后颈、肩羽以及外侧初级飞羽黑色，翼上覆羽具大块黑斑，其余体羽白色。虹膜褐色；胫、跗蹠以及趾绿灰色。幼鸟似成鸟，但体羽黑色部分为暗褐色或灰褐色所替代。

【生态习性】栖息于开阔水域的浅水区或沼泽地。单独或成对活动，迁徙时集大群。主要以小型水生脊椎动物为食，觅食时用嘴在泥水中左右扫动。

【分布概况】安徽分布于沿江平原、江淮丘陵、大别山区以及淮北平原。冬候鸟，淮北平原为旅鸟。每年10月中下旬抵达本省，次年4月中旬北去繁殖。

【保护级别】国家“三有”保护鸟类；中日候鸟保护协定物种。

冬羽 / 陈军 摄

觅食 / 夏家振 摄

群体 / 赵凯 摄

群飞 / 夏家振 摄

◆燕鸻科Glareolidae

▶普通燕鸻

【学　名】*Glareola maldivarum*

【英文名】Oriental Pratincole

亲鸟与雏鸟 / 汪湜 摄

繁殖羽 / 薄顺奇 摄

幼鸟 / 汪湜 摄

【识别特征】体长22cm～24cm的小型涉禽。雌雄羽色相似。成鸟繁殖羽:皮黄,缘以黑色环带;上体茶褐色,尾上覆羽白色;飞羽黑褐色,翼收拢时达尾端;尾略呈叉形,基部白色而端部黑褐色;胸部灰褐色,腹以下白色,腋羽及翼下覆羽栗红色。成鸟非繁殖羽:喉灰褐色,外缘黑色环带不明显。虹膜暗褐色;嘴黑色,嘴角红色;胫、跗蹠和趾黑褐色。幼鸟头及上体黑灰色,散有白色点斑。

【生态习性】栖息于开阔平原地区的湖泊、河流、沼泽等湿地,以及农田、湿草地。喜成群活动。主要以无脊椎动物和小型脊椎动物为食。

【分布概况】安徽分布于沿江平原、江淮丘陵以及淮北平原。旅鸟。每年春季4月中旬至5月中旬,秋季8月上旬至9月初,途经本省。

【保护级别】国家"三有"保护鸟类;中日候鸟保护协定物种;中澳候鸟保护协定物种。

亚成鸟 / 汪湜 摄

◆鸻科 Charadriidae

▶凤头麦鸡

【学　名】*Vanellus vanellus*

【英文名】Northern Lapwing

展翅 / 汪湜 摄

群体休息 / 陈军 摄

群飞 / 夏家振 摄

【识别特征】体长 29cm ~ 34cm 的中小型涉禽。雌雄羽色相似。成鸟繁殖羽:头顶黑色，冠羽长而向上反曲;头侧和后颈白色,眼后具短的黑色条纹;上体灰绿色具金属光泽,尾上覆羽白色;飞羽黑色,外侧飞羽具白色端斑;喉至胸黑色,尾下覆羽浅棕色,下体余部以及腋羽和翼下覆羽纯白色。成鸟非繁殖羽:颏、喉白色。虹膜暗褐色;嘴黑褐色;胫、跗蹠和趾暗红色。

【生态习性】栖息于河流、湖泊、沼泽等湿地，以及附近的农田等区域。喜成群活动,主要以无脊椎动物和小型脊椎动物为食。

【分布概况】安徽各地均有分布。冬候鸟,淮北平原为旅鸟。每年秋季10月中下旬抵达本省,次年3月中下旬北去繁殖。

【保护级别】国家“三有”保护鸟类;IUCN红色名录近危种(NT);中日候鸟保护协定物种。

成鸟 / 赵凯 摄

▶灰头麦鸡

【学　名】*Vanellus cinereus*

【英文名】Grey-headed Lapwing

鸣叫 / 赵凯 摄

成鸟 / 赵凯 摄

雏鸟 / 赵凯 摄

【识别特征】体长33cm～35cm的中等涉禽。雌雄羽色相似。成鸟繁殖羽:头、颈、胸灰色,上体褐色,腰至尾羽基部白色;初级飞羽黑色,次级飞羽和大覆羽端部白色,其余翼覆羽与背同色;下胸具黑色带斑,胸以下以及腋羽和翼下覆羽白色。虹膜红褐色;嘴黄色,端部黑色;胫、跗蹠和趾黄色。幼鸟无黑色胸带,上体具浅色羽缘。

【生态习性】栖息于低山丘陵、平原的河流、湖泊沿岸的开阔地,以及沼泽、农田、湿草地等区域。成对或小群活动。护幼行为强烈,遇异常情况亲鸟立即升空,不停的绕圈飞行鸣叫。主要以无脊椎动物为食,兼食部分植物组织。繁殖期4月～6月,营巢于裸露的草地上。

【分布概况】安徽各地均有分布。夏候鸟,淮北平原为旅鸟。每年春季3月初即抵达本省,9月中旬南迁越冬。

【保护级别】国家“三有”保护鸟类。

起飞 / 赵凯 摄

▶金鸻

【学　名】*Pluvialis fulva*

【英文名】Pacific Golden Plover

【识别特征】体长23cm ~ 25cm的中小型涉禽。雌雄羽色相似。成鸟繁殖羽:头及上体黑褐色,满布金黄色斑点;自眼先经颈侧达胸侧和两胁有一宽阔的白色条带,将金色的上体与黑色的下体分开;头侧以及下体黑色,两胁和尾下覆羽白色具黑褐色斑纹。虹膜暗褐色;嘴黑色;胫、跗蹠和趾黑褐色,后趾缺失。幼鸟似成鸟非繁殖羽。

【生态习性】栖息于河流、湖泊的滩涂,以及沼泽地、稻田等地。单独或成小群活动,主要以无脊椎动物和小型脊椎动物为食。

【分布概况】安徽迁徙季节见于沿江平原、江淮丘陵以及淮北平原。旅鸟。每年春季4月下旬至5月上旬,秋季10月上旬,途经本省。

【保护级别】国家"三有"保护鸟类;中日候鸟保护协定物种。

繁殖羽 / 赵凯 摄

非繁殖羽 / 赵凯 摄

非繁殖羽 / 夏家振 摄

幼鸟 / 袁晓 摄

▶灰鸻

【学 名】*Pluvialis squatarola*

【英文名】Grey Plover

过渡羽 / 袁晓 摄

幼鸟 / 赵凯 摄

飞行 / 夏家振 摄

【识别特征】体长27cm ~ 30cm的小型涉禽。雌雄羽色相似。成鸟繁殖羽：头侧和体侧的白色带纹，以及黑色的下体似金鸻。头及上体黑褐色，杂以白色斑纹；尾羽白色，具黑色横纹；腹以下白色，腋羽黑色，翼下覆羽灰白色。成鸟非繁殖羽：头侧白色带纹和下体黑色消失；上体灰褐色，具浅色羽缘；胸部灰褐色，腹以下白色。幼鸟似成鸟非繁殖羽。虹膜暗褐色；嘴黑色；胫、跗蹠及趾暗褐色。

【生态习性】栖息于河流、湖泊沿岸及其附近的滩头或沼泽地。喜集群活动，主要以昆虫、鱼、虾、蟹等水生动物为食。

【分布概况】安徽迁徙季节见于沿江平原、江淮丘陵地区以及淮北平原。旅鸟。每年春节3月中下旬至5月中旬，秋季8月下旬至9月上旬，途经本省。

【保护级别】国家“三有”保护鸟类；中日候鸟保护协定物种；中澳候鸟保护协定物种。

冬羽 / 赵凯 摄

▶金眶鸻

【学　名】*Charadrius dubius*

【英文名】Little Ringed Plover

孵卵 / 汪湜 摄

亚成鸟 / 汪湜 摄

幼鸟 / 薛辉 摄

【识别特征】体长15cm～17cm的小型涉禽。雌雄羽色相似。成鸟繁殖羽:眼圈金黄色,颈环白色宽阔,胸带黑色完整;额白色,其上方两眼之间有一黑色带纹与黑色的贯眼纹相连;额上黑色带纹后缘白色,与左右白色眉纹相连;头顶和上体灰褐色,下体白色。成鸟非繁殖羽:额棕褐色,环绕额的黑色带纹消失,胸带暗褐色。虹膜暗褐色;嘴黑褐色,下嘴基部红色(繁殖期);胫、跗蹠和趾橙黄色。幼鸟似成鸟非繁殖羽,上体具浅黄褐色羽缘。

【生态习性】栖息于低山、丘陵、平原地区的河流、湖泊的滩头,以及沼泽地。单独或成对活动,喜在浅水滩头快速行走觅食。主要以昆虫等无脊椎动物为食。繁殖期4月～6月,营巢于隐秘的沙石地等处。

【分布概况】安徽各地均有分布。夏候鸟。每年春季3月初抵达本省,秋季10月上旬开始离开。

【保护级别】国家"三有"保护鸟类;中澳候鸟保护协定物种。

繁殖羽 / 赵凯 摄

▶环颈鸻

【学　名】*Charadrius alexandrinus*

【英文名】Kentish Plover

【识别特征】体长17cm～18cm的小型涉禽。雄鸟繁殖羽：具白色颈环和不完整的黑褐色胸带；眉纹白色与额部的白色区域相连；额上方具黑色斑块，但不与贯眼纹相连；头顶及后颈棕褐色，上体褐色沾棕；飞羽黑褐色，翼具白色翅斑。雄鸟非繁殖羽：额无黑色斑块，繁殖羽中的黑色部分为灰色所替代。雌鸟似雄鸟非繁殖羽。虹膜暗褐色；嘴黑色；胫、跗蹠和趾黑褐色。幼鸟上体具浅色羽缘。

【生态习性】栖息于河流、湖泊的滩头，以及沼泽地。喜集群活动，主要以昆虫等无脊椎动物为食。

【分布概况】安徽各地均有分布。多为冬候鸟或旅鸟，少数在沿江平原和江淮丘陵地区繁殖。冬候鸟每年最早8月下旬抵达本省，次年3月中下旬北去繁殖。

【保护级别】国家"三有"保护鸟类。

亲鸟与雏鸟 / 汪湜 摄

冬羽 / 夏家振 摄

雄鸟繁殖羽 / 赵凯 摄

雌鸟 / 汪湜 摄

▶长嘴剑鸻

【学　名】*Charadrius placidus*

【英文名】Long-billed Ringed Plover

【识别特征】体长19cm～22cm的小型涉禽。雌雄羽色相似。成鸟繁殖羽：似金眶鸻，颈基具白色领环，黑褐色胸带完整，但眼圈不为金黄色，翼具白色翅斑。成鸟非繁殖羽：眉纹浅黄褐色，额上方黑色斑块消失，胸带灰褐色。虹膜暗褐色；嘴黑色，下嘴基部黄色；胫、跗蹠以及趾黄褐色。

【生态习性】栖息于山地、丘陵以及平原地区的河流、湖泊岸边、滩头、沼泽地等区域。单独或成小群活动，主要以昆虫等无脊椎动物为食。繁殖期4月～6月，营巢于较为隐蔽的沙石地上。

【分布概况】安徽各地均有分布。皖南山区为留鸟，淮北平原为旅鸟，其余地区夏候鸟。

【保护级别】国家“三有”保护鸟类。

成鸟 / 汪湜 摄

警觉 / 赵凯 摄

配对 / 赵凯 摄

飞行 / 赵凯 摄

▶铁嘴沙鸻

【学　名】*Charadrius leschenaultii*

【英文名】Greater Sand Plover

繁殖羽 / 袁晓 摄

冬羽 / 薄顺奇 摄

飞行 / 夏家振 摄

【识别特征】体长19cm~23cm的小型涉禽。雌雄羽色相似。无白色颈环；嘴较蒙古沙鸻更长且厚实，嘴峰起自嘴中部。成鸟繁殖羽：额白色，其上方具黑色带纹与贯眼纹相连；头及后颈栗褐色上体暗褐色，上体具黑褐色羽干纹；飞羽黑褐色，翼上具白色翅斑；胸具栗褐色带纹，下体余部白色。成鸟非繁殖羽：头及上体灰褐色，胸带亦为灰褐色且不完整。虹膜暗褐色；嘴黑色；胫、跗蹠及趾褐色沾绿。

【生态习性】栖息于河流、湖泊沿岸滩头、沼泽湿地。多成群活动，常与蒙古沙鸻混群。主要以软体动物等无脊椎动物为食。

【分布概况】安徽迁徙季节见于沿江平原、江淮丘陵以及淮北地区。旅鸟。每年春季3月下旬至5月中旬，秋季9月下旬至10月上旬，途经本省。

【保护级别】国家"三有"保护鸟类；中日候鸟保护协定物种；中澳候鸟保护协定物种。

幼鸟 / 袁晓 摄

►蒙古沙鸻

【学　名】*Charadrius mongolus*

【英文名】Lesser Sand Plover

【识别特征】体长18cm～20cm的小型涉禽。雌雄羽色相似。似铁嘴沙鸻，无白色颈环；但嘴相对较短而细，嘴峰起自嘴端近1/3处；胸部栗褐色带纹延伸至体侧，且其上方具黑色细纹。成鸟非繁殖羽：头及上体灰褐色，胸带不完整，亦为灰褐色。虹膜暗褐色；嘴黑色；胫、跗蹠及趾绿灰色。

【生态习性】栖息于河流、湖泊沿岸滩头、沼泽湿地。多成群活动，常与铁嘴沙鸻混群。主要以软体动物等无脊椎动物为食。

【分布概况】安徽迁徙季节见于沿江平原、江淮丘陵以及淮北平原。旅鸟。每年春季3月下旬至5月中旬，秋季9月下旬至10月上旬，途经本省。

【保护级别】国家"三有"保护鸟类；中日候鸟保护协定物种；中澳候鸟保护协定物种。

繁殖羽 / 袁晓 摄

冬羽 / 夏家振 摄

繁殖羽 / 胡伟宁 摄

繁殖羽 / 夏家振 摄

▶东方鸻

【学　名】*Charadrius veredus*

【英文名】Oriental Plover

雄鸟 / 唐建兵 摄

雌鸟 / 袁晓 摄

雌鸟 / 唐建兵 摄

【识别特征】体长22cm～26cm的小型涉禽。雌雄异色。雄鸟繁殖羽：眉纹、头侧、颈白色，胸部棕红色，下方缘以黑色带纹；头顶及上体灰褐色，下体胸以下白色。雌鸟繁殖羽：头顶及上体灰褐色，具黄褐色羽缘；头侧、胸带褐色沾棕，胸带下沿无黑色环带。虹膜暗褐色；嘴黑色；胫、跗蹠及趾橙黄色。

【生态习性】栖息于河流、湖泊等水域沿岸，及其附近草地。常成群活动，主要以昆虫等无脊椎动物为食。

【分布概况】安徽迁徙季节见于沿江平原、江淮丘陵以及淮北平原。旅鸟。每年春季3月初至4月初，秋季月9月中下旬，途经本省。

【保护级别】国家“三有”保护鸟类。

雄鸟 / 薛辉 摄

幼鸟 / 薛辉 摄

◆鹬科 Scolopacidae

▶丘鹬

【学　名】*Scolopax rusticola*

【英文名】Eurasian Woodcock

成鸟 / 袁晓 摄

成鸟 / 袁晓 摄

【识别特征】体长32cm~34cm的中等涉禽。雌雄羽色相似。外形似沙锥，但头顶和后颈具4条宽阔的黑褐色横斑；上体赤褐色，杂以黑色或灰褐色斑纹；颏、喉灰白色，下体余部灰色沾棕，具黑褐色横纹。虹膜暗褐色；嘴基部近粉色，端部黑褐色；跗蹠及趾黄色。

【生态习性】栖息于林间沼泽、湿草地和林缘灌丛地带。多夜间活动，白天隐伏。主要以蚯蚓、蜗牛等小型无脊椎动物为食，兼食植物根、浆果和种子。

【分布概况】安徽迁徙季节各地均有分布。皖南山区为冬候鸟，其余地区为旅鸟。每年秋季10月中旬抵达本省，次年3月下旬北去繁殖。

【保护级别】国家“三有”保护鸟类；中日候鸟保护协定物种。

成鸟 / 阮跃 摄

▶针尾沙锥

【学　名】*Gallinago stenura*

【英文名】Pintail Snipe

【识别特征】体长21cm～27cm的小型涉禽。雌雄羽色相似。成鸟头顶黑褐色杂以黄褐色斑纹，头顶中央具近白色的冠纹；眉纹浅黄色，贯眼纹黑褐色；上体以及翼上覆羽多黑褐色，具宽阔的白色羽缘和黄褐色斑纹；前颈和胸浅黄褐色，杂以黑褐色斑纹；下体余部污白色，体侧具黑褐色横纹；翼下密被黑褐色斑纹。虹膜褐色；嘴基部灰黄，端部黑褐色；胫、跗蹠及趾绿色。易与扇尾沙锥和大沙锥混淆。本种特征：最外侧7对尾羽成针状，嘴约为头长的1.5倍，基部较粗往端部渐细；次级飞羽羽缘无明显白色；飞行时脚伸出尾后较多，受惊时呈"Z"字形线路飞行。

【生态习性】栖息于河流、湖泊的岸边浅水区、沼泽地和水稻田等湿地。常单独或小群活动。主要以昆虫等无脊椎动物为食，兼食植物种子。

【分布概况】安徽迁徙季节见于沿江平原、江淮丘陵以及淮北平原。旅鸟。每年春季4月中下旬，秋季8月下旬至9月上旬，途经本省。

【保护级别】国家"三有"保护鸟类；中澳候鸟保护协定物种。

成鸟侧面观 / 夏家振 摄

起飞 / 夏家振 摄

成鸟 / 袁晓 摄

飞行 / 薛辉 摄

▶大沙锥

【学　名】*Gallinago megala*

【英文名】Swinhoe's Snipe

潜伏 / 裴志新 摄

潜伏 / 夏家振 摄

【识别特征】体长 26cm～28cm 的小型涉禽。外形似针尾沙锥喙，长约为头长的1.5倍，翼下密布暗褐色横斑，次级飞羽羽缘无白色；但尾羽20枚，从中央向外侧逐渐变窄；肩羽外侧羽缘宽，内侧羽缘相对较窄；飞行时脚几乎与尾等齐，受惊时作短距离直线飞行。

【生态习性】栖息于河流、湖泊的岸边浅水区、沼泽地和水稻田等湿地。常单独或成松散的小群活动。主要以昆虫等无脊椎动物为食，兼食植物种子。

【分布概况】安徽迁徙季节见于沿江平原、江淮丘陵以及淮北平原。旅鸟。每年春季4月上旬至5月上旬，秋季8月下旬至9月上旬，途经本省。

【保护级别】国家"三有"保护鸟类；中日候鸟保护协定物种；中澳候鸟保护协定物种。

警觉 / 夏家振 摄

▶扇尾沙锥

【学　名】*Gallinago gallinago*

【英文名】Common Snipe

【识别特征】体长22cm～27cm的小型涉禽。外形与针尾沙锥和大沙锥相似。但嘴基部和端部粗细相差不大，嘴长约为头长的2倍；肩羽外侧羽缘远较内侧宽阔；次级飞羽羽缘白色，翼下覆羽白色；受惊时呈"Z"字形路线飞行；尾羽14枚，各尾羽宽度相当。

【生态习性】栖息于河流、湖泊的岸边浅水区、沼泽地和水稻田等湿地。常单独或成小群活动。主要以昆虫、软体动物等无脊椎动物为食，兼食植物种子。

【分布概况】安徽各地均有分布。冬候鸟，淮北平原为旅鸟。每年9月中下旬抵达本省，次年4月下旬北去繁殖。

【保护级别】国家"三有"保护鸟类；中日候鸟保护协定物种。

飞行 / 夏家振 摄

展翅 / 夏家振 摄

惊飞 / 胡云程 摄

潜伏 / 赵凯 摄

▶黑尾塍鹬

【学　名】*Limosa limosa*

【英文名】Black-tailed Godwit

繁殖羽 / 袁晓 摄

冬羽 / 桂涛 摄

群体 / 夏家振 摄

【识别特征】体长36cm～41cm的中等涉禽。雌雄羽色相近。成鸟繁殖羽：头、颈和胸红褐色，头顶具黑褐色细纹；上体黑褐色具红褐色和白色羽缘；尾上覆羽和翼覆羽白色，尾羽黑色；翼上覆羽灰褐色，飞羽黑褐色具明显的白色翅斑；胸以下白色，具黑褐色和红褐色斑。成鸟非繁殖羽：头、上体以及胸部灰褐色，胸以下白色。虹膜暗褐色；嘴长而直，基部红色或黄色，端部黑色；胫、跗蹠及趾黑褐色。幼鸟似成鸟非繁殖羽。

【生态习性】栖息于河流、湖泊的浅水区、沼泽等湿地。单独或成小群活动，善用长嘴插入泥中搜寻食物。主要以昆虫、甲壳类等无脊椎动物为食。

【分布概况】安徽迁徙季节见于沿江平原、江淮丘陵以及淮北平原。旅鸟。每年春季4月中旬，秋季9月中旬至10月中旬，途经本省。

【保护级别】国家“三有”保护鸟类；IUCN红色名录近危种（NT）；中日候鸟保护协定物种；中澳候鸟保护协定物种。

飞行 / 夏家振 摄

▶斑尾塍鹬

【学　名】*Limosa lapponica*

【英文名】Bar-tailed Godwit

【识别特征】体长36cm～41cm的中等涉禽。雌雄羽色相似。成鸟繁殖羽：头侧以及下体全为棕栗色。成鸟非繁殖羽：头、颈、上体以及胸灰褐色，具黑褐色纵纹。虹膜暗褐色；嘴细长而上翘，基部红色而端部黑色；胫、跗蹠及趾黑色。似黑尾塍鹬。但嘴细长而明显上翘；腰、尾上覆羽以及翼下覆羽白色，密布黑褐色斑纹；尾羽暗灰褐色，亦具黑褐色横纹。

【生态习性】栖息于河流、湖泊的浅水区、沼泽等湿地。多成小群活动，善用长嘴插入泥中搜寻食物。主要以甲壳类等无脊椎动物为食。

【分布概况】安徽迁徙季节见于沿江平原、江淮丘陵以及沿淮湿地。旅鸟。每年春季4月上旬，秋季9月中下旬，途经本省。

【保护级别】国家"三有"保护鸟类；IUCN红色名录近危种（NT）；中日候鸟保护协定物种；中澳候鸟保护协定物种。

冬羽 / 赵凯 摄

繁殖羽 / 赵凯 摄

起飞 / 赵凯 摄

飞行 / 赵凯 摄

▶中杓鹬

【学　名】*Numenius phaeopus*

【英文名】Whimbrel

成鸟 / 赵凯 摄

配对 / 夏家振 摄

幼鸟 / 袁晓 摄

【识别特征】体长36cm～41cm的中等涉禽。雌雄羽色相似。成鸟嘴长而下弯，下嘴基部红色；头顶黑褐色，具白色眉纹和顶冠纹；上体以及两翼多黑褐色，缀有白色羽缘；下背和腰白色，具黑褐色横纹；下体皮黄色，胸具黑褐色纵纹，体侧具横纹；翼下覆羽白色，密布褐色斑纹。虹膜黑褐色；嘴黑褐色，下嘴基部粉红色；胫、跗蹠及趾绿灰色。幼鸟体羽皮黄色更明显。

【生态习性】栖息于河流、湖泊的浅水区、沼泽等湿地。单独或成小群活动，主要以甲壳类和软体动物等无脊椎动物为食。

【分布概况】安徽迁徙季节见于沿江平原、江淮丘陵以及沿淮湿地。旅鸟。每年春季4月中下旬，秋季8月下旬至9月下旬，途经本省。

【保护级别】国家“三有”保护鸟类；中日候鸟保护协定物种；中澳候鸟保护协定物种。

起飞 / 赵凯 摄

群体 / 赵凯 摄

▶白腰杓鹬

【学　名】*Numenius arquata*

【英文名】Eurasian Curlew

【识别特征】体长57cm～63cm的中大型涉禽。雌雄羽色相似。成鸟头、颈、胸黄褐色，具黑褐色纵纹；上体黑褐色，具浅黄褐色羽缘；下背至腰纯白色，尾羽亦白色，但具暗褐色横纹；初级飞羽和初级覆羽黑褐色，两翼余部灰褐色，具白色横斑；腹以下以及翼下覆羽纯白色。虹膜暗褐色；嘴黑褐色，下嘴基部红色；胫、跗蹠和趾近灰褐色。本种较中杓鹬体型更大，嘴更长；似大杓鹬，但下背至腰、腋羽和翼下覆羽均为纯白色。

【生态习性】栖息于河流、湖泊的浅水区、沼泽湿地等区域。常成小群活动，利用长而下弯的嘴从泥中探觅食物。主要以鱼虾等水生动物为食。

【分布概况】安徽迁徙季节见于沿江平原和江淮丘陵地区的浅水湿地。旅鸟。每年春季4月中下旬，秋季10月中下旬，途经本省。

【保护级别】国家"三有"保护鸟类；IUCN红色名录近危种(NT)；中日候鸟保护协定物种；中澳候鸟保护协定物种。

降落 / 袁晓 摄

侧面观 / 夏家振 摄

正面观 / 夏家振 摄

飞行 / 夏家振 摄

▶大杓鹬

【学　名】*Numenius madagascariensis*

【英文名】Far Eastern Curlew

【识别特征】体长57cm～65cm的中大型涉禽。似白腰杓鹬，但腋羽和翼下覆羽密布黑褐色斑纹；腰及尾上覆羽红褐色，具黑褐色斑纹；尾羽浅黄褐色，具褐色横纹；下体皮黄色，具黑褐色羽干纹。虹膜暗褐色；嘴黑褐色，下嘴基部红色；胫、跗蹠及趾灰褐色至黄褐色。

【生态习性】栖息于湖泊、河流的浅水区、沼泽等开阔湿地。主要以甲壳类、软体动物等水生动物为食。

【分布概况】安徽迁徙季节见于沿江平原以及江淮丘陵湿地。旅鸟。每年春季3月中下旬，秋季8月中旬，途经本省。

【保护级别】国家"三有"保护鸟类；IUCN红色名录濒危种(EN)；中澳候鸟保护协定物种。

成鸟 / 袁晓 摄

幼鸟 / 夏家振 摄

飞行 / 薄顺奇 摄

飞行 / 郭玉民 摄

▶鹤鹬

【学　名】*Tringa erythropus*

【英文名】Spotted Redshank

【识别特征】体长26cm～33cm的中小型涉禽。雌雄羽色相似。成鸟繁殖羽：眼圈白色，头、颈及下体黑色，上背、肩及翼上覆羽黑色，具白色羽缘斑；下背和腰白色，尾上覆羽至尾羽灰白色，具黑褐色横纹。成鸟非繁殖羽：头、颈以及上体灰褐至暗褐色，翼上覆羽具白色羽缘；下背和腰白色，尾上覆羽具黑褐色横纹；下体及翼下覆羽白色。嘴黑褐色，仅下嘴基部红色，嘴端微下弯。虹膜暗褐色；嘴细长，下嘴基部红色，端部微下弯；胫、跗蹠及趾红色。

【生态习性】栖息于河流、湖泊岸边、库塘、沼泽以及农田等湿地。常单独或成小群活动。主要以甲壳动物、软体动物等小型水生动物为食。

【分布概况】安徽迁徙季节见于沿江平原、江淮丘陵以及沿淮湿地。冬候鸟，淮北平原为旅鸟。每年秋季8月下旬抵达本省，次年4月下旬至5月上旬北去繁殖。

【保护级别】国家“三有”保护鸟类；中日候鸟保护协定物种。

繁殖羽 / 夏家振 摄

争斗 / 赵凯 摄

冬羽 / 赵凯 摄

冬羽 / 陈军 摄

▶红脚鹬

【学　名】*Tringa totanus*

【英文名】Common Redshank

【识别特征】体长26cm～28cm的小型涉禽。雌雄羽色相似。繁殖羽：头及上体灰褐色，具黑色羽干纹和枫叶状斑纹；下背至腰纯白色；尾上覆羽白色，密布黑褐色横纹；初级飞羽黑褐色，次级飞羽白色形成显著的翅斑；下体白色，胸、腹密布黑色纵纹。非繁殖羽似鹤鹬，但本种嘴粗短，上下嘴基部均红色，端部不下弯。幼鸟似成鸟非繁殖羽，但眉纹白色，上体具皮黄色羽缘，嘴基和脚的红色不明显。

【生态习性】栖息于河流、湖泊的岸边浅水区，以及沼泽等湿地。单独或小群活动，主要以甲壳类、软体动物等水生动物为食。

【分布概况】安徽见于沿江平原、江淮丘陵地区的沼泽湿地。旅鸟。每年春季4月中下旬，秋季10月下旬至11月上旬，途经本省。

【保护级别】国家“三有”保护鸟类；中日候鸟保护协定物种；中澳候鸟保护协定物种。

繁殖羽 / 夏家振 摄

繁殖羽 / 夏家振 摄

繁殖羽 / 石胜超 摄

幼鸟 / 袁晓 摄

▶泽鹬

【学　名】*Tringa stagnatilis*

【英文名】Marsh Sandpiper

繁殖羽 / 夏家振 摄

繁殖羽 / 夏家振 摄

过渡羽 / 袁继明 摄

【识别特征】体长20cm～25cm的小型涉禽。雌雄羽色相似。成鸟繁殖羽：头、颈灰白色，具黑褐色细纵纹；背、肩以及翼上覆羽浅黄褐色，具黑色枫叶状斑纹；下背至尾上覆羽白色，尾羽具黑褐色斑纹；下体白色，前颈和体侧具黑色点斑，翼下覆羽白色。成鸟非繁殖羽：上体灰褐色，具白色羽缘；颈侧以及下体白色。虹膜暗褐色；嘴黑色，细长而直；胫、跗蹠及趾黄绿色。

【生态习性】栖息于河流、湖泊的岸边浅水区，以及沼泽等湿地。单独或小群活动，主要以甲壳类、软体动物等水生动物为食。

【分布概况】安徽迁徙季节见于沿江平原、江淮丘陵以及沿淮湿地。旅鸟。每年春季4月初至4月下旬，秋季9月中下旬，途经本省。

【保护级别】国家"三有"保护鸟类；中日候鸟保护协定物种；中澳候鸟保护协定物种。

展翅 / 朱英 摄

起飞 / 赵凯 摄

▶青脚鹬

【学　名】*Tringa nebularia*

【英文名】Common Greenshank

繁殖羽 / 赵凯 摄

幼鸟 / 汪湜 摄

冬羽 / 赵凯 摄

【识别特征】体长30cm～35cm的中小型涉禽。雌雄羽色相似。成鸟繁殖羽：头、颈灰白色，密布黑褐色细纹；上背、肩以及翼上覆羽灰褐至黑褐色，具黑色斑纹和白色羽缘；下背至尾上覆羽纯白色，尾羽白色具暗褐色横纹；下体白色，胸及体侧具黑褐色斑纹。成鸟非繁殖羽：上体褐灰色，具黑褐色羽干纹和白色羽缘；下体白色。虹膜黑褐色；嘴粗基部蓝灰色，端部黑色微上翘；胫、跗蹠及趾黄绿色。

【生态习性】栖息于沼泽、河流和湖泊的浅滩等湿地。多单独或小群活动，常用嘴在泥水中左右扫荡觅食。

【分布概况】安徽主要分布于沿江平原、江淮丘陵以及沿淮湿地。冬候鸟，淮北平原为旅鸟。每年秋季9月中下旬抵达本省，次年春季4月下旬至5月初离开。

【保护级别】国家"三有"保护鸟类；中日候鸟保护协定物种；中澳候鸟保护协定物种。

飞行 / 薛辉 摄

▶白腰草鹬

【学　名】*Tringa ochropus*

【英文名】Green Sandpiper

成鸟 / 赵凯 摄

冬羽 / 汪湜 摄

成鸟 / 赵凯 摄

【识别特征】体长 20cm ~ 24cm 的小型涉禽。雌雄羽色相似。成鸟繁殖羽:眼圈白色,眉纹白色和贯眼纹黑色均仅限于眼前方;头、颈灰褐色,密布白色细纹;上体暗褐色,具白色点状斑纹;尾上覆羽纯白色,尾羽具宽阔的黑色横斑;下体白色,胸具黑褐色纵纹。成鸟非繁殖羽似繁殖羽,上体斑点明显减少。虹膜暗褐色;嘴基部黄绿色,端部黑褐色;胫、跗蹠及趾黄绿色。

【生态习性】主要栖息于河流、湖泊的浅水区,以及沼泽、水塘、农田等湿地。常单独或成对活动。主要以甲壳类、软体动物为食。

【分布概况】冬季沿江、江淮丘陵之间各湿地常见物种。冬候鸟。每年最早8月上旬即抵达本省,次年4月中下旬北去繁殖。

【保护级别】国家"三有"保护鸟类;中日候鸟保护协定物种。

飞行 / 赵凯 摄

▶林鹬

【学　名】*Tringa glareola*

【英文名】Wood Sandpiper

过渡羽 / 汪湜 摄

过渡羽 / 赵凯 摄

静立 / 陈军 摄

【识别特征】体长21cm～23cm的小型涉禽。雌雄羽色相似。成鸟繁殖羽：眉纹白色，贯眼纹黑褐色；头、颈黑褐色，密布白色细纹；上体及翼上覆羽黑褐色，具醒目的黄白色碎斑；尾上覆羽纯白色，尾羽白色具黑褐色横斑；下体白色，上胸密布黑褐色点状斑纹。成鸟非繁殖羽：上体暗褐色，具较宽的白色羽缘；颈和胸灰褐色，具纤细的羽干纹。虹膜暗褐色；嘴黑色；胫、跗蹠及趾近黄色。

【生态习性】栖息于河流、湖泊的浅水区以及沼泽、农田等湿地。多单独活动，主要以甲壳类、软体动物、昆虫等小型动物为食。

【分布概况】安徽迁徙季节各地均有分布。旅鸟。每年春季4月中旬至5月上旬，秋季8月中下旬至10月中旬，途经本省。

【保护级别】国家“三有”保护鸟类；中日候鸟保护协定物种；中澳候鸟保护协定物种。

起飞 / 薛辉 摄

▶翘嘴鹬

【学　名】*Xenus cinereus*

【英文名】Terek Sandpiper

【识别特征】体长22cm～25cm的小型涉禽。雌雄羽色相似。繁殖羽:头及上体灰褐色,具黑褐色羽干纹;内侧肩羽黑褐色,形成一条粗著的黑色纵带;次级飞羽白色,形成显著的白色翅斑;颈侧和胸灰白色具黑褐色纵纹,下体余部以及翼下覆羽白色。非繁殖羽肩部纵纹消失,下体白色。虹膜暗褐色;嘴长黑色上翘,冬季基部橙黄色;胫、跗蹠及趾橙黄色。

【生态习性】栖息于河流、湖泊的浅水滩头。单独或成小群分散觅食。主要以甲壳类、软体动物、昆虫等小型无脊椎动物为食。

【分布概况】安徽迁徙季节见于沿江平原、江淮丘陵地区。旅鸟。每年秋季9月中旬,次年春季5月上旬,途经本省。

【保护级别】国家"三有"保护鸟类;中日候鸟保护协定物种;中澳候鸟保护协定物种。

繁殖羽 / 胡伟宁 摄

繁殖羽 / 袁晓 摄

飞行 / 袁晓 摄

繁殖羽 / 胡伟宁 摄

▶矶鹬

【学　名】*Actitis hypoleucos*

【英文名】Common Sandpiper

过渡羽 / 赵凯 摄

过渡羽 / 赵凯 摄

【识别特征】体长18cm～20cm的小型涉禽。似白腰草鹬，但眉纹和贯眼纹均超过眼后缘；翅折叠时明显短于尾，翼角处具白斑；腰与背同色，飞行时可见。繁殖羽：头及上体橄榄褐色，具黑褐色羽干纹；次级飞羽基部白色形成明显的白色翅斑，外侧尾羽具宽阔的白色端斑；下体白色，胸具暗褐色纵纹。非繁殖羽：肩羽和翼上覆羽具明显的黑褐色次端斑和浅黄褐色端斑。虹膜暗褐色；嘴黑色；胫、跗蹠及趾绿色。

【生态习性】栖息于低山丘陵和山脚平原的河流、湖泊、库塘等水域岸边。多单独或成小群活动。主要以昆虫等小型无脊椎动物为食。

【分布概况】安徽各地均有分布。旅鸟。每年春季4月下旬，秋季8月上旬至10月上旬，途经本省。

【保护级别】国家“三有”保护鸟类；中日候鸟保护协定物种；中澳候鸟保护协定物种。

过渡羽 / 夏家振 摄

飞行 / 赵凯 摄

▶灰尾漂鹬

【学　名】*Heteroscelus brevipes*

【英文名】Grey-tailed Tattler

【识别特征】体长25cm～28cm的小型涉禽。雌雄羽色相似。成鸟繁殖羽:眉纹白色,贯眼纹黑色;头顶、后颈、上体及翼上覆羽灰褐色;下体白色,颊、前颈具黑褐色纵纹,胸及体侧密布黑褐色波状横纹;腋羽暗褐色,翼下覆羽灰褐色。非繁殖羽似繁殖羽,但下体无斑纹,胸及两胁浅灰色,胸以下纯白色。

【生态习性】栖息于河流、湖泊的浅水区,以及沼泽等湿地。常单独或成松散的小群活动,在浅水滩头快速行走中觅食。主要以昆虫、甲壳类等动物为食。

【分布概况】安徽见于沿江、江淮丘陵地区的湿地。旅鸟。每年春季4月下旬至5月上旬,秋季8月下旬至9月上旬,途经本省。

【保护级别】国家“三有”保护鸟类;IUCN红色名录近危种(NT)。

繁殖羽 / 袁晓 摄

幼鸟 / 袁晓 摄

繁殖羽 / 薄顺奇 摄

飞行 / 薄顺奇 摄

▶翻石鹬

【学　名】*Arenaria interpres*

【英文名】Ruddy Turnstone

【识别特征】体长21cm～24cm的小型涉禽。雄鸟繁殖羽：头、颈、胸白色，头顶具黑色斑纹，头侧黑色颊纹与髭纹相连，前颈和胸部黑色延伸至颈侧呈带纹；内侧肩羽和中覆羽赤褐色，外侧肩羽、下背至腰白色；飞羽黑褐色，具明显的白色翅斑；下体余部以及翼下覆羽纯白色。雌鸟似雄鸟，但羽色不如雄鸟鲜艳。虹膜黑褐色；嘴黑色，短粗且上翘；胫、跗蹠及趾橙红色。

【生态习性】栖息于河流、湖泊岸边或沼泽地。集小群活动，能利用粗短的嘴翻开小石头，搜寻隐藏在石头下面的食物。主要以甲壳类、软体动物等无脊椎动物为食。

【分布概况】安徽迁徙季节见于沿江平原、江淮丘陵以及沿淮湿地。旅鸟。每年春季5月中旬，秋季9月中下旬，途经本省。

【保护级别】国家“三有”保护鸟类；中日候鸟保护协定物种；中澳候鸟保护协定物种。

雌鸟 / 袁晓 摄

前雌后雄 / 赵凯 摄

雄鸟 / 袁晓 摄

幼鸟 / 薄顺奇 摄

飞行 / 夏家振 摄

▶大滨鹬

【学　名】*Calidris tenuirostris*

【英文名】Great Knot

过渡羽 / 夏家振 摄

过渡羽 / 袁晓 摄

幼鸟 / 袁晓 摄

【识别特征】体长28cm～30cm的中小型涉禽。雌雄羽色相似。成鸟繁殖羽：头、颈灰白色，杂以黑褐色细纹；上背和翼上覆羽黑褐色具浅色羽缘，肩羽具栗红色斑块；下背至尾上覆羽白色，杂有黑褐色斑纹；飞羽黑褐色，尾羽暗灰色；前颈具黑色纵纹，胸密布黑色块斑，两胁黑斑稀疏，腹以下白色。成鸟非繁殖羽：头、颈密布纤细的黑色纵纹，上体及翼上覆羽灰色，具暗褐色羽干纹；胸和两胁斑纹均较繁殖羽浅淡。虹膜暗褐色；嘴长黑色，嘴基粗厚，端部微下弯；胫、跗蹠及趾灰绿色。

【生态习性】栖息于河流、湖泊的浅水滩头、沼泽地。性喜集群活动。主要以甲壳类、软体动物等无脊椎动物为食。

【分布概况】安徽迁徙季节见于沿江平原、江淮丘陵以及沿淮湿地。旅鸟。每年春季4月中下旬，秋季9月中下旬，途经本省。

【保护级别】国家“三有”保护鸟类；IUCN红色名录濒危种（EN）；中澳候鸟保护协定物种。

过渡羽 / 夏家振 摄

▶红腹滨鹬

【学　名】*Calidris canutus*

【英文名】Red Knot

【识别特征】体长24cm～25cm的小型涉禽。雌雄羽色相似。成鸟繁殖羽:头顶至后颈灰白色,密布黑色细纵纹;头侧、下体喉至腹栗红色;上体黑褐色,背、肩具红褐色斑和白色羽缘;腰至尾上覆羽白色,具黑色斑纹;翼灰褐至黑褐色,尾羽灰褐色。成鸟非繁殖羽:头及上体灰褐色,具白色羽缘和黑褐色次端斑;下体皮黄,胸和两胁具暗褐色纵纹。幼鸟似成鸟非繁殖羽。虹膜暗褐色;嘴较短黑色;胫、跗蹠及趾暗黄绿色。

【生态习性】栖息于河流、湖泊浅水滩头、沼泽地。集群活动。主要以甲壳类、软体动物等无脊椎动物为食。

【分布概况】安徽迁徙季节见于沿江平原、江淮丘陵以及沿淮部分湿地。旅鸟。每年春季4月下旬至5月上旬,秋季9月上中旬,途经本省。

【保护级别】国家“三有”保护鸟类;IUCN红色名录近危种(NT);中日候鸟保护协定物种;中澳候鸟保护协定物种。

繁殖羽 / 胡伟宁 摄

繁殖羽 / 胡伟宁 摄

幼鸟 / 夏家振 摄

过渡羽 / 薄顺奇摄

▶三趾滨鹬

【学　名】*Calidris alba*

【英文名】Sanderling

【识别特征】体长19cm～21cm的小型涉禽。雌雄羽色相似，后趾退化。成鸟繁殖羽：头、颈和上胸红褐色，杂以黑褐色纵纹，胸以下白色；上体多黑色具红褐色斑纹，腰和尾上覆羽两侧白色。成鸟非繁殖羽：头及上体灰褐色，上体具黑褐色羽干纹和浅色羽缘；翼前缘黑褐色，翼上具白色翅斑；前额及下体纯白色。虹膜暗褐色；嘴黑色，粗短；胫、跗蹠及趾黑色。

【生态习性】栖息于河流、湖泊岸边。多集群活动，喜在水边快速行走觅食。主要以甲壳类、软体动物、昆虫等小型无脊椎动物为食。

【分布概况】安徽迁徙季节见于沿江平原和江淮丘陵地区。旅鸟。每年春季5月上旬至中旬，秋季9月中旬至下旬，途经本省。

【保护级别】国家“三有”保护鸟类；中日候鸟保护协定物种；中澳候鸟保护协定物种。

冬羽 / 赵凯 摄

冬羽 / 袁晓 摄

幼鸟 / 袁晓 摄

过渡羽 / 赵凯 摄

▶红颈滨鹬

【学　名】*Calidris ruficollis*

【英文名】Red-necked Stint

繁殖羽 / 袁晓 摄

繁殖羽 / 胡伟宁 摄

冬羽 / 夏家振 摄

幼鸟飞行 / 夏家振 摄

【识别特征】体长14cm～16cm的小型涉禽。雌雄羽色相似。成鸟繁殖羽：头、颈红褐色，头顶和后颈杂以黑褐色细纵纹；上体黑褐色，背、肩和翼覆羽杂有红褐色，腰和尾上覆羽两侧白色；飞羽黑褐色，具白色翅斑；上胸具褐色斑纹，胸以下白色。成鸟非繁殖羽：头及上体灰褐色，具暗褐色斑纹纹；下体白色，胸侧具褐色斑纹。虹膜暗褐色；嘴黑色，粗短而微下弯；胫、跗蹠及趾黑色。

【生态习性】栖息于湖泊、河流岸边浅水滩头。多成群活动。主要以甲壳类、环节动物等小型无脊椎动物为食。

【分布概况】安徽迁徙季节见于沿江平原和江淮丘陵地区。旅鸟。每年春季4月下旬至5月上旬，秋季9月中下旬，途经本省。

【保护级别】国家"三有"保护鸟类；IUCN红色名录近危种(NT)；中澳候鸟保护协定物种。

幼鸟 / 胡云程 摄

▶青脚滨鹬

【学　名】*Calidris temminckii*

【英文名】Temminck's Stint

【识别特征】体长14cm~15cm的小型涉禽。雌雄羽色相似。成鸟非繁殖羽:头及上体暗灰色,具黑褐色羽干纹;飞羽黑褐色,翼具白色翅斑;下体胸污灰色,胸以下纯白色。成鸟繁殖羽:头、颈及胸浅黄褐色,上体多灰色,肩及翼上覆羽具粗著的黑色斑块和黄褐色羽缘。虹膜暗褐色;嘴黑色,短而微下弯,下嘴基部黄色;胫、跗蹠及趾黄绿色。

【生态习性】栖息于河流、湖泊的浅水滩头以及水田中。多集群活动,浅水滩头行走觅食。主要以甲壳类、昆虫等无脊椎动物为食。

【分布概况】安徽迁徙季节见于沿江平原、江淮丘陵以及沿淮湿地。旅鸟。每年春季4月中旬,秋季9月中下旬,途经本省。

【保护级别】国家"三有"保护鸟类。

幼鸟 / 夏家振 摄

降落 / 夏家振 摄

觅食 / 夏家振 摄

冬羽 / 刘子祥 摄

▶长趾滨鹬

【学　名】*Calidris subminuta*

【英文名】Long-toed Stint

【识别特征】体长14cm ~ 16 cm的小型涉禽。雌雄羽色相似，中趾几与嘴等长。成鸟繁殖羽：具长而显著的白色眉纹，头顶红褐色杂以黑褐色纵纹；上体多黑褐色，具宽阔的红褐色羽缘；胸浅红褐色，具黑褐色纵纹，并沿胸侧延伸至两胁；下体余部以及腋羽纯白色。成鸟非繁殖羽：头、上体以及胸部红褐色变浅。虹膜暗褐色；嘴黑色，下嘴基部沾黄；胫、跗蹠及趾黄褐色。

【生态习性】栖息于河流、湖泊岸边以及沼泽等湿地。单独或结群活动。主要以昆虫、软体动物为食。

【分布概况】安徽迁徙季节见于沿江平原、江淮丘陵以及沿淮湿地。旅鸟。每年春季4月下旬至5月上旬，秋季8月中下旬，途经本省。

【保护级别】国家"三有"保护鸟类；中日候鸟保护协定物种；中澳候鸟保护协定物种。

幼鸟 / 夏家振 摄

繁殖羽 / 胡云程 摄

群体 / 夏家振 摄

争斗 / 夏家振 摄

▶斑胸滨鹬

【学　名】*Calidris melanotos*

【英文名】Pectoral Sandpiper

【识别特征】体长约22cm的小型涉禽。雌雄羽色相似。成鸟似长嘴滨鹬具白色长眉纹，头及上体多红褐色。但本种体型明显较大，嘴较长；前颈和胸部浅灰色，密布黑褐色纵纹，胸以下白色，胸与腹界限清晰。幼鸟似成鸟夏羽，但胸皮黄色，具暗褐色纵纹。虹膜暗褐色；嘴黑褐色，基部黄褐色；胫、跗蹠及趾黄绿色。

【生态习性】栖息于河流、湖泊岸边以及沼泽等湿地。单独或成小群活动。主要以水生昆虫等小型无脊椎动物为食。

【分布概况】安徽迁徙季节见于沿江平原和江淮丘陵地区。迷鸟。

【保护级别】国家"三有"保护鸟类。

幼鸟 / 夏家振 摄

腹面观 / 夏家振 摄

幼鸟 / 夏家振 摄

飞行 / 夏家振 摄

▶尖尾滨鹬

【学　名】*Calidris acuminata*

【英文名】Sharp-tailed Sandpiper

过渡羽 / 夏家振 摄

过渡羽 / 夏家振 摄

【识别特征】体长19cm~21cm的小型涉禽。雌雄羽色相似。成鸟繁殖羽：具白色长眉纹，头部栗褐色杂以黑褐色细纹；上体以及翼上覆羽黑褐色，具红褐色羽缘；胸红褐色，胸和两胁具"V"黑褐色斑纹，腹以下白色。成鸟非繁殖羽：白色眉纹更明显，头顶栗色变浅，上体灰褐色具浅色羽缘，下体污白色具不明显的褐色纵纹。虹膜暗褐色；嘴短微下弯，基部黄色，端部黑褐色；胫、跗蹠及趾黄绿色。

【生态习性】栖息于河流、湖泊岸边浅滩以及沼泽地。单独或成小群活动。主要以昆虫、软体动物等小型无脊椎动物为食。

【分布概况】安徽迁徙季节见于沿江平原、江淮丘陵以及沿淮湿地。旅鸟。每年春季5月上、中旬，秋季9月中旬，途经本省。

【保护级别】国家"三有"保护鸟类；中日候鸟保护协定物种；中澳候鸟保护协定物种。

过渡羽 / 袁晓 摄

▶弯嘴滨鹬

【学　名】*Calidris ferruginea*

【英文名】Curlew Sandpiper

繁殖羽 / 袁晓 摄

过渡羽 / 夏家振 摄

【识别特征】体长 20cm ~ 22cm 的小型涉禽。雌雄羽色相似。嘴黑色，长而下弯。成鸟繁殖羽：头、颈及下体大部栗红色；上体多黑褐色，杂以栗色和白色斑纹；尾上覆羽白色，具黑色斑点；翼暗灰褐色，腋羽及翼下覆羽白色。成鸟非繁殖羽：头及上体灰褐色，具浅色羽缘和暗褐色羽干纹；胸侧皮黄色具灰褐色纵纹，下体余部白色。虹膜暗褐色；嘴黑色，长而下弯；胫、跗蹠及趾黑色。

【生态习性】栖息于沿海滩涂、内陆河流、湖泊浅水区。多集群活动。主要以甲壳类、软体动物为食。

【分布概况】安徽迁徙季节见于沿江平原和江淮丘陵地区。旅鸟。每年春季4月下旬至5月中旬，秋季8月中旬至9月上旬，途经本省。

【保护级别】国家"三有"保护动物；IUCN红色名录近危（NT）；中日候鸟保护协定物种；中澳候鸟保护协定物种。

过渡羽 / 夏家振 摄

幼鸟 / 夏家振 摄

▶黑腹滨鹬

【学　名】*Calidris alpina*

【英文名】Dunlin

【识别特征】体长20cm～21cm的小型涉禽。雌雄羽色相似。成鸟繁殖羽：头及上体多红褐色，具黑褐色斑纹；飞羽黑褐色，基部白色形成明显的翅斑；下体胸具黑褐色点状斑纹，腹具大型黑色斑块。成鸟非繁殖羽：上体灰褐色，下体白色，胸侧灰褐色。虹膜暗褐色；嘴黑色，明显较腿粗，端部微下弯；胫、跗蹠及趾黑色。

【生态习性】栖息于海滨沼泽以及内陆河流、湖泊岸边浅水处。冬季多成小群活动。主要以甲壳类、软体动物、昆虫等为食。

【分布概况】安徽除皖南山区以外，其他各地均有分布。冬候鸟，淮北平原为旅鸟。每年秋季9月下旬抵达本省，次年4月上旬北去繁殖。

【保护级别】国家"三有"保护鸟类；中日候鸟保护协定物种；中澳候鸟保护协定物种。

繁殖羽 / 薄顺奇 摄

冬羽 / 袁晓 摄

幼鸟 / 夏家振 摄

群飞 / 张忠东 摄

▶阔嘴鹬

【学　名】*Limicola falcinellus*

【英文名】Broad-billed Sandpiper

【识别特征】体长16cm~18cm的小型涉禽。雌雄羽色相似。成鸟繁殖羽:头顶黑褐色沾栗,具较细的白色侧冠纹和宽阔的白色眉纹;上体黑褐色,具红褐色和白色羽缘;两翼黑褐色,具白色翅斑;胸浅灰色具褐色纵纹,两胁皮黄,下体余部白色。冬羽上体红褐色消失。虹膜暗褐色;嘴黑而宽,下嘴基黄褐色,嘴端下弯;胫、跗蹠及趾黄褐色。

【生态习性】迁徙期间栖息于河流、湖泊浅水滩头。单独或小群活动。主要以甲壳类、软体动物等无脊椎动物为食。

【分布概况】安徽迁徙季节见于沿江平原和江淮丘陵地区。旅鸟。每年春季4月下旬至5月中旬,秋季8月下旬至9月中下旬,途经本省。

【保护级别】国家"三有"保护鸟类;中日候鸟保护协定物种;中澳候鸟保护协定物种。

过渡羽 / 夏家振 摄

过渡羽 / 夏家振 摄

冬羽 / 胡云程 摄

冬羽 / 胡云程 摄

▶流苏鹬

【学　名】*Philomachus pugnax*

【英文名】Ruff

过渡羽 / 夏家振 摄

冬羽 / 夏家振 摄

幼鸟 / 夏家振 摄

【识别特征】体长28cm～29cm的小型涉禽。头小，腿长，嘴短。雌雄非繁殖羽相近：头顶至后颈灰白色，杂以暗褐色斑纹；上体黑褐色具浅色羽缘，腰和尾上覆羽两侧白色；两翼黑褐色，具白色翼线；下体白色，前颈、胸和两胁具灰褐色斑。雄鸟繁殖羽通常具发达而多彩的耳簇羽和胸前饰羽，色彩丰富而多变。过渡羽头、胸以及上体多红褐色。虹膜暗褐色；嘴黑色；胫、跗蹠及趾桔黄色。

【生态习性】栖息于河流、湖泊岸边浅水处。多集群活动，涉水觅食，主要软体动物、甲壳动物等无脊椎动物为食，兼食少量植物性食物。

【分布概况】安徽迁徙季节见于沿江平原、江淮丘陵地区的湿地。旅鸟。每年春季4月上、中旬，秋季9月下旬至11月上旬，途经本省。

【保护级别】国家"三有"保护鸟类；中日候鸟保护协定物种；中澳候鸟保护协定物种。

冬羽 / 夏家振 摄

▶红颈瓣蹼鹬

【学　名】*Phalaropus lobatus*

【英文名】Red-necked Phalarope

【识别特征】体长18cm～21cm的小型涉禽。雌雄羽色相似。嘴细长，趾间具瓣蹼。成鸟非繁殖羽：额、头侧和颈侧白色，具宽阔的黑褐色贯眼纹；头顶、后颈、上体以及翼上覆羽灰黑色，上体具白色纵纹；大覆羽端部和次级飞羽基部白色，形成显著的白色翼带；下体白色，体侧具灰褐色斑纹。成鸟繁殖羽：头及上体黑色，眼上具白斑；颈侧和前颈栗红色，背部具橙黄色纵纹。虹膜褐色；嘴黑色；胫、跗蹠及趾灰蓝色。

【生态习性】栖息于海滨沼泽以及内陆河流、湖泊岸边浅水滩头、沼泽地。多成群活动。主要以甲壳类、软体动物等小型无脊椎动物为食。

【分布概况】安徽迁徙季节见于沿江平原、江淮丘陵地区的湿地。旅鸟。每年春季4月下旬至5月上旬，秋季9月上旬，途经本省。

【保护级别】国家"三有"保护鸟类；中日候鸟保护协定物种；中澳候鸟保护协定物种。

冬羽 / 袁晓 摄

幼鸟 / 夏家振 摄

冬羽 / 袁晓 摄

幼鸟 / 夏家振 摄

◆鸥科 Laridae

►黑尾鸥

【学　名】*Larus crassirostris*

【英文名】Black-tailed Gull

第二年夏羽 / 林清贤 摄

成鸟 / 李凌 摄

成鸟 / 赵凯 摄

【识别特征】体长 42cm ~ 49cm 的中等水鸟。雌雄羽色相似。成鸟嘴黄绿色，端部具黑色环带，环带上具红色点斑；头、颈以及下体白色，上体深灰色；尾上覆羽白色，尾羽具宽阔的黑色次端斑；初级覆羽和外侧初级飞羽黑褐色，翼后缘白色，余部与背同色。虹膜黄色，眼睑红色；胫、跗蹠及趾黄色。第一冬幼鸟通体多灰褐色，嘴基粉色，端部黑色；胫、跗蹠及趾亦粉色。第二冬幼鸟嘴基部和胫跗均变为黄绿色。

【生态习性】主要栖息于沿海，冬季见于内陆开阔的河流、湖泊以及大型水库。多成群活动。主要以鱼类等水生动物为食。

【分布概况】安徽主要分布于沿江平原、江淮丘陵以及皖南山区。冬候鸟。

【保护级别】国家“三有”保护鸟类。

繁殖羽 / 赵凯 摄

▶西伯利亚银鸥(织女银鸥)

【学　名】*Larus vegae*

【英文名】Siberian Gull

【识别特征】体长59cm～67cm的中大型水鸟。雌雄羽色相似。成鸟夏羽：头、颈、上背以及下体白色，下背、肩以及翼上覆羽蓝灰色，尾上覆羽和尾羽白色；外侧初级飞羽黑色并具白色尖端，翼合拢时可见5个大小相近的白色羽尖。成鸟冬羽：头、颈背密布褐色细纹。虹膜黄色；嘴黄色，下嘴近端部具红色点斑；胫、跗蹠及趾粉红色。幼鸟：上体暗褐色具浅色羽缘或斑点，嘴黑色，尾黑褐色。随着年龄的增长，背部灰色增多，头、颈以及下体白色逐渐增多，嘴逐渐变黄。

【生态习性】栖息于沿海以及内陆开阔的河流、湖泊等水域。多集小群活动。主要以鱼类以及湿地附近的鼠类为食。

【分布概况】安徽省见于沿江平原、江淮丘陵以及淮北平原的河流、湖泊等湿地。冬候鸟。

【保护级别】国家"三有"保护鸟类；中日候鸟保护协定物种。

成鸟冬羽 / 薄顺奇 摄

第一年冬羽 / 薄顺奇 摄

第二年冬羽 / 薄顺奇 摄

▶黄腿银鸥

【学　名】*Larus cachinnans*

【英文名】Yellow-legged Gull

【识别特征】似西伯利亚银鸥。但成鸟上体浅灰至中灰，非繁殖羽头及颈背无褐色斑纹；翼合拢时通常可见3个大小相近的白色羽尖。虹膜黄色；嘴黄色，近端部具红点；胫、跗蹠及趾浅粉至黄色。

【生态习性】栖息于沿海以及内陆开阔的河流、湖泊等水域。多集小群活动。主要以鱼类以及湿地附近的鼠类为食。

【分布概况】安徽省见于沿江平原、江淮丘陵以及淮北平原的河流、湖泊等湿地。冬候鸟。

【保护级别】国家“三有”保护鸟类；中日候鸟保护协定物种。

成鸟冬羽 / 薄顺奇 摄

第一年冬羽 / 薄顺奇 摄

第二年冬羽 / 薄顺奇 摄

第三年冬羽 / 薄顺奇 摄

▶灰林银鸥

【学　名】*Larus heuglini*

【英文名】heuglin's Gull

【识别特征】似黄腿银鸥。但成鸟上体深灰色，羽色明显更深；胫、跗蹠及趾黄色；冬羽头顶具灰褐色细纹，颈背及颈侧具明显的灰褐色斑纹。

【生态习性】栖息于沿海以及内陆开阔的河流、湖泊等水域。多集小群活动。主要以鱼类以及湿地附近的鼠类为食。

【分布概况】安徽省见于沿江平原、江淮丘陵以及淮北平原的河流、湖泊等湿地。冬候鸟。

【保护级别】国家“三有”保护鸟类；中日候鸟保护协定物种。

第一年冬羽 / 薄顺奇 摄

第二年冬羽 / 薄顺奇 摄

成鸟冬羽 / 薄顺奇 摄

▶红嘴鸥

【学　名】*Larus ridibundus*

【英文名】Black-headed Gull

繁殖羽 / 赵凯 摄

亚成鸟 / 张忠东 摄

冬羽 / 赵凯 摄

【识别特征】体长37cm～41cm的中小型水鸟。雌雄羽色相似。成鸟繁殖羽：头、颈上部深巧克力色，眼周具新月形白斑；下背、腰和翼上覆羽浅灰色，上体余部白色；最外侧数枚飞羽白色，外缘黑色或具黑色端斑，其余飞羽与翼覆羽同色。成鸟非繁殖羽：头灰白色，眼先和耳区具黑褐色斑。虹膜暗褐色，后缘具白色斑；嘴红色，冬季先端近黑色；胫、跗蹠及趾红色。幼鸟似成鸟非繁殖羽，但上体具褐色斑纹，翼后缘和尾后缘均具黑褐色横带，翼前缘白色。

【生态习性】栖息于开阔的河流、湖泊、库塘以及城市公园的湖泊。集群活动。主要以鱼、虾、甲壳类、软体动物等水生动物为食。

【分布概况】安徽分布于沿江平原、江淮丘陵以及沿淮湿地。冬候鸟。除繁殖期外(4月～6月)，其他月份均可见。

【保护级别】国家“三有”保护鸟类；中日候鸟保护协定物种。

抢食 / 胡云程 摄

▶黑嘴鸥

【学　名】*Larus saundersi*

【英文名】Saunders's Gull

【识别特征】体长31cm～37cm的中小型水鸟。非繁殖羽似红嘴鸥，但嘴黑色，头顶与后枕具较淡的黑色斑纹，耳区具黑色点状斑。雌雄羽色相似。成鸟繁殖羽：头和上颈黑色，眼周具新月形白斑。虹膜黑色；嘴黑色；胫、跗蹠及趾红色。幼鸟似成鸟非繁殖羽，但上体和翼覆羽具褐色斑纹，尾末端具黑褐色横带。

【生态习性】栖息于沿海滩涂，内陆开阔的湖泊、河流。常成小群活动。主要以鱼类、甲壳类等动物为食。

【分布概况】安徽迁徙季节见于沿江平原、江淮地区的湖泊、河流湿地。旅鸟。春季3月中下旬，秋季9月中下旬，途经本省。

【保护级别】国家"三有"保护鸟类；IUCN红色名录易危种（VU）。

繁殖羽 / 江红星 摄

亚成鸟 / 袁晓 摄

亚成鸟 / 江红星 摄

亚成鸟 / 夏家振 摄

▶遗鸥

【学　名】*Larus relictus*

【英文名】Relict Gull

【识别特征】体长43cm～47cm的中等水鸟。成鸟繁殖羽似红嘴鸥和棕头鸥，但本种体型更大，眼上、下缘白斑更宽，外侧几枚初级飞羽端部黑色，最外侧两枚具较大的白色次端斑(翼镜)。非繁殖羽：头顶和颈背具暗褐色斑纹，眼前缘具灰黑色新月形斑。幼鸟：翼上覆羽具褐色斑纹，尾羽具黑褐色端斑。虹膜棕褐色；成鸟嘴、跗蹠及蹼暗红色，幼鸟近黑色。

【生态习性】栖息于开阔的湖泊、河流。单独或小群活动。主要以鱼类、甲壳类等动物为食。

【分布概况】安徽偶见于江淮丘陵地区的湖泊、河流湿地。迷鸟。2016年3月中下旬在巢湖周边湿地多次记录。

【保护级别】国家Ⅰ级重点保护鸟类；IUCN红色名录易危种(VU)；CITES附录Ⅰ。

繁殖羽 / 朱英 摄

亚成鸟冬羽 / 夏家振 摄

亚成鸟冬羽 / 夏家振 摄

亚成鸟冬羽 / 夏家振 摄

◆燕鸥科 Sternidae

▶红嘴巨燕鸥(红嘴巨鸥)

【学　名】*Hydroprogne caspia*

【英文名】White-winged Tern

幼鸟 / 胡云程 摄

过渡羽 / 夏家振 摄

亲鸟与幼鸟 / 夏家振 摄

【识别特征】体长 50cm ~ 55cm 的中等水鸟。雌雄羽色相似。嘴红色粗大,尾羽叉状。成鸟繁殖羽:头顶黑色,背、肩以及两翼大部银灰色;初级飞羽黑灰色,羽轴白色;其余体羽白色。成鸟非繁殖羽:头顶白色杂以黑色斑纹。幼鸟似成鸟非繁殖羽,但上体和翼上覆羽具褐色斑纹,尾具褐色次端斑。虹膜暗褐色;嘴鲜红色,粗长而直;跗蹠及趾黑色。

【生态习性】栖息于河流、湖泊等开阔水域。常成小群在水域上空飞翔。主要以鱼、虾等动物为食。

【分布概况】安徽迁徙季节见于沿江平原、江淮丘陵地区的河流、湖泊等湿地。旅鸟。秋季11月中下旬途经本省,春季尚未有记录。

【保护级别】国家“三有”保护鸟类;中日候鸟保护协定物种。

飞行 / 胡云程 摄

▶普通燕鸥

【学　名】*Sterna hirundo*

【英文名】Common Tern

【识别特征】体长32cm～37cm的小型水鸟。尾呈深叉形，翼收拢时过尾尖。雌雄羽色相似。成鸟繁殖羽：嘴基部红色，端部黑色；头顶至后颈黑色，上体以及两翼灰色；初级飞羽先端黑灰色，次级飞羽后缘白色；头侧、颈侧、颏、喉以及尾上覆羽白色，胸、腹浅灰褐色。成鸟非繁殖羽：嘴黑色，额白色，头顶黑色杂以白纹，后颈黑色；外侧尾羽羽缘黑褐色。幼鸟似成鸟非繁殖羽，但上体具褐色斑纹。虹膜暗褐色；胫、跗蹠及趾暗红色。

【生态习性】栖息于河流、湖泊等开阔水域。常成小群在水域上空飞翔。主要以鱼、虾等动物为食。

【分布概况】安徽迁徙季节见于沿江平原、江淮丘陵地区的河流、湖泊等湿地。旅鸟。每年春季4月下旬，秋季9月中旬，途经本省。

【保护级别】国家“三有”保护鸟类；中日候鸟保护协定物种；中澳候鸟保护协定物种。

繁殖羽 / 夏家振 摄

繁殖羽 / 袁晓 摄

冬羽 / 夏家振 摄

冬羽 / 夏家振 摄

▶白额燕鸥

【学　名】*Sterna albifrons*

【英文名】Little Tern

繁殖羽 / 袁晓 摄

配对 / 赵凯 摄

冬羽 / 袁晓 摄

【识别特征】体长21cm～25cm的小型水鸟。雌雄羽色相似。成鸟繁殖羽：嘴黄色，尖端黑色；头顶至后颈黑色，前额白色；上体及两翼多灰色，外侧飞羽黑褐色，尾上覆羽和尾羽白色，最外侧尾羽延长；其余体羽纯白色。成鸟非繁殖羽：嘴黑色，头顶黑色变浅杂以白纹。幼鸟似成鸟非繁殖羽，但上体及翼上覆羽具褐色斑纹。虹膜褐色；胫、跗蹠及趾繁殖期橙红色，冬季暗红色。

【生态习性】栖息于湖泊、河流、库塘、沼泽等湿地。成对或小群活动。主要以鱼、虾等水生动物为食。

【分布概况】安徽常见于沿江、江淮丘陵以及沿淮湿地。旅鸟。每年春季4月中下旬，秋季9月中下旬，途经本省。

【保护级别】国家“三有”保护鸟类；中澳候鸟保护协定物种。

繁殖羽 / 赵凯 摄

▶灰翅浮鸥(须浮鸥)

【学　名】*Chlidonias hybrida*

【英文名】Whiskered Tern

育雏 / 唐建兵 摄

过渡羽 / 赵凯 摄

冬羽 / 赵凯 摄

【识别特征】体长28cm～29cm的小型水鸟。雌雄羽色相似。成鸟繁殖羽:头顶至后颈黑色,上体以及两翼大部灰色;最外侧飞羽黑褐色,尾羽灰白色,浅叉状;头侧眼以下、颏、喉以及尾下覆羽白色,下体余部黑色;腋羽和翼下覆羽灰白色。成鸟非繁殖羽:额白色,头顶黑白相杂,枕至后颈黑色,下体白色。幼鸟似成鸟非繁殖羽,但上体具棕褐色斑纹。虹膜暗褐色;嘴夏季红色,冬季黑色;胫、跗蹠及趾红色。

【生态习性】栖息于开阔的湖泊、库塘、沼泽等湿地。多集群活动。主要以鱼、虾、昆虫等动物为食。繁殖期为5月～7月,于浮叶植物上营巢。

【分布概况】安徽分布于沿江平原、江淮丘陵以及沿淮湿地。夏候鸟。本省最常见的鸥类。

【保护级别】国家"三有"保护鸟类。

送礼 / 赵凯 摄

▶白翅浮鸥

【学　名】*Chlidonias leucopterus*

【英文名】White-winged Tern

【识别特征】体长20cm~27cm的小型水鸟。雌雄羽色相似。成鸟繁殖羽:头、颈、体羽大部以及腋羽和翼下覆羽黑色,尾羽以及尾上和尾下覆羽白色;初级飞羽黑褐色,小覆羽白色,两翼余部灰色。成鸟非繁殖羽:额白色,后头及眼后黑色,颈基部白色无斑,下体白色。幼鸟似成鸟非繁殖羽,但上体及翼上覆羽多褐色。虹膜黑色;嘴黑色;胫、跗蹠及趾红色。

【生态习性】栖息于河流、湖泊等湿地。多小群活动,喜在水面上方低空飞行。主要以鱼、虾等水生动物为食。

【分布概况】安徽迁徙季节除大别山区外,其他地区均有分布记录。旅鸟。每年春季4月下旬至5月中旬,秋季8月下旬,途经本省。

【保护级别】国家"三有"保护鸟类;中澳候鸟保护协定物种。

繁殖羽 / 夏家振 摄

繁殖羽 / 俞肖剑 摄

繁殖羽 / 夏家振 摄

冬羽 / 赵凯 摄

十一、鸽形目

COLUMBIFORMES

本目为中小型陆禽，外形似家鸽。其嘴短而细，先端膨大而具角质；嘴基柔软覆以蜡膜，鼻孔呈缝状，部分被羽；脚短而强健，4趾位于同一平面上，少数后趾缺如；嗉囊发达，部分种类能分泌鸽乳育雏。幼鸟晚成。中国共有1科32种，安徽省记录1科3种。

▶山斑鸠

【学　名】*Streptopelia orientalis*

【英文名】Oriental Turtle Dove

成鸟 / 薛辉 摄

亚成鸟 / 吴海龙 摄

配对 / 汪湜 摄

【识别特征】体长31cm～35cm的小型陆禽。雌雄羽色相似。成鸟前头蓝灰色，后头至上背棕灰色；颈侧具黑色和蓝灰色相间的条纹，上体余部多蓝灰色；两翼和尾黑褐色，翼上覆羽具扇贝形斑纹，尾羽具白色端纹；下体多呈葡萄红色，体侧和尾下覆羽蓝灰色。幼鸟似成鸟，但颈侧斑纹不显。虹膜橙红色；嘴铅蓝色；胫被羽，跗蹠及趾红色。

【生态习性】广泛分布于各种有林区域。成对或小群活动，地面行走觅食，不停地点头，性机警不易靠近。主要以谷类等植物种子为食，兼食昆虫。一年可繁殖两次，营巢于枝叶繁茂的树上。求偶鸣声较珠颈斑鸠低沉，多为4音节“咕咕……咕咕……”重复多次。

【分布概况】安徽各地广泛分布。常见留鸟。

【保护级别】国家“三有”保护鸟类。

起飞 / 赵凯 摄

▶火斑鸠

【学　名】*Streptopelia tranquebarica*

【英文名】Red Turtle Dove

雄鸟 / 夏家振 摄

雌鸟 / 赵凯 摄

左雄右雌 / 赵凯 摄

【识别特征】体长21cm～24cm的小型陆禽。后颈基部具黑色半颈环。雄鸟头、颈、颏蓝灰色，上体背、肩葡萄红色，腰和尾上覆羽蓝灰色；飞羽黑褐色，翼上覆羽与背同色；尾暗灰色，外侧尾羽具白色端斑；喉至腹部葡萄红色，尾下覆羽白色，两胁、腋羽及翼下覆羽蓝灰色。雌鸟似雄鸟，但羽色均较暗，黑色半颈环上下缘均为浅蓝灰色。虹膜暗褐色；嘴黑色；跗蹠及趾暗红色，爪黑褐色。

【生态习性】栖息于丘陵和开阔的平原地带。多见于电线或高大的枯枝上，成对或成群活动。主要以植物浆果、种子和果实为食，兼食昆虫。繁殖期5月～7月，营巢于枝叶茂盛的乔木上。鸣声低沉而急促，多为连续的3音节"咕咕咕……"，重复多次。

【分布概况】安徽各地均有分布，但不如山斑鸠和珠颈斑鸠常见。夏候鸟。每年4月下旬至9月下旬可见。

【保护级别】国家"三有"保护鸟类。

幼鸟 / 夏家振 摄

▶珠颈斑鸠

【学　名】*Streptopelia chinensis*

【英文名】Spotted Dove

【识别特征】体长27cm～32cm。雌雄羽色相似。成鸟额、头顶、眼先及眼周蓝灰色，颈背、颈侧以及下体葡萄红色；后颈基部黑色，满布白色点斑；上体灰褐色，翼上覆羽与背同色，但具浅黄褐色羽缘；飞羽和尾羽黑褐色，外侧尾羽具宽阔的白色端部。幼鸟后颈基部无斑或不完全。虹膜黄色；嘴黑色；跗蹠及趾红色。

【生态习性】栖息于低山丘陵以及平原地区的各种有林生境，包括居民点等。成对或成小群活动，常地面行走觅食。主要以植物种子、昆虫等为食。繁殖习性似山斑鸠，每年能繁殖2次，营巢于枝叶茂密的乔木上。求偶鸣声3或4个音节“咕咕咕……咕……”，前3个音节连续，第3个音节稍延长，最后一个音节存在时，与前3个音节之间略有间隔。

【分布概况】安徽各地广泛分布。留鸟。

【保护级别】国家“三有”保护鸟类。

成鸟 / 夏家振 摄

亲鸟与雏鸟 / 赵凯 摄

亚成鸟 / 赵凯 摄

起飞 / 赵凯 摄

十二、鹃形目

CUCULIFORMES

本目为中小型攀禽。其嘴形似鹰，先端微下弯，但不具钩；脚细弱，对趾型，适于攀缘；尾脂腺裸露。多数种类具巢寄生现象，雏鸟晚成，义亲代为育雏。中国共有1科20种，安徽省记录1科10种。

◆杜鹃科 Cuculidae

▶红翅凤头鹃

【学　名】*Clamator coromandus*

【英文名】Chestnut-winged Cuckoo

捕食 / 夏家振 摄

鸣叫 / 胡云程 摄

【识别特征】体长 35cm ~ 45cm 的中等攀禽。雌雄羽色相似。成鸟头、羽冠以及后颈黑色具金属光泽，后颈基部白色形成半颈环；上体黑色具蓝绿金属光泽，两翼栗红色，飞羽端部褐色；尾凸形，黑色而具蓝辉光泽；颏、喉橙色；胸腹灰白色；尾下覆羽黑色，翼下覆羽橙色。虹膜红褐色；嘴黑色弓形；跗蹠及趾近黑色。

【生态习性】栖息于低山、丘陵以及平原地区的矮林和灌木林中。多单独活动，攀行于低矮植被丛中捕食昆虫。振翅飞行时凤头收拢。主要以白蚁、鳞翅目的昆虫及其幼虫为食。繁殖期5月 ~ 7月，本种与其他杜鹃一样自身不营巢，将卵寄生在其他雀形目鸟类的巢中。叫声粗哑而响亮，重复的两个音节。

【分布概况】安徽除淮北平原外，其他地区均有分布，但数量稀少。夏候鸟。

【保护级别】国家“三有”保护鸟类；安徽省一级保护鸟类。

正面观 / 夏家振 摄

侧面观 / 夏家振 摄

▶大鹰鹃(鹰鹃)

【学　名】*Cuculus sparverioides*

【英文名】Large Hawk-cuckoo

【识别特征】体长38cm~40cm的中等攀禽。雌雄羽色相似。成鸟头颈暗石板灰色,上体以及翼上覆羽暗褐色;飞羽黑褐色具皮黄色点斑,尾灰褐色具宽阔的黑色次端斑;下体白色,喉至上胸具棕褐色纵纹,下胸至上腹具褐色横斑。幼鸟上体暗褐色,具棕色羽缘;下体具黑褐色纵纹或点斑。眼圈黄色,虹膜黄色;嘴黑色;跗蹠及趾黄色。

【生态习性】栖息于山地、丘陵地区的阔叶林中,喜开阔林地。多单独活动,常隐蔽于茂密的大树上层鸣叫。主要以昆虫及其幼虫为食。繁殖期4月~7月,自身不营巢,卵寄生于喜鹊等其他雀形目鸟类的巢中。叫声清脆,重复的3音节:"pi,pi,er……",音调逐渐增强。

【分布概况】安徽除淮北平原外,各地均有分布。夏候鸟。

【保护级别】国家"三有"保护鸟类;安徽省一级保护鸟类。

飞行 / 夏家振 摄

成鸟 / 夏家振 摄

侧面观 / 桂涛 摄

背面观 / 夏家振 摄

▶北棕腹杜鹃（北鹰鹃）

【学　名】*Cuculus hyperythrus*

【英文名】Northern Hawk-cuckoo

【识别特征】体长25cm～31cm。成鸟头及上体青灰色，后颈具白色带斑；尾灰色具黑褐色带纹，次端斑宽阔，先端棕白色；下体红棕色。幼鸟上体暗灰色，具黄褐色羽缘；下体白色，具黑褐色纵纹。眼圈黄色，虹膜褐色；上嘴黑色，下嘴黄绿色；跗蹠及趾黄色。

【生态习性】栖息于山地、丘陵以及平原地区的阔叶林。单独或成对活动。以昆虫及其幼虫为食。

【分布概况】安徽偶见于江淮丘陵地区。旅鸟。2015年10月曾在合肥大蜀山记录到该种幼鸟。

【保护级别】国家“三有”保护鸟类；安徽省一级保护鸟类；中日候鸟保护协定物种。

成鸟 / 薄顺奇 摄

幼鸟 / 刘东涛 摄

幼鸟 / 刘东涛 摄

幼鸟 / 刘东涛 摄

▶四声杜鹃

【学　名】*Cuculus micropterus*

【英文名】Indian Cuckoo

雄鸟 / 夏家振 摄

雄鸟 / 夏家振 摄

【识别特征】体长35cm~38cm的中等攀禽。雄鸟头、颈暗灰色，上体以及翼上覆羽暗褐色；尾羽灰褐色，具宽阔的黑色次端斑；喉至上胸浅灰色，下体余部白色，具宽阔的黑色横斑。雌鸟似雄鸟，但胸沾赤褐色。幼鸟头及上体具宽阔的白色羽缘，形成鳞状斑纹。虹膜暗红褐色，眼圈黄色；上嘴黑色，下嘴基部黄色；跗蹠及趾黄色。叫声舒缓，重复的4音节"布谷，布谷……"。

【生态习性】栖息于山地、丘陵或平原森林及次生林的上层。性懦怯，多隐伏在树冠的叶丛中。主要以昆虫及其幼虫为食。繁殖期5月~7月，自身不营巢，卵寄生于雀形目的灰喜鹊等鸟类巢中，由义亲育雏。

【分布概况】安徽各地均有分布。夏候鸟。每年春季4月中下旬抵达本省，秋季8月中下旬离开。

【保护级别】国家"三有"保护鸟类；安徽省一级保护鸟类。

雌鸟 / 朱英 摄

▶大杜鹃

【学　名】*Cuculus canorus*

【英文名】Common Cuckoo

【识别特征】体长30cm～34cm的中等攀禽。与四声杜鹃相似，但本种虹膜黄色，尾羽无黑色次端斑。叫声悠扬，为重复的2音节“布谷……”。雌鸟有灰色型和棕色型之分。灰色型雌鸟似雄鸟，但上胸沾红褐色。棕色型雌鸟上体及翼上覆羽棕褐色，具黑褐色横斑，而腰部无横斑。虹膜及眼圈黄色；上嘴黑褐色，下喙黄色；跗蹠及趾黄色。幼鸟上体以及翼上覆羽暗褐色，杂以红褐色斑纹和白色羽缘。

【生态习性】栖息于山地、丘陵和平原开阔的有林地带，尤其喜欢近水林地。多单独活动，喜欢晨间在树叶丛中鸣叫，偶尔停息在电线或树冠上。主要以昆虫及其幼虫为食。繁殖期5月～7月，同样具有巢寄生行为，卵寄生于鹡鸰、大苇莺等雀形目鸟类的巢中。

【分布概况】安徽各地均有分布。夏候鸟。

【保护级别】国家“三有”保护鸟类；安徽省一级保护鸟类；中日候鸟保护协定物种。

幼鸟／薛辉 摄

雄鸟／朱英 摄

飞行／夏家振 摄

义亲育雏／夏家振 摄

雄鸟／刘子祥 摄

▶中杜鹃

【学　名】*Cuculus saturatus*

【英文名】Himalayan Cuckoo

【识别特征】体长32cm～34cm的中小型攀禽。似大杜鹃，但本种翼下覆羽斑纹少且不甚清晰；翅缘白色，无斑纹；下体横斑较大杜鹃更粗。叫声为4或5个连续的爆破音："不、不、不、不(不)"，重复几次。棕色型雌鸟上体红褐色，腰部具黑褐色横斑。眼圈黄色，虹膜黄褐色；嘴黑褐色，基部黄色；跗蹠及趾橘黄色。

【生态习性】栖息于山地针叶林、针阔叶混交林、阔叶林等茂密的森林中。主要以昆虫及其幼虫为食。繁殖期为5月～7月，本种与其他杜鹃一样，具有巢寄生行为，卵寄生于雀形目鸟类的巢中。

【分布概况】安徽主要分布于大别山区、江淮丘陵地区。旅鸟。

【保护级别】国家"三有"保护鸟类；安徽省一级保护鸟类；中日候鸟保护协定物种；中澳候鸟保护协定物种。

成鸟 / 袁晓 摄

幼鸟 / 夏家振 摄

亚成鸟 / 袁晓 摄

幼鸟 / 俞肖剑 摄

▶小杜鹃

【学　名】*Cuculus poliocephalus*

【英文名】Lesser Cuckoo

成鸟 / 李永民 摄

【识别特征】体长20cm～28cm的中小型攀禽。体羽似大杜鹃，但鸣声为5个音节的急促哨音，谐音为"点灯捉蛇蚤"或"阴天打酒喝"。尾羽黑灰色，无横纹但两侧具白色点斑；下体黑色横纹较宽。眼圈黄色，虹膜暗红褐色；上嘴黑色，下嘴基部黄色，端部黑色；跗蹠及趾黄色。

【生态习性】栖息于山地、丘陵的次生林和林缘地带。成对或单独活动，常隐藏在枝叶茂密的乔木上鸣叫，无固定的栖居地。主要以昆虫及其幼虫为食。繁殖期5月～7月，卵寄生于雀形目莺科、画眉科鸟类的巢中，义亲育雏。

【分布概况】安徽主要分布于皖南山区和大别山区。夏候鸟。

【保护级别】国家"三有"保护鸟类；安徽省一级保护鸟类；中日候鸟保护协定物种。

侧面观 / 黄丽华 摄

鸣叫 / 朱英 摄

▶噪鹃

【学　名】*Eudynamys scolopacea*

【英文名】Common Koel

飞行 / 朱英 摄

雌鸟 / 胡云程 摄

义亲育幼 / 夏家振 摄

【识别特征】体长37cm～43cm的中等攀禽。叫声为重复的2音节"苦哦，苦哦……"，音调和音速渐增。雌雄异色。雄鸟通体黑色而具金属光泽。雌鸟头及上体暗褐色，头具皮黄色纵纹，上体密布白色点斑，尾具白色横纹；下体喉至胸具黑白相间的斑点，胸以下为黑白相间的斑纹。幼鸟上体黑色，具白色羽缘，下体白色具黑褐色横斑。虹膜红色；嘴浅黄色；跗蹠及趾浅灰绿色。

【生态习性】栖息于山地、丘陵地区稠密的阔叶乔木上。多单独活动，常隐蔽于树冠茂密的枝叶丛中鸣叫。主要以植物果实为食，兼食昆虫。繁殖期5月～7月，卵寄生于红嘴蓝鹊、灰喜鹊等雀形目鸟类的巢中。

【分布概况】安徽分布于皖南山区、大别山区以及江淮丘陵地区。夏候鸟。

【保护级别】国家"三有"保护鸟类；安徽省一级保护鸟类。

雄鸟 / 赵凯 摄

▶褐翅鸦鹃

【学　名】*Centropus sinensis*

【英文名】Greater Coucal

亚成鸟 / 邓章文 摄

幼鸟 / 薄顺奇 摄

成鸟 / 汪湜 摄

【识别特征】体长43cm ~ 50cm的中等攀禽。雌雄羽色相似。成鸟肩、飞羽以及翼上覆羽纯栗色，其余体羽黑色而具金属光泽，翼下覆羽亦为黑色；尾长而宽，凸形，具铜绿色光泽。幼鸟：头、颈以及下体暗褐色，杂以白色点斑、羽干纹和不甚明显的横纹；翼上覆羽和飞羽红褐色，具黑褐色横斑；尾黑褐色，具狭细的浅色横纹。虹膜深红色，幼鸟蓝灰色；嘴黑色而呈弓形；跗蹠和趾黑色。叫声低沉，为一连串的"补，补，补……"。

【生态习性】栖息于低山、丘陵的林缘灌丛，以及平原地区多芦苇的堤岸。单独或成对活动。主要以昆虫、蛙和鼠类等小型动物为食。繁殖期5月 ~7月，营巢于草丛或灌丛中。

【分布概况】安徽主要分布于长江以南的皖南山区和沿江平原。夏候鸟。

【保护级别】国家II级重点保护鸟类。

成鸟 / 杨荣 摄

▶小鸦鹃

【学　名】*Centropus bengalensis*

【英文名】Lesser Coucal

【识别特征】体长30cm~40cm的中等攀禽。雌雄羽色相似。似褐翅鸦鹃，但本种上体具明显的白色羽干纹，翼下覆羽为栗色而非黑色，嘴型略短小。此外，叫声明显不同，“咯咚咯”重复几次，继以“咚，咚，咚，咚……”，似从瓶中倒水，音速越来越快，音调逐渐降低。幼鸟头及上体红褐色，杂以暗褐色条纹；下体浅黄褐色，具暗褐色条纹；通体皮黄色羽干纹显著。虹膜红褐色；嘴黑色；跗蹠及趾灰褐色。

【生态习性】栖息于丘陵、平原地区的矮树丛或灌木丛。单独或成对活动。主要以昆虫、蛙类等小型动物为食，兼食植物果实。繁殖期5月～7月，营巢于草丛或灌丛中。

【分布概况】安徽各地均有分布。夏候鸟。

【保护级别】国家II级重点保护鸟类。

成鸟 / 吴海龙 摄

成鸟 / 胡云程 摄

携带巢材 / 胡云程 摄

幼鸟 / 夏家振 摄

十三、鸮形目

STRIGIFORMES

本目为夜行性猛禽。其嘴强而钩曲，嘴基具蜡膜；眼大而向前，眼周具放射状细羽，面盘显著；耳孔大，周缘具耳羽，听觉发达；体羽柔软，飞行无声；腿脚强健，通常全部被羽；第4趾能后转，适于攀缘，爪呈利钩状。雏鸟晚成。中国共有2科31种，安徽省记录2科12种。

◆草鸮科Tytonidae

▶东方草鸮(草鸮)

【学　名】*Tyto longimembris*

【英文名】Eastern Grass Owl

【识别特征】体长36cm～40cm的中小型猛禽。俗称“猴面鹰”。面盘显著灰棕色，眼先具黑色斑块；顶冠黑色，上体黑褐色具黄褐色斑纹；飞羽及翼上覆羽黄褐色，具黑褐色斑纹；尾羽黄褐色，具4条黑褐色横斑；下体棕白色，具黑褐色点状斑纹；腋羽以及翼下覆羽白色沾棕，密布黑褐色斑点。幼鸟上体黑褐色更深。虹膜红褐色；嘴浅黄色；跗蹠被羽，爪黑褐色。

【生态习性】栖息于山地、丘陵、平原地区的草丛、灌丛中。夜行性，主要以鼠类、蛙、蛇、鸟卵等为食。繁殖期3月～6月，营巢于隐秘的草丛或灌丛中，4月下旬可见雏鸟。

【分布概况】安徽分布于长江以南地区。留鸟。

【保护级别】国家II级重点保护鸟类；CITES附录II。

幼鸟 / 俞肖剑 摄

幼鸟 / 赵凯 摄

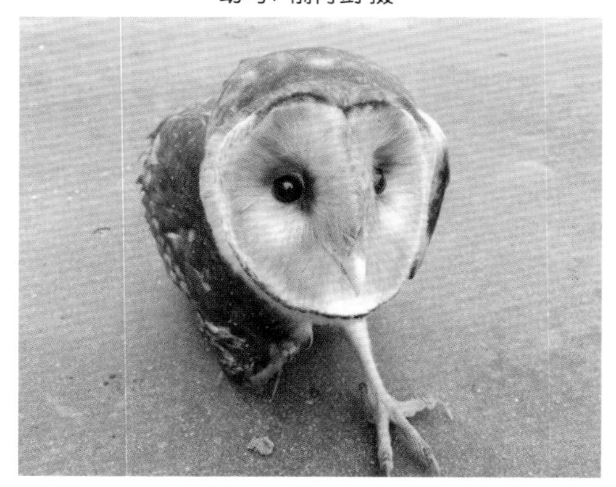

成鸟 / 杜正荣 摄

雏鸟 / 程东升 摄

◆鸱鸮科 Strigidae

▶领角鸮

【学　名】*Otus lettia*

【英文名】Collared Scops Owl

成鸟 / 吴海龙 摄

雏鸟 / 陈方明 摄

【识别特征】体长 20cm～24cm 的小型猛禽。雌雄羽色相似。具发达的耳簇羽和特征性的沙色颈圈；面盘灰白色杂以黑褐色细斑；头、上体以及翼上覆羽灰褐色，具黑褐色羽干纹和虫蠹状细斑；飞羽黑褐色具黄白色横斑，尾羽灰褐色具暗褐色横斑；下体灰白色，胸具黑色细纵纹和浅褐色波状横纹。虹膜红色；嘴黑褐色，幼鸟浅黄色；跗蹠被羽，浅黄褐色。叫声为单音节的"喔……"，两声之间间隔 10 余秒。

【生态习性】栖息于山地、丘陵以及平原地区的阔叶林和混交林中。夜行性，多单独活动。主要以鼠类、小型鸟类和大型昆虫为食。繁殖期4月～6月，营巢于树洞中。

【分布概况】安徽各地均有分布，但不甚常见。留鸟。

【保护级别】国家II级重点保护鸟类；CITES附录II。

成鸟 / 朱英 摄

▶红角鸮

【学　名】*Otus sunia*

【英文名】Oriental Scops Owl

灰色型 / 夏家振 摄

棕色型 / 袁晓 摄

育雏 / 胡云程 摄

【识别特征】体长17cm～20cm的小型猛禽。又称东方角鸮。虹膜亮黄色。本种有灰色和棕色两种型。灰色型成鸟面盘灰褐色，杂以黑褐色细纹；眼先灰白色，耳簇羽发达突出于头侧；上体褐色沾棕，具黑色羽干纹；外侧肩羽具棕白色纵行斑纹；飞羽黑褐色，具棕白色块状斑纹；下体灰色，具黑褐色纵纹和暗褐色细横斑。棕色型似灰色型，但灰褐色代之以浅红褐色。嘴黑色；跗蹠被羽，趾角质色。叫声为3或4个音节的“啯，啯，啯……”，重音在后面2个音节。

【生态习性】栖息于山地、丘陵地区以及平原地区的林间。夜行性，多单独活动。主要以昆虫、鼠类以及小型小鸟为食。繁殖期5月～7月，营巢于树洞中。

【分布概况】安徽各地均有分布。夏候鸟，淮北平原为旅鸟。

【保护级别】国家II级重点保护鸟类；CITES附录II。

灰色型 / 夏家振 摄

▶雕鸮

【学　名】*Bubo bubo*

【英文名】Eurasian Eagle-owl

观察 / 赵凯 摄

炫耀 / 郭玉民 摄

飞行 / 李显达 摄

【识别特征】体长60cm~68cm的大型猛禽。雌雄羽色相似。成鸟面盘显著，浅棕黄色杂以黑褐色细纹；眼先白色，羽簇羽发达，背面黑褐色；头及上体黄褐色，杂以黑褐色斑纹，肩羽具成行排列的黑色簇状斑纹；翼上覆羽黑褐色杂以黄色斑纹，飞羽黄褐色具黑色横斑；颏喉白色，下体余部黄褐色，具黑褐色细纹，胸部具粗著的黑褐色纵纹。虹膜橙黄色；嘴黑色钩曲，跗蹠及趾被羽，黄褐色。叫声低沉，2个音节。

【生态习性】栖息于山地、丘陵地区的森林中。夜行性猛禽，多单独活动。主要以兔、鼠、蛙、蛇等脊椎动物为食。

【分布概况】安徽分布于皖南山区和大别山区，但数量极其稀少。留鸟。

【保护级别】国家II级重点保护鸟类；CITES附录II。

警觉 / 顾长明 摄

▶黄腿渔鸮

【学　名】*Ketupa flavipes*

【英文名】Tawny Fish Owl

成鸟 / 吕晨枫 摄

【识别特征】体长 50cm ~ 60cm 的中大型猛禽。雌雄羽色相似。成鸟面盘棕褐色，眼先白色；头及上体黑褐色，具黄褐色羽缘；两翼和尾亦为黑褐色，具黄褐色斑纹；颏、喉白色，下体余部以及覆腿羽黄褐色，胸腹具黑褐色纵纹。幼鸟头及上体黄褐色，具较细的黑褐色纵纹。虹膜亮黄色；嘴黑色钩曲；跗蹠上端被羽，下端裸露部分和趾黄色。

【生态习性】栖息于山区溪流附近的密林中。夜行性，多单独或成对活动，常在溪流附近觅食。主要鱼、蛙、蜥蜴等脊椎动物为食。

【分布概况】安徽主要分布在皖南山区和大别山区，数量稀少。留鸟。

【保护级别】国家II级重点保护鸟类；CITES附录II。

成鸟 / 吕晨枫 摄

幼鸟 / 朱英 摄

▶褐林鸮

【学　名】*Strix leptogrammica*

【英文名】Brown Wood Owl

成鸟 / 朱英 摄

【识别特征】体长48cm ~ 56cm的中等猛禽。雌雄羽色相似。成鸟无耳羽簇，面盘棕褐色，眼周黑色，眉纹白色；头顶及后颈深褐色，上体多棕褐色，外侧肩羽具白色横斑，腰并具浅色横纹；飞羽和尾羽褐色，具白色横纹；颏、喉白色，下体余部浅黄色，密布褐色波状横纹。虹膜棕褐色；嘴浅黄色；跗蹠及趾被羽。

【生态习性】栖息于山地、丘陵地区茂密的森林中。夜行性，常单独或成对活动。主要捕食蜥蜴、蛙、鼠类和小型鸟类等脊椎动物。繁殖期4月 ~ 6月，营巢于树洞。叫声低沉而多变。

【分布概况】安徽主要分布于皖南山区。留鸟。

【保护级别】国家II级重点保护鸟类；CITES附录II。

起飞 / 朱英 摄

▶领鸺鹠

【学　名】*Glaucidium brodiei*

【英文名】Collared Owlet

成鸟 / 胡伟宁摄

成鸟 / 胡伟宁 摄

【识别特征】体长14cm~17cm的小型猛禽。雌雄羽色相似。成鸟耳羽簇和面盘不明显，眉纹白色；头顶棕褐色，密布白色点斑；颈背黄褐色，两侧各具黑色大型眼状斑块；上体及两翼暗褐色具黄褐色横斑，肩具白色纵行带纹；尾羽黑色，具白色横纹；胸及体侧棕褐色，具白色横纹；下体余部白色具棕褐色纵纹。幼鸟：头及上体黑褐色，头部具浅色横纹，下体白色具灰褐色斑纹。虹膜黄色；嘴黄绿色；跗蹠被羽，趾黄色。

【生态习性】栖息于山地、丘陵地区的森林及林缘。多于高大乔木上白天活动。主要以鼠类、小鸟以及大型昆虫为食。繁殖期4月~6月，营巢于树洞中。叫声多为4音节的哨音"佛，佛，佛，佛……"。

【分布概况】安徽分布于皖南山区、大别山区以及江淮丘陵地区。留鸟。

【保护级别】国家II级重点保护鸟类；CITES附录II。

成鸟 / 朱英 摄

▶斑头鸺鹠

【学　名】*Glaucidium cuculoides*

【英文名】Asian Barred Owlet

【识别特征】体长20cm～26cm的小型猛禽。雌雄羽色相似。成鸟头及上体棕褐色，具浅黄褐色横纹；肩羽和大覆羽具白色带大型白斑；飞羽黑褐色具棕白色三角形斑，尾羽黑褐色具数道白色横纹；下体颏、喉白色；体侧暗褐色，具浅黄褐色横纹；胸、腹中央白色具褐色纵纹，尾下覆羽纯白。幼鸟头具黄白色点斑而非横纹。虹膜黄色；嘴黄绿色；跗蹠被羽，趾绿黄色。

【生态习性】栖息于山地、丘陵的林地或林缘灌丛。多单独白天活动。主要以昆虫以及鼠类、蛙、蛇、蜥蜴等动物为食。繁殖期3月～5月，营巢于树洞。叫声与其他鸮类不同，为快节奏的连续颤音。

【分布概况】安徽主要分布于皖南山区、大别山区以及江淮丘陵地区。留鸟。

【保护级别】国家II级重点保护鸟类；CITES附录II。

成鸟 / 赵凯 摄

幼鸟 / 胡云程 摄

成鸟 / 胡云程 摄

幼鸟 / 胡云程 摄

▶纵纹腹小鸮

【学　名】*Athene noctua*

【英文名】Little Owl

【识别特征】体长20cm～24cm的小型猛禽。雌雄羽色相似。成鸟眉纹及眼周毛状羽白色,头棕褐色具白色细纵纹;上体及翼上覆羽棕褐色,具较大的白色点斑;飞羽及尾羽黑褐色,具浅色横纹或斑块;下体白色,胸、腹以及两胁具不太清晰的棕褐色纵纹。虹膜亮黄色;嘴绿黄色;跗蹠被羽,趾浅黄色。

【生态习性】栖息于低山、丘陵的林缘灌丛以及平原地带的树林。多单独活动。以鼠类、野兔、蜥蜴等小型脊椎动物,以及昆虫为食。繁殖期5月～7月,营巢于洞穴。叫声为单音节,拖长、洪亮而悠远的"呃……"。

【分布概况】安徽见于淮北平原。留鸟。

【保护级别】国家II级重点保护鸟类;CITES附录II。

侧面观 / 裴志新 摄

成鸟 / 张宏 摄

正面观 / 赵锷 摄

背面观 / 朱英 摄

▶日本鹰鸮

【学　名】*Ninox japonica*

【英文名】Northern Boobook

【识别特征】体长26cm～32cm的小型猛禽。雌雄羽色相似。成鸟上嘴基部白色，虹膜亮黄色；头及上体深棕褐色；肩羽具白色块斑，飞羽具浅色横纹；尾浅褐色，具黑褐色横斑；颏白色，喉皮黄色；下体余部白色，胸、腹具棕褐色纵纹。嘴黑褐色；跗蹠被羽，趾裸露黄色。

【生态习性】栖息于山地、丘陵以及山脚平原的阔叶林中。多单独晨昏活动，主要以蝙蝠、鼠类和小型鸟类，以及昆虫为食。繁殖期5月～7月，营巢于树洞等洞穴。

【分布概况】安徽各地均有分布，但比较少见。留鸟。

【保护级别】国家II级重点保护鸟类；CITES附录II。

成鸟 / 薄顺奇 摄

正面观 / 李永民 摄

飞行 / 薄顺奇 摄

▶长耳鸮

【学　名】*Asio otus*

【英文名】Long-eared Owl

成鸟 / 袁晓 摄

育雏 / 郭玉民 摄

飞行 / 夏家振 摄

【识别特征】体长 36cm ~ 40cm 的中等猛禽。雌雄羽色相似。成鸟耳簇羽发达，黑色；面盘显著浅黄褐色，眼先和上缘黑色；两眼具灰白色的“X”形图案；头、上体以及翼上覆羽灰黄，均具黑褐色羽干纹和虫蠹状细纹；飞羽黄褐色具黑褐色横纹，翼下具明显的黑褐色腕斑；颏喉白色，胸和体侧浅黄褐色，具粗著的黑褐色纵纹，腹以下棕白色。虹膜橙黄色；嘴黑色；跗蹠及趾均被羽，浅黄色。

【生态习性】栖息于山地、丘陵以及平原地区多高大乔木的森林中。多在晨昏单独或成对活动。主要以鼠类和小型鸟类为食。

【分布概况】安徽各地均有分布。冬候鸟，淮北平原为旅鸟。

【保护级别】国家II级重点保护鸟类；CITES附录II；中日候鸟保护协定物种。

成鸟 / 郭玉民 摄

▶短耳鸮

【学　名】*Asio flammeus*

【英文名】Short-eared Owl

【识别特征】体长33cm～38cm的中等猛禽。雌雄羽色相似。成鸟耳簇羽不发达，具显著的面盘；虹膜亮黄色，眼周黑色；上体黄褐色密布黑褐色纵纹，翼上覆羽黑褐色具黄褐色斑纹，飞羽和尾羽黄褐色具黑褐色横纹；颏、喉白色，下体余部浅黄褐色，胸、腹具黑褐色纵纹；翼下浅黄色，具粗著的黑褐色腕斑。嘴黑色；跗蹠及趾均被羽，黄褐色。

【生态习性】栖息于低山、丘陵以及开阔平原的草、灌丛中。单独或成对活动，常潜伏于湖泊、池塘岸边的草丛或灌丛。主要以鼠类、小鸟、蜥蜴、昆虫等动物为食。

【分布概况】安徽各地均有分布，但不多见。冬候鸟。

【保护级别】国家II级重点保护鸟类；CITES附录II；中日候鸟保护协定物种。

成鸟 / 赵凯 摄

成鸟 / 薄顺奇 摄

飞行背面观 / 薄顺奇 摄

飞行腹面观 / 薄顺奇 摄

十四、夜鹰目
CAPRIMULGIFORMES

本目为夜行性攀禽。其头大而扁，嘴裂宽阔，口角常具发达的嘴须；翅长而尖，羽毛柔软，飞行无声；脚短细，前三趾基部愈合；白昼常隐伏于林间树干，黄昏开始活动，于飞行中捕食昆虫。幼鸟晚成。中国共有2科8种，安徽省记录1科1种。

◆夜鹰科Caprimulgidae

▶普通夜鹰

【学　名】*Caprimulgus indicus*

【英文名】Indian Jungle Nightjar

【识别特征】体长26cm～28cm的小型攀禽。头及上体灰褐色具蠹状细纹，并杂以绒黑色和锈色斑纹；两翼黑褐色，具不规则红褐色斑纹；外侧飞羽近端部具大块白斑，飞行时明显；尾羽灰褐色具黑褐色横斑，最外侧4对尾羽具宽阔的白色端斑；喉具白斑，胸黑褐色杂以浅色斑纹，胸以下棕黄色，腹和两胁具黑褐色横纹。虹膜蓝色；嘴黑色，口裂大；跗蹠及趾暗褐色。

【生态习性】栖息于山地、丘陵地区的阔叶林和混交林中。夜行性，白天蹲伏在草地或贴着树干休息。多单独或成对活动，以各种昆虫为食，善于在空中飞行捕食。繁殖期5月～7月，营巢于林下地面苔藓等植被上。鸣声为单音节快节奏的“go……”，重复多次。

【分布概况】安徽分布于皖南山区、大别山区以及江淮丘陵地区。夏候鸟。

【保护级别】国家“三有”保护鸟类；安徽省一级保护鸟类；中日候鸟保护协定物种。

成鸟 / 袁晓 摄

成鸟 / 胡云程 摄

成鸟 / 李显达 摄

雏鸟 / 赵凯 摄

十五、雨燕目

APODIFORMES

本目为小型攀禽。其嘴短而扁，嘴基宽阔；翅尖长，折合后远超出尾端，善于飞行中捕食昆虫；脚细弱，多数4趾均朝前呈前趾型，少数种类后趾能反转；羽毛多具光泽，尾呈叉形或方形。雏鸟晚成。中国共有2科14种，安徽省记录1科3种。

◆雨燕科 Apodidae

▶白喉针尾雨燕

【学　名】*Hirundapus caudacutus*

【英文名】White-throated Needletail

【识别特征】体长20cm～21cm的小型攀禽。雌雄羽色相似。成鸟翅狭长，尾羽羽轴坚硬，末端延长呈针状；头顶、后颈、两翼黑褐色，具蓝绿色或紫蓝色金属光泽；背中央银白色，尾上覆羽黑色，上体余部棕褐色；下体颏、喉和尾下覆羽纯白色，余部棕褐色。虹膜深褐色；嘴黑色；跗蹠及趾黑色。

【生态习性】栖于山地林缘以及开阔的河谷地带。喜集群于森林上空飞行捕食昆虫。主要以双翅目、鞘翅目等昆虫为食。

【分布概况】安徽主要分布于皖南山区、大别山区以及江淮丘陵地区。旅鸟。每年春季5月中旬，秋季9月中下旬，途经本省。

【保护级别】国家“三有”保护鸟类；中日候鸟保护协定物种；中澳候鸟保护协定物种。

飞行 / 薄顺奇 摄

飞行 / 薄顺奇 摄

飞行 / 夏家振 摄

飞行 / 夏家振 摄

▶白腰雨燕

【学　名】*Apus pacificus*

【英文名】Fork-tailed Swift

飞行背面观 / 董文晓 摄

【识别特征】体长18cm～19cm的小型攀禽。雌雄羽色相似。成鸟头、上体大部、两翼黑褐色，腰具较窄的马鞍形白斑；尾羽黑褐色，外侧尾羽较长，尾叉深；颏、喉灰白色，下体余部黑褐色，具灰白色羽缘而呈鳞状斑纹。虹膜深褐色；嘴黑色；跗蹠及趾黑色。

【生态习性】栖息于山地多崖地带，或山溪上空。喜结群活动，善在雨雾的高空飞行捕食昆虫，因此得名“雨燕”。繁殖期5月～7月，营巢于崖壁的缝隙中。

【分布概况】安徽主要分布于皖南山区和大别山区。皖南山区和大别山区为夏候鸟，其余地区为旅鸟。每年4月中旬抵达本省，秋季9月中旬南迁越冬。

【保护级别】国家“三有”保护鸟类；中日候鸟保护协定物种；中澳候鸟保护协定物种。

飞行背面观 / 朱英 摄

飞行腹面观 / 袁晓 摄

►小白腰雨燕

【学　名】*Apus nipalensis*

【英文名】House Swift

【识别特征】体长13cm~15cm的小型攀禽。雌雄羽色相似。翅狭长，似白腰雨燕，但尾呈浅凹形，腰部白色宽阔。成鸟头、后颈烟褐色，两翼灰褐色；腰白色宽阔延伸至腰侧，上体余部以及尾羽黑褐色；颏和喉灰白色，胸、腹部黑褐色，具浅色羽端。虹膜深褐色；嘴黑色；跗蹠及趾黑褐色。

【生态习性】栖息于山地林缘开阔地带。喜结群活动，飞行捕食昆虫。繁殖期4月~6月，营巢于悬崖、石壁上的洞穴以及屋檐下。

【分布概况】安徽主要分布于皖南山区和大别山区。皖南山区和大别山区为夏候鸟，其余地区为旅鸟。每年4月中旬抵达本省，秋季9月中旬南迁越冬。

【保护级别】国家“三有”保护鸟类；中日候鸟保护协定物种。

飞行腹面观 / 薄顺奇 摄

飞行背面观 / 薄顺奇 摄

十六、佛法僧目

CORACIIFORMES

本目为中小型攀禽。其嘴多强直而粗壮，或细长弯曲；脚短，趾3前1后，前3趾基部多有愈合而呈并趾型。雏鸟晚成。中国有3科22种，安徽省记录3科7种。

◆翠鸟科 Alcedinidae

▶普通翠鸟

【学　名】*Alcedo atthis*

【英文名】Common Kingfisher

【识别特征】体长约 16cm ~ 18cm 的小型攀禽。雌雄羽色相近。成鸟嘴长且直,耳羽橘红色,颈侧具白色斑块;头及上体蓝绿色,密布翠蓝色点斑;飞羽黑褐色,内缘具蓝色条纹;尾短圆,宝石蓝色;喉白色,胸以下栗棕色。幼鸟体色黯淡,胸具深色带纹。虹膜暗褐色;嘴黑色,下嘴橘红色(雌);跗蹠及趾红色。

【生态习性】栖息于湖泊、河流、山溪、库塘等湿地附近。多单独活动,常蹲守在水域附近的岩石或枝头上,注视水面,伺机捕食。主要以鱼、虾等动物为食。繁殖期5月 ~ 7月,营巢于水域附近的洞穴。

【分布概况】安徽各地广泛分布。留鸟。

【保护级别】国家"三有"保护鸟类。

雄鸟 / 赵凯 摄

雌鸟 / 唐建兵 摄

雄鸟 / 赵凯 摄

幼鸟 / 李永民 摄

▶白胸翡翠

【学　名】*Halcyon smyrnensis*

【英文名】White-throated Kingfisher

【识别特征】体长26cm～30cm的中小型攀禽。雌雄羽色相似。成鸟嘴红色粗大，头、后颈至上背前缘深栗色；上体余部以及尾羽青蓝色；小覆羽栗色，中覆羽黑色，初级飞羽基部具大型白斑，两翼余部与背同色；喉至胸中央白色，下体余部以及翼下覆羽栗色。虹膜黄褐色；跗蹠及趾红色。幼鸟：嘴黑褐色，胸部白色具暗褐色斑纹。

【生态习性】栖息于山地、丘陵地区近水的林缘地带。单独或成对活动，常停歇在电线、树杈等视野开阔处，搜寻食物。主要以鱼、虾、蟹、昆虫等动物为食。繁殖期4月～6月，营巢于洞穴。

【分布概况】安徽除淮北平原以外，各地均有分布。留鸟。

【保护级别】无。

成鸟 / 胡云程 摄

成鸟 / 夏家振 摄

幼鸟 / 赵凯 摄

幼鸟 / 汪湜 摄

▶蓝翡翠

【学　名】*Halcyon pileata*

【英文名】Black-capped Kingfisher

雄鸟 / 胡云程 摄

雄鸟 / 胡云程 摄

雌鸟 / 汪湜 摄

【识别特征】体长25cm～31cm的中小型攀禽。雄鸟嘴红色粗大，头黑色，后颈具宽阔的白色领环；上体钴蓝色，内侧翼覆羽黑色，初级飞羽具大型白斑，两翼余部外羽与背同色，内翈黑色；喉至胸中央白色，下体余部以及翼下覆羽棕色。雌鸟似雄鸟，但后颈和上胸白色沾棕。虹膜深褐色跗蹠及趾红色。幼鸟胸部具暗褐色横纹。

【生态习性】栖息于山地、丘陵以及平原地区的溪流、库塘等水域附近。单独或成对活动，常停歇在水域附近的电线上或较为稀疏的树枝上，伺机猎取食物。主要以蛙、鱼等水生动物，以及昆虫为食。繁殖期5月～7月，常于崖壁上掘洞营巢。

【分布概况】安徽主要分布于皖南山区、大别山区以及江淮丘陵地区。夏候鸟。

【保护级别】国家“三有”保护鸟类。

捕食 / 胡云程 摄

▶冠鱼狗

【学　名】*Megaceryle lugubris*

【英文名】Crested Kingfisher

【识别特征】体长约37cm～43cm的中等攀禽。雄鸟头、颈黑色杂以白色细纹，头顶具发达的冠羽；上体以及两翼黑色，密布白斑；下体白色，胸具宽阔的黑色带纹，沾染棕褐色；体侧具黑褐色横斑，腋羽和翼下覆羽白色。雌鸟似雄鸟，但胸部斑纹无棕黄色沾染，腋羽和翼下覆羽棕黄色。幼鸟头及上体灰褐色。虹膜褐色；嘴粗大黑色；跗蹠及趾黑色。

【生态习性】栖息于山地林间的溪流附近。常蹲守在岸边的树枝、石头上，伺机捕获猎物；常沿溪流飞行，并发出尖厉刺耳的叫声。主要以鱼、虾等水生动物为食。繁殖期4月～6月，于溪流沿岸掘洞营巢。

【分布概况】安徽分布于皖南山区和大别山区。留鸟。

【保护级别】无。

雄鸟 / 赵凯 摄

雄鸟 / 夏家振 摄

雌鸟 / 赵凯 摄

飞行背面观 / 汪湜 摄

▶斑鱼狗

【学　名】*Ceryle rudis*

【英文名】Lesser Pied Kingfisher

雄鸟 / 夏家振 摄

雌鸟 / 赵凯 摄

雄鸟进食 / 徐崇和 摄

【识别特征】体长 27cm ~ 29cm 的小型攀禽。雄鸟头顶至颈背黑色杂以白色细纹，颈侧各具大型白斑；上体及翼上覆羽黑色，具宽阔的白色端斑；初级飞羽基部具大型白斑，尾具宽阔的黑色次端斑；下体白色，前颈具宽阔的黑色带纹，胸具较窄的黑色带纹。雌鸟似雄鸟，但仅具 1 条不完整的胸带。虹膜褐色；嘴黑色；跗蹠及趾黑色。

【生态习性】栖息于低山、丘陵以及平原地区的河流、湖泊、库塘等湿地。成对或成小群活动于水域附近，能悬停于上空寻找猎物。主要以鱼、虾等水生动物为食。繁殖期4月 ~ 6月，于堤岸的土壁上掘洞营巢。

【分布概况】安徽各地均有分布。留鸟。

【保护级别】无。

雄鸟飞行 / 赵凯 摄

降落 / 夏家振 摄

◆蜂虎科Meropidae

▶蓝喉蜂虎

【学　名】*Merops viridis*

【英文名】Blue-throated Bee-eater

捕食 / 夏家振 摄

背面观 / 唐建兵 摄

幼鸟 / 赵凯 摄

【识别特征】体长26cm～28cm的小型攀禽。雌雄羽色相似。成鸟头顶至上背栗红色，肩和翼上覆羽绿色沾蓝；下背至尾上覆羽浅蓝色；尾深蓝色，中央两枚尾羽特别延长；外侧飞羽灰绿色，内侧飞羽蓝色；颏、喉、颈侧蓝色，下体余部绿色，向下逐渐变浅。虹膜红褐色；嘴黑色；跗蹠及趾灰褐色。幼鸟头及上背绿色，中央尾羽不延长。

【生态习性】栖息于山地、丘陵地区林缘近水的开阔地。单独或成小群活动，主要以蜜蜂等昆虫为食。繁殖期5月～7月，营巢于溪流附近隐蔽的洞穴。

【分布概况】安徽主要分布于皖南山区和大别山区。夏候鸟。每年4月下旬抵达本省，9月中旬南迁越冬。

【保护级别】国家"三有"保护鸟类。

展翅 / 汪湜 摄

◆佛法僧科 Coraciidae

▶三宝鸟

【学　名】*Eurystomus orientalis*

【英文名】Dollarbird

亚成鸟 / 袁晓 摄

亚成鸟 / 胡云程 摄

幼鸟 / 袁晓 摄

【识别特征】体长约 25cm ~ 26cm 的中小型攀禽。头、颈黑褐色，上体蓝绿色；飞羽多黑褐色，初级飞羽基部具大型浅蓝色斑块；尾羽端部黑褐色，基部与背同色；喉钴蓝色，下体余部亦为蓝绿色。虹膜褐色；嘴、跗蹠及趾橘红色。幼鸟似成鸟，但嘴黑褐色，上体多黑褐色。

【生态习性】栖息于山地、丘陵地区林缘开阔地。单独或成对活动，喜停息在电线或树枝上，主要以昆虫为食。繁殖期5月～7月，营巢于树洞。

【分布概况】安徽分布于皖南山区、大别山区以及江淮丘陵地区。夏候鸟。每年4月中下旬抵达本省，10月下旬至11月上旬南迁越冬。

【保护级别】国家“三有”保护鸟类；中日候鸟保护协定物种。

成鸟飞行 / 袁晓 摄

十七、戴胜目

UPUPIFORMES

本目为中等攀禽。其头具显著的扇形羽冠，嘴细长而下弯；翅短圆；跗蹠前后缘均具盾鳞；趾3前1后，前3趾基部愈合不完全，内趾分离。雏鸟晚成。中国有1科1种，安徽省记录1科1种。

◆戴胜科 Upupidae

▶戴胜

【学　名】*Upupa epops*

【英文名】Eurasian Hoopoe

【识别特征】体长26cm～28cm的小型攀禽。雌雄羽色相似。成鸟嘴细长而下弯，羽冠棕栗色具黑色端斑；头、颈、上背以及小覆羽浅棕栗色，上体余部以及两翼黑色，具醒目的白色条纹；尾羽黑色，具一道宽阔的白色横纹；下体浅棕栗色，腹以下羽色渐浅，尾下覆羽污白色。虹膜褐色；嘴黑色；跗蹠及趾黑色。

【生态习性】栖息于山地、丘陵以及平原地区开阔的潮湿地面。能用弯长的喙插进泥土、石缝间搜寻食物，主要以昆虫、蚯蚓等无脊椎以及小型脊椎动物为食。繁殖期4月～6月，营巢于树洞。

【分布概况】安徽各地均有分布。留鸟。

【保护级别】国家"三有"保护鸟类。

捕食 / 夏家振 摄

背面观 / 赵凯 摄

配对 / 赵凯 摄

飞行背面观 / 孟继光 摄

十八、䴕形目

PICIFORMES

本目为中小型攀禽。其嘴长直如凿，或嘴峰弯曲粗厚；尾呈楔形或平尾，羽轴坚硬而富有弹性；脚短而强健，对趾型，可沿树干呈螺旋形向上攀缘；舌长，舌端具倒钩，可摄取树干裂缝中的昆虫。中国共有3科43种，安徽省记录2科7种。

◆拟䴕科 Capitonidae

►大拟啄木鸟

【学　名】*Megalaima virens*

【英文名】Great Barbet

【识别特征】体长约 30cm ~ 34cm 的中等攀禽。雌雄羽色相似。成鸟嘴粗大厚实,头、颈紫蓝色,肩、上背棕褐色,下背以下草绿色;翼上覆羽绿色沾棕,飞羽外翈灰褐色,内翈蓝绿色;胸暗棕褐色,腹黄绿色;尾下覆羽赤红色。虹膜棕褐色;跗蹠及趾黑褐色。

【生态习性】栖息于山地、丘陵地区的阔叶乔木林中。单独或成对活动于高树顶部。主要以乔木的花、果和种子为食,兼食昆虫。繁殖期 5 月 ~ 7 月,营巢于树洞。叫声洪亮,为连续的单音节"oh……"。

【分布概况】安徽主分布于皖南山区。留鸟。

【保护级别】国家"三有"保护鸟类;安徽省一级保护鸟类。

成鸟 / 胡云程 摄

背面观 / 胡云程 摄

侧面观 / 董文晓 摄

侧面观 / 胡云程 摄

◆啄木鸟科Picidae

▶蚁䴕

【学　名】*Jynx torquilla*

【英文名】Eurasian Wryneck

【识别特征】体长16cm～17cm的小型攀禽。雌雄羽色相似。成鸟头及上体灰色密杂以暗褐色虫蠹斑，头顶至背中央有一显著的黑褐色纵纹；翼上覆羽灰褐色，杂以灰褐色圆斑和黑色矢状斑；飞羽黑褐色，具红褐色斑纹；头侧、颈侧以及下体胸以上黄褐色，具黑褐色细纹；胸以下浅黄色，满布黑褐色横斑。虹膜黄褐色；嘴呈短锥形，铅灰色；跗蹠及趾近黄色。

【生态习性】栖息于山地、丘陵地区开阔的林地。性孤独，多单独活动；舌发达，常以舌钩取树缝中的昆虫，地面跳跃时尾常上翘。主要以蚁类昆虫为食。叫声为一连串急促而响亮的"de，de，de，de……"。

【分布概况】安徽主要分布于皖南山区、大别山区以及江淮丘陵地区。旅鸟。每年春季4月中下旬，秋季9月下旬至10月上旬，途经本省。

【保护级别】国家"三有"保护鸟类；安徽省一级保护鸟类。

成鸟背面观 / 袁晓 摄

成鸟侧面观 / 李显达 摄

成鸟正面观 / 唐建兵 摄

成鸟侧面观 / 唐建兵 摄

▶斑姬啄木鸟

【学　名】*Picumnus innominatus*

【英文名】Speckled Piculet

【识别特征】体长约9cm～11cm的小型攀禽。成鸟眉纹和颊纹白色，贯眼纹和耳羽褐色；头顶、后颈纯栗色，上体橄榄绿色；外侧飞羽暗褐色，两翼余部与背同色；尾羽黑色，中央1对尾羽具白色带纹，外侧3对尾羽具白色次端斑；下体白色，胸侧具黑色圆斑，两胁具黑色横纹。雌雄羽色相近，但雄鸟前额具橘红色点斑。虹膜红色；嘴锥形，黑色；跗蹠及趾黑褐色。

【生态习性】栖息于山地、丘陵以及平原地区的岗地森林或竹林。常单独活动，主要以蚂蚁、甲虫等昆虫为食。繁殖期4月～6月，营巢于树洞。

【分布概况】安徽除淮北平原以外，其他地区均有分布。留鸟。

【保护级别】国家"三有"保护鸟类；安徽省一级保护鸟类。

成鸟背面观 / 夏家振 摄

成鸟正面观 / 唐建兵 摄

成鸟侧面观 / 赵凯 摄

成鸟正面观 / 赵凯 摄

▶星头啄木鸟

【学　名】*Dendrocopos canicapillus*

【英文名】Grey-capped Woodpecker

雌鸟捕食 / 赵凯 摄

觅食 / 周科 摄

飞行背面观 / 赵凯 摄

【识别特征】体长14cm～16cm的小型攀禽。成鸟嘴短强直如凿；眉纹白色，向后与颈侧的白色区域融合；耳羽灰褐色，其后方具一黑色块斑；头顶、后颈至上背、肩黑色，下背至腰白色具黑色斑纹；两翼黑色，具白色点斑或块斑；下体污白色，具黑褐色纵纹。雌雄羽色相近，雄鸟头侧具一红色条纹，雌鸟无。虹膜红褐色；嘴铅灰色；跗蹠及趾灰褐色。

【生态习性】栖息于山地、丘陵、平原地区的各种林间。单独或成对活动，呈波浪式飞行。主要以鞘翅目和鳞翅目昆虫及其幼虫为食，兼食植物果实和种子。繁殖期4月～6月，营巢于树洞。

【分布概况】安徽最常见的啄木鸟，各地均有分布。留鸟。

【保护级别】国家“三有”保护鸟类；安徽省一级保护鸟类。

雄鸟 / 赵凯 摄

▶棕腹啄木鸟

【学　名】*Dendrocopos hyperythrus*

【英文名】Rufous-bellied Woodpecker

雌鸟 / 孟继光 摄

【识别特征】体长21cm～22cm的小型攀禽。雄鸟头、颈及下体大部棕栗色，眼周和颊白色杂以黑色细纹；头顶、颈背以及尾下覆羽红色；上体及两翼黑色，具宽阔的白色横纹或斑点。雌鸟似雄鸟，但头顶黑色，具细小的白色斑点。虹膜暗褐色；上嘴黑色，下嘴黄绿色；跗蹠及趾黑褐色。

【生态习性】栖息于山地针叶林或混交林。单独或成对活动。嘴强直如凿，舌细长，先端具短钩。主要以鞘翅目等昆虫为食。

【分布概况】安徽偶见江淮丘陵地区。旅鸟。每年春季3月下旬，秋季10月中下旬，途经本省。

【保护级别】国家“三有”保护鸟类；安徽省一级保护鸟类。

雄鸟 / 薄顺奇 摄

▶大斑啄木鸟

【学　名】*Dendrocopos major*

【英文名】Great Spotted Woodpecker

【识别特征】体长约22cm～25cm的小型攀禽。雄鸟额、头侧白色，颈侧具"T"形黑斑；头顶、后颈黑色，后头具红色块斑；上背至尾上覆羽黑色，肩羽和内侧翼上覆羽白色；两翼余部黑色，具成排的白色点斑；中央尾羽黑色，外侧尾羽白色具黑褐色斑纹；腹以上棕白色，下体余部红色。雌鸟似雄鸟，但后头无红色斑块。幼鸟头顶红色。虹膜红褐色；嘴黑色；跗蹠及趾黑褐色。

【生态习性】栖息于山地、丘陵以及平原地区的阔叶林和混交林中。呈波浪式飞行。嘴强直如凿，舌细长，先端具短钩。主要以昆虫为主食，冬季兼食部分植物种子。繁殖期5月～7月，营巢于树洞。

【分布概况】安徽各地均有分布。留鸟。

【保护级别】国家"三有"保护鸟类；安徽省一级保护鸟类。

幼鸟 / 赵凯 摄

雌鸟 / 唐建兵 摄

雄鸟 / 胡云程 摄

喂食 / 夏家振 摄

雄幼鸟 / 赵凯 摄

▶灰头绿啄木鸟

【学　名】*Picus canus*

【英文名】Grey-headed Woodpecker

左雄右雌 / 吴海龙 摄

雌鸟 / 赵凯 摄

雄鸟 / 汪湜 摄

【识别特征】体长约26cm～29cm的中小型攀禽。雄鸟眼先具黑色条纹，额和前头红色；后头至后颈黑色，头侧、颈侧灰色；上体及内侧翼覆羽橄榄绿色，初级飞羽和初级覆羽暗褐色具白色横斑；颏、喉污白色，下体余部暗绿色。雌鸟似雄鸟，但前头无红色。虹膜红褐色；嘴黑褐色，下嘴基部黄绿色；跗蹠及趾黄绿色。

【生态习性】主要栖息于山地、丘陵地区的森林和林缘地带。秋冬季随食物而漂泊，常在路旁、农田、村庄等附近的树林中活动。主要以昆虫为食，兼食部分植物种子。繁殖期4月～6月，营巢于树洞。

【分布概况】安徽各地均有分布。留鸟。

【保护级别】国家“三有”保护鸟类；安徽省一级保护鸟类。

雄鸟 / 赵凯 摄

十九、雀形目

PASSERIFORMES

本目多为中小型鸣禽，也是鸟类物种数量最多的目。多数种类鸣管和鸣肌发达，善于鸣唱；嘴型多样；腿脚细弱，跗蹠前缘鳞片常愈合为靴状鳞；足为离趾型，后趾与中趾等长；树栖性，多数巧于营巢。雏鸟晚成。中国有44科784种，安徽省记录33科180种。

◆八色鸫科 Pittidae

►仙八色鸫

【学　名】*Pitta nympha*

【英文名】Fairy Pitta

【识别特征】体长17cm～21cm的小型鸣禽。色彩艳丽。雌雄羽色相似。成鸟头顶栗色，具黑褐色顶冠纹；眉纹皮黄色，头侧宽阔的过眼黑色带纹在后颈相连；背、肩以及翼上覆绿色，腰、尾上覆羽和小覆羽天蓝色；初级飞羽黑褐色，基部具大型白斑；尾短，具黑色次端斑；颏、喉白色，腹中央至尾下覆羽朱红色，下体余部浅灰沾棕。虹膜褐色；嘴黑色；跗蹠及趾粉红色。

【生态习性】栖息于低山、丘陵地区的常绿阔叶林林下或灌丛。多单独活动，善在地面跳跃式行进。主要以昆虫、蚯蚓、蜈蚣等无脊椎动物为食。繁殖期5月～7月，营巢于茂密的树干分杈处。

【分布概况】安徽分布于皖南山区、大别山区以及江淮丘陵地区。夏候鸟。每年春季4月初抵达本省，秋季10月下旬至11初南迁越冬。

【保护级别】国家II级重点保护鸟类；IUCN红色名录易危种（VU）；CITES附录II。

成鸟正面观 / 夏家振 摄

成鸟侧面观 / 夏家振 摄

育雏 / 朱英 摄

成鸟背面观 / 夏家振 摄

◆百灵科 Alaudidae

▶云雀

【学　名】*Alauda arvensis*

【英文名】Eurasian Skylark

飞行 / 袁晓 摄

成鸟背面观 / 赵凯 摄

觅食 / 夏家振 摄

【识别特征】体长17cm～19cm的小型鸣禽。雌雄羽色相似。成鸟眉纹黄白色，耳羽棕褐色；头、上体以及翼上覆羽黑褐色，具黄白色羽缘；飞羽和尾羽黑褐色，最外侧尾羽纯白色；前颈和胸黄褐色，具黑褐色纵行点状斑纹；下体余部白色。虹膜深褐色；上嘴黑灰色，下嘴黄色；跗蹠及趾黄褐色。

【生态习性】栖息于开阔的草地、农田区。喜在地面奔跑，可从地面垂直地冲上天空。主要以昆虫和草籽为食。

【分布概况】安徽各地均有分布。冬候鸟。每年秋季9月中下旬抵达本省，次年春季3月下旬至4月上旬北去繁殖。

【保护级别】国家“三有”保护鸟类。

成鸟背面 / 赵凯 摄

▶小云雀

【学　名】*Alauda gulgula*

【英文名】Oriental Skylark

【识别特征】体长14cm～16cm的小型鸣禽。外形似云雀，但体型略小，第5枚初级飞羽距翼端相对较短(不足5mm)；嘴相对云雀更大；背部黑色纵纹更显粗著；持续连串的鸣唱较云雀更为婉转多变。此外，本种在安徽为留鸟，而云雀为冬候鸟。

【生态习性】栖息于开阔的草地。多集小群活动，喜在地面奔跑，常突然从地面垂直起飞，边飞边叫。主要以昆虫和植物种子为主食。繁殖期4月～6月，地面营巢。

【分布概况】安徽各地均有分布。留鸟。

【保护级别】国家"三有"保护鸟类。

捕食 / 袁继明 摄

起飞 / 杨剑波 摄

鸣叫 / 胡云程 摄

幼鸟 / 夏家振 摄

◆燕科 Hirundinidae

►淡色崖沙燕

【学　名】*Riparia diluta*

【英文名】Pale Sand Martin

配对 / 夏家振 摄

休息 / 夏家振 摄

与家燕混群 / 吴海龙 摄

【识别特征】体长 11cm ~ 14cm 的小型鸣禽。口裂深，翅狭长，似家燕，但尾叉浅，尾羽无白斑。雌雄羽色相似。成鸟头、上体以及翼上覆羽暗褐色，过眼纹黑褐色；飞羽和外侧尾羽黑褐色；颏、喉白色并延伸至颈侧，胸部具宽阔的暗褐色带纹；下体余部白色，翼下覆羽灰褐色。幼鸟似成鸟，但上体具浅色羽缘，喉黄褐色。嘴、跗蹠及趾黑色。

【生态习性】栖息于河流、湖泊等水域附近。常成群在水面或沼泽地上空捕食昆虫，也与家燕或金腰燕混群。繁殖期 5 月 ~ 7 月，于沙质的堤岸崖壁掘洞营巢。

【分布概况】安徽各地均有分布。留鸟，淮北平原为旅鸟。

【保护级别】国家“三有”保护鸟类；安徽省一级保护鸟类。

起飞 / 吴海龙 摄

▶家燕

【学　名】*Hirundo rustica*

【英文名】Barn Swallow

【识别特征】体长16cm～18cm的小型鸣禽。雌雄羽色相似。成鸟前额和喉深栗色，头顶、后颈以及上体钢蓝色具金属光泽；小覆羽和中覆羽与背同色，两翼余部黑褐色具蓝色光泽；最外侧尾羽最长，尾呈深叉型，除中间尾羽外，各羽内侧近端具白斑；上胸具黑褐色带纹，胸以下白色。幼鸟似成鸟，但头暗棕褐色，外侧尾羽不延长。虹膜褐色；嘴、跗蹠及趾黑色。

【生态习性】栖息于村庄及其附近的田野。集群活动，善飞行捕食昆虫，喜停歇在电线上。繁殖期4月～6月，常在屋内墙角处筑巢，巢呈半碗状。

【分布概况】安徽各地均有分布。夏候鸟。每年春季3月下旬至4月初抵达本省，秋季10月下旬至11月初南迁越冬。

【保护级别】国家"三有"保护鸟类；安徽省一级保护鸟类；中日候鸟保护协定物种；中澳候鸟保护协定物种。

繁殖羽 / 赵凯 摄

繁殖羽 / 俞肖剑 摄

育雏 / 胡云程 摄

育幼 / 赵凯 摄

▶金腰燕

【学　名】*Cecropis daurica*

【英文名】Red-rumped Swallow

【识别特征】体长17cm～19cm的小型鸣禽。雌雄羽色相似。成鸟似家燕，头、颈、背、肩钢蓝色，外侧尾羽延长，尾呈深叉形。但颈侧、腰棕栗色，下体白色具黑褐色纵纹；颏、喉无栗色，尾无白色点斑。幼鸟似成鸟，头及上体黑褐色沾蓝。虹膜暗褐色；嘴黑褐色；跗蹠及趾暗红褐色。

【生态习性】栖息于低山、丘陵以及平原地区的居民点附近。生活习性与家燕相似，集群活动，善捕食飞行中的昆虫。繁殖期4月～7月，善衔泥混以草茎于屋檐下筑巢，巢呈瓶状。

【分布概况】安徽各地均有分布。夏候鸟。每年春季4月初抵达本省，秋季10月中下旬南迁越冬。

【保护级别】国家“三有”保护鸟类；安徽省一级保护鸟类；中日候鸟保护协定物种。

繁殖羽 / 夏家振 摄

正面观 / 赵凯 摄

幼鸟 / 赵凯 摄

飞行 / 赵凯 摄

▶烟腹毛脚燕

【学　名】*Delichon dasypus*

【英文名】Asian House Martin

【识别特征】体长11cm～13cm的小型鸣禽。雌雄羽色相似。似家燕，头、颈、背和肩钢蓝色，但腰和尾上覆羽白色，尾叉浅；颏、喉白色，跗蹠及趾均覆有白色绒羽。虹膜褐色；嘴黑色。

【生态习性】栖息于山地悬崖峭壁或林缘上空。单独或成小群活动，善在高空飞行捕食昆虫。

【分布概况】安徽分布于皖南山区和大别山区。旅鸟。春季5月初，秋季8月下旬至9月上旬，途经本省。

【保护级别】国家"三有"保护鸟类；安徽省一级保护鸟类。

成鸟正面观 / 薄顺奇 摄

悬飞 / 胡云程 摄

筑巢 / 吴倩倩 摄

飞行背面观 / 薄顺奇 摄

◆鹡鸰科 Motacillidae

▶山鹡鸰

【学　名】*Dendronanthus indicus*

【英文名】Forest Wagtail

成鸟 / 周科 摄

成鸟 / 周科 摄

成鸟 / 胡云程 摄

【识别特征】体长16cm ~ 17cm的小型鸣禽。雌雄羽色相似。成鸟眉纹白色，贯眼纹黑褐色；头及上体大部橄榄褐色，尾上覆羽和尾羽基部黑色，最外侧1对尾羽白色；内侧小覆羽与背同色，两翼余部黑褐色，翼上覆羽具2道白色带纹，飞羽近端部也具白色斑块，飞行时可见3道白色翅斑；下体白色，胸具2道黑色带纹，下方带纹中间断开。虹膜暗褐色；上嘴黑褐色，下嘴浅色；跗蹠及趾粉色。

【生态习性】与其他鹡鸰喜水边开阔地不同，本种主要栖息于林间开阔地以及林缘地带。单独或成对活动，与其他鹡鸰一样波浪式飞行，但停息时尾左右摆动而非上下摆动。主要以昆虫等无脊椎动物为食。繁殖期5月 ~ 6月，营巢于林间树杈上。

【分布概况】安徽各地均有分布。夏候鸟。

【保护级别】国家“三有”保护鸟类；中日候鸟保护协定物种。

成鸟 / 夏家振 摄

▶白鹡鸰

【学　名】*Motacilla alba*

【英文名】White Wagtail

【识别特征】体长17cm~19cm的鸣禽。雌雄羽色相似。成鸟额、前头、颊白色，头顶至颈背黑色；两翼暗褐色，具明显的白色翅斑；下体白色，胸具半圆形黑色斑块；尾长，外侧尾羽纯白色。虹膜暗褐色；嘴黑色；跗蹠及趾黑褐色。安徽分布的有2个亚种：灰背眼纹亚种（*M. a. ocularis*）和普通亚种（*M. a. leucopsis*）。灰背眼纹亚种头顶至后颈黑色，背至腰灰色，具细的黑色过眼纹。普通亚种头顶至腰黑色，无黑色过眼纹。

【生态习性】栖息于山地、丘陵以及平原地区的开阔地带，尤喜溪流附近的沼泽地。波浪式飞行，停息时尾上下摆动。主要以昆虫等无脊椎动物为食。繁殖期4月~7月，于水域附近的崖壁缝隙、树洞等处营巢。

【分布概况】安徽各地均有分布。留鸟。

【保护级别】国家“三有”保护鸟类；中日候鸟保护协定物种；中澳候鸟保护协定物种。

灰背眼纹亚种雄鸟 / 吴海龙 摄

灰背眼纹亚种雌鸟 / 赵凯 摄

灰背眼纹亚种雌鸟 / 赵凯 摄

普通亚种 / 夏家振 摄

普通亚种 / 吴海龙 摄

普通亚种幼鸟 / 赵凯 摄

普通亚种 / 袁晓 摄

普通亚种 / 周科 摄

▶黄头鹡鸰

【学　名】*Motacilla citreola*

【英文名】Citrine Wagtail

【识别特征】体长16cm～18cm的小型鸣禽。雌雄羽色相似。雄鸟头及下体鲜黄色，后颈基部具黑色半颈环；上体灰色，尾上覆羽和尾羽黑色，最外侧2对尾羽白色；两翼暗灰褐色，翼上覆羽具两道明显的白色翅斑。雌鸟：头顶、后颈黄绿色，耳羽暗褐色且不与后颈相连，下体黄色。虹膜褐色；嘴黑色；跗蹠及趾黑褐色。

【生态习性】栖息于河流、湖泊的岸边，以及农田、沼泽、草地等多种生境。成对或小群活动，波浪式飞行，停息时尾上下摆动。主要以昆虫为食。

【分布概况】安徽迁徙季节见于沿江平原、江淮丘陵和淮北平原。旅鸟。每年春季4月下旬，秋季9月中下旬，途经本省。

【保护级别】国家“三有”保护鸟类；中日候鸟保护协定物种；中澳候鸟保护协定物种。

雄鸟 / 顾长明 摄

雄鸟 / 夏家振 摄

雄鸟飞行 / 汪湜 摄

雌鸟 / 夏家振 摄

▶黄鹡鸰

【学　名】*Motacilla flava*

【英文名】Yellow Wagtail

【识别特征】体长 15cm ~ 18cm 的小型鸣禽。似灰鹡鸰，但背橄榄绿色，下体喉至尾下覆羽黄色。安徽分布的有 3 个亚种：堪察加亚种(*M. f. simillima*)、台湾亚种(*M. f. taivana*)和东北亚种(*M. f. macronyx*)。堪察加亚种：眉纹白色，头顶至后颈灰色，背橄榄绿色；下体颏白色，喉以下黄色。台湾亚种：眉纹黄色，头顶、后颈与背同为橄榄绿色。东北亚种：头黑灰色，无眉纹，背橄榄绿色。

【生态习性】栖息于山地、丘陵以及平原地区溪流附近的开阔地。波浪式飞行，停歇时尾常上下摆动，主要以昆虫为食。

【分布概况】安徽迁徙季节各地均可见。旅鸟。每年春季 3 月中旬至 4 月下旬，秋季 10 月中下旬，途经本省。

【保护级别】国家"三有"保护鸟类；中日候鸟保护协定物种；中澳候鸟保护协定物种。

堪察加亚种 / 吴海龙 摄

堪察加亚种 / 赵凯 摄

台湾亚种 吴海龙 摄

东北亚种 / 夏家振 摄

台湾亚种 / 赵凯 摄

▶灰鹡鸰

【学　名】*Motacilla cinerea*

【英文名】Gray Wagtail

雄鸟繁殖羽 / 赵凯 摄

雌鸟 / 赵凯 摄

雄鸟过渡羽 / 夏家振 摄

【识别特征】体长17cm~18cm的小型鸣禽。成鸟繁殖羽：颏、喉黑色，眉纹和髭纹白色，贯眼纹黑褐色；头顶、后颈以及背、肩灰至灰褐色，腰至尾上覆羽黄绿色；尾羽黑褐色，外侧尾羽纯白色；小覆羽与背同色，两翼余部黑褐色，飞羽基部白色；下体喉以下黄色，两胁色浅。雌鸟与雄鸟非繁殖羽：颏、喉白色，下体黄白色，尾下覆羽黄色。虹膜褐色；嘴黑褐色；跗蹠及趾暗红色，后爪弯曲，较后趾长。

【生态习性】栖息于山地、丘陵地区的溪流附近。成对活动或小群活动，波浪式飞行，善地面行走，尾不停地上下摆动。主要以昆虫为食。繁殖期在4月~6月，营巢于洞穴、石缝等处，巢呈杯状。

【分布概况】安徽各地均有分布。皖南山区和大别山区为留鸟，其余地区为旅鸟。

【保护级别】国家"三有"保护鸟类；中澳候鸟保护协定物种。

冬羽 / 汪湜 摄

▶田鹨(理氏鹨)

【学　名】*Anthus richardi*

【英文名】Richard's Pipit

【识别特征】体长16cm~19cm的小型鸣禽。《中国鸟类野外手册》中的理氏鹨,后爪略长于后趾。雌雄羽色相似。成鸟眉纹皮黄色,耳羽黑褐色;头顶、后颈、上体以及两翼黑褐色,具棕褐色羽缘;尾羽黑色,最外侧两对尾羽白色;颏、喉白色,喉侧具黑褐色细纹;胸具黑褐色点状斑纹,两胁棕黄,下体余部白色。虹膜褐色;上嘴黑褐色,下嘴黄色;跗蹠及趾黄褐。

【生态习性】栖息于农田或开阔的草地。多集群活动,有时与云雀混群。似鹡鸰呈波浪式飞行,尾不停上下摆动。跗蹠和后爪长,站立时多呈垂直姿势;主要以昆虫为食。

【分布概况】迁徙季节安徽各地可见。旅鸟。每年春季4月中旬,秋季9月下旬至10月初,途经本省。

【保护级别】国家"三有"保护鸟类;中日候鸟保护协定物种。

成鸟 / 袁晓 摄

成鸟 / 朱英 摄

成鸟 / 李永民 摄

成鸟 / 薄顺奇 摄

▶树鹨

【学　名】*Anthus hodgsoni*

【英文名】Olive-backed Pipit

指名亚种 / 赵凯 摄

指名亚种 / 汪湜 摄

东北亚种 / 吴海龙 摄

【识别特征】体长15cm～17cm的小型鸣禽。雌雄羽色相似。成鸟后爪短于后趾；眉纹白色，在眼先棕黄色；贯眼纹黑褐色，耳羽后方具白斑；胸和两胁具粗著的黑褐色纵纹。虹膜红褐色；上嘴黑色，下嘴浅黄色；跗蹠和趾暗红褐色。安徽分布的有2个亚种，分别是指名亚种（*A. h. hodgsoni*）和东北亚种（*A. h. yunnanensis*）。指名亚种：上体灰褐色沾绿，背部黑褐色纵纹明显；东北亚种：头及上体橄榄绿色，背部褐色纵纹不明显。

【生态习性】栖息于山地、丘陵以及平原地区的林缘开阔地。多集小群活动，停栖时尾常上下摆动。主要以昆虫为食。

【分布概况】安徽各地均有分布。冬候鸟。每年秋季9月初抵达本省，次年春季5月上中旬北去繁殖。

【保护级别】国家“三有”保护鸟类；中日候鸟保护协定物种。

东北亚种 / 胡云程 摄

▶红喉鹨

【学　名】*Anthus cervinus*

【英文名】Red-throated Pipit

【识别特征】体长13cm～17cm的小型鸣禽。雌雄羽色相似。成鸟繁殖羽：额、头侧、颈侧、颏至胸棕红色，胸以下浅黄色，体侧具黑色纵纹；头顶、后颈以及上体灰褐色，具粗著的黑褐色纵纹；两翼及尾黑褐色，具浅色羽缘，最外侧2对尾羽具白色端斑。成鸟非繁殖羽：眉纹棕色，耳羽褐色；头及上体黑褐色，具浅黄色羽缘；下体黄白色，胸及体侧具黑褐色纵纹。虹膜褐色；嘴黑色，下嘴基部黄色；跗蹠及趾暗红色。

【生态习性】栖息于丘陵、平原地区近水的开阔地带。成对或小群活动，主要以昆虫为食，兼食少量植物种子。鸣声成串而急促，似云雀但持续时间短。

【分布概况】安徽迁徙季节各地均有分布。旅鸟。每年春季4月上旬至5月中旬，秋季9月下旬至10月中旬，途经本省。

【保护级别】国家"三有"保护鸟类；中日候鸟保护协定物种。

繁殖羽 / 夏家振 摄

繁殖羽 / 朱英 摄

繁殖羽 / 袁晓 摄

过渡羽 / 薄顺奇 摄

▶水鹨

【学　名】*Anthus spinoletta*

【英文名】Water Pipit

过渡羽 / 汪湜 摄

冬羽 / 刘子祥 摄

冬羽 / 赵凯 摄

【识别特征】体长15cm～17cm的小型鸣禽。雌雄羽色相似。非繁殖羽:眉纹白色,头及上体灰褐色,具不清晰的暗褐色纵纹;两翼及尾羽暗褐色,最外侧2对尾羽具白色端斑,翼具2道白色翅斑;下体皮黄色,胸和两胁具浅褐色纵纹。繁殖羽:胸和两胁浅葡萄红色,胸部具黑色点状斑纹。虹膜暗褐色;上嘴黑色,下嘴基部黄色;跗蹠及趾暗红褐色。

【生态习性】栖息于河流、湖泊等水域附近的开阔地,以及稻田、沼泽等地带。冬季成小群活动,喜在沼泽地上快速行走觅食,停歇时尾常上下摆动。主要以昆虫为食。

【分布概况】安徽各地均有分布。冬候鸟,淮北平原为旅鸟。每年秋季10月中下旬抵达本省,次年3月下旬至4月初北去繁殖。

【保护级别】国家"三有"保护鸟类;中日候鸟保护协定物种。

冬羽 / 赵凯 摄

▶黄腹鹨

【学　名】*Anthus rubescens*

【英文名】Buff-bellied Pipit

过渡羽 / 胡云程 摄

繁殖羽 / 顾长明 摄

冬羽 / 赵凯 摄

【识别特征】体长约15cm的小型鸣禽。体型以及习性似水鹨。非繁殖羽：下体近白色，胸及两胁具浓密而粗著的黑色纵纹，颈侧具黑色斑块。繁殖羽：下体皮黄色，胸及两胁具黑色纵纹。虹膜暗褐色；嘴黑色，下嘴基部黄色；跗蹠及趾红褐色。

【生态习性】栖息于山地、丘陵以及平原地区近水的开阔区域。冬季多成小群活动，停歇时尾常上下摆动。主要以昆虫为食。

【分布概况】安徽各地均有分布。冬候鸟，淮北平原为旅鸟。每年秋季10月中下旬抵达本省，次年4月下旬至5月上旬离开。

【保护级别】无。

过渡羽 / 夏家振 摄

冬羽 / 赵凯 摄

◆山椒鸟科 Campephagidae

▶暗灰鹃䴗

【学　名】*Coracina melaschistos*

【英文名】Black-winged Cuckoo-shrike

【识别特征】体长20cm～25cm的鸣禽。雌雄羽色相近。成鸟头及上体青石板灰色；飞羽及尾羽黑色，微具蓝色金属光泽；外侧几枚飞羽具白色条纹，最外侧3对尾羽具白色端斑；下体多浅灰色，尾下覆羽白色。幼鸟似成鸟，但头及上体具白色羽缘，下体具褐色斑纹。虹膜红褐色；嘴黑色先端下弯；跗蹠及趾铅蓝。

【生态习性】栖息于山地、丘陵以及平原地区的阔叶林或针阔混交林。单独或成对活动。主要以昆虫为食，兼食植物果实等组织。繁殖期4月～6月，营巢于树上，巢呈碗状。

【分布概况】安徽各地均有分布。夏候鸟。每年春季4月上旬抵达本省，秋季9月上旬离开。

【保护级别】国家"三有"保护鸟类。

成鸟侧面观 / 刘子祥 摄

成鸟背面观 / 袁继明 摄

幼鸟 / 夏家振 摄

飞行背面观 / 夏家振 摄

►小灰山椒鸟

【学　名】*Pericrocotus cantonensis*

【英文名】Swinhoe's Minivet

雄鸟 / 周科 摄

雄鸟 / 晏鹏 摄

雌鸟 / 赵凯 摄

【识别特征】体长 18cm ~ 21cm 的中等鸣禽。雄鸟额、前头白色，贯眼纹黑色；颈侧白色，耳羽暗褐色；后头、后颈、背以及内侧翼上覆羽黑色；腰至尾上覆羽沙褐色褐色沾黄；尾羽黑褐色，外侧尾羽具白色端斑；两翼黑褐色，飞羽基部具白斑；颏、喉白色，上胸灰色沾黄，下体余部污白色。雌鸟似雄鸟，但后头至背均为灰色，腰部褐黄色更浓。幼鸟头及上体杂以白色细纹。虹膜暗褐色；嘴黑色，跗蹠及趾黑色。

【生态习性】栖息于山地、丘陵地区的阔叶落叶林及常绿林。多成小群活动，于枝叶茂密的树上活动。主要以昆虫及其幼虫为食。繁殖期 5 月 ~ 7 月，营巢于高大乔木上，巢呈碗状。叫声为一串急促的颤音。

【分布概况】安徽除淮北平原外，其他地区均有分布。夏候鸟。每年 4 月上旬抵达本省，秋季 11 月中下旬南迁越冬。

【保护级别】国家“三有”保护鸟类。

幼鸟 / 赵凯 摄

▶灰山椒鸟

【学　名】*Pericrocotus divaricatus*

【英文名】Ashy Minivet

【识别特征】体长18cm～21cm的中等鸣禽。外形似小灰山椒鸟。但本种雄鸟额基黑色且与左右贯眼纹相连；后头与后颈深黑色，与前头的白色对比更强烈；上体肩、背至尾上覆羽为一致的灰色，而无褐色沾染；下体纯白色。雌鸟额部白色区域狭窄，后头与上体均为一直的灰色，下体污白色。

【生态习性】栖息于枝叶茂密的落叶阔叶林以及针阔混交林。多成小群活动。主要以昆虫为食。

【分布概况】迁徙季节见于淮北平原、江淮丘陵以及大别山区。旅鸟。每年春季4月中下旬，秋季9月下旬至10月上旬，途经本省。

【保护级别】国家"三有"保护鸟类；中日候鸟保护协定物种。

雄鸟 / 夏家振 摄

雌鸟 / 薄顺奇摄

雄鸟 / 薄顺奇 摄

雌鸟 / 袁晓 摄

▶灰喉山椒鸟

【学　名】*Pericrocotus solaris*

【英文名】Grey-chinned Minivet

雄鸟 / 赵凯 摄

雄鸟 / 赵凯 摄

雌鸟 / 吴海龙 摄

【识别特征】体长17cm ~ 19cm的中等鸣禽。雌雄异色。雄鸟额、头顶、后颈至上背黑色，下背至尾上覆羽赤红色；尾羽黑色，外侧尾羽端部赤红色；两翼具赤红色“7”形翅斑；头侧、颏、喉灰色，下体余部赤红色。雌鸟头顶、头侧、后颈以及上背暗灰色，下背至尾上覆羽橄榄绿色，翅斑和尾羽端部均黄色，颏、喉灰色，下体余部黄色。虹膜暗褐色；嘴黑色；跗蹠及趾黑色。

【生态习性】栖息于山地、丘陵地区的常绿阔叶林和混交林中。成群生活，具有季节性垂直迁移习性。主要以昆虫及其幼虫为食，兼食植物果实。

【分布概况】安徽主要分布于皖南山区。留鸟。

【保护级别】国家“三有”保护鸟类。

雌鸟 / 黄丽华 摄

◆鹎科 Pycnonotidae

▶领雀嘴鹎

【学　名】*Spizixos semitorques*

【英文名】Collared Finchbill

【识别特征】体长17cm～22cm的中等鸣禽。雌雄羽色相似。成鸟头顶黑色，头侧黑色杂以白色细纹，后头至后颈黑灰色；上体以及翼上覆羽橄榄绿色，尾羽具黑褐色端斑；飞羽暗褐色，外侧橄榄黄绿色；颏、喉黑色，前颈具白色半领环；胸和两胁与背同色，腹至尾下覆羽鲜黄色。嘴短粗，浅黄色，上嘴微下弯；虹膜棕褐色；跗蹠及趾暗红色。幼鸟头黑灰色，体羽橄榄绿色沾灰，无半领环。

【生态习性】主要栖息于山地、丘陵、平原地区的林缘灌丛。性不畏人，多小群活动。杂食性，主要以植物性食物为主，兼食昆虫。繁殖期5月～7月，营巢于小树的树杈或灌木上。

【分布概况】安徽各地均有分布。留鸟。

【保护级别】国家"三有"保护鸟类；中国特有种。

成鸟 / 赵凯 摄

幼鸟 / 赵凯 摄

配对 / 夏家振 摄

起飞 / 赵凯 摄

▶黄臀鹎

【学　名】*Pycnonotus xanthorrhous*

【英文名】Brown-breasted Bulbul

成鸟 / 周科 摄

幼鸟 / 赵凯 摄

配对 / 赵凯 摄

【识别特征】体长 17cm ~ 21cm 的中等鸣禽。雌雄羽色相似。成鸟头及头侧黑色，耳羽灰褐色；后颈以及上体各部橄榄褐色，翼上覆羽与背同色；飞羽和尾羽暗褐色，飞羽羽缘橄榄绿色；颏、喉白色，尾下覆羽鲜黄色；下体余部污白色，胸具灰褐色横带。幼鸟胸以下污白色，臀部黄色不明显。虹膜褐色；嘴黑色，下嘴基部有一红色点斑；跗蹠及趾黑色。

【生态习性】栖息于山地、丘陵地区次生阔叶林以及林缘灌丛。成对或小群活动，具有季节性垂直迁移现象。主要以昆虫、植物的果实、种子等为食。繁殖期4月 ~ 6月，营巢于灌木或小树上。

【分布概况】安徽除淮北平原外，其他地区均有分布。留鸟。

【保护级别】国家“三有”保护鸟类。

悬飞 / 胡云程 摄

▶白头鹎

【学　名】*Pycnonotus sinensis*

【英文名】Light-vented Bulbul

成鸟 / 吴海龙 摄

捕食 / 夏家振 摄

幼鸟 / 赵凯 摄

【识别特征】体长16cm～22cm的中等鸣禽。雌雄羽色相似。成鸟额至前头黑色，后头和枕白色，耳羽灰白色；上体和内侧翼上覆羽灰褐沾绿，两翼余部暗褐色，各羽外翈黄绿色；胸及两胁灰褐色，下体余部白色。幼鸟头及上体灰色，后头无白斑。虹膜褐色；嘴、跗蹠及趾黑色。

【生态习性】栖息于山地、丘陵、农田、居民区等各种生境中。多成群活动，性活泼、不甚畏人。食性杂，夏季主要以昆虫为食，冬季主要以植物果实和种子为食。繁殖期4月～6月，营巢于灌木或树杈上，有时营巢于阳台的花盆中。

【分布概况】安徽各地均有分布。留鸟。

【保护级别】国家“三有”保护鸟类；中国特有种。

摄食 / 赵凯 摄

▶栗背短脚鹎

【学　名】*Hemixos castanonotus*

【英文名】Chestnut Bulbul

【识别特征】体长18cm～24cm的中等鸣禽。雌雄羽色相似。成鸟头顶褐黑色，微具冠羽，头侧、颈侧以及上体栗色；小覆羽与背同色，两翼余部以及尾羽暗褐色；颏、喉以及尾下覆羽纯白色，下体余部灰白色。虹膜褐色；嘴黑色；跗蹠及趾黑色，跗蹠短于嘴峰。

【生态习性】栖息于山地、丘陵以及平原地区的岗地常绿阔叶林中。成对或小群活动于枝叶茂密的树丛中。主要以植物性食物为食，兼食昆虫。繁殖期4月～6月，营巢于隐秘的树杈或灌木上，巢呈杯状。叫声洪亮而多变。

【分布概况】安徽除淮北平原外，其余地区均有分布。留鸟。

【保护级别】无。

成鸟背面观 / 夏家振 摄

成鸟腹面观 / 汪湜 摄

成鸟腹面观 / 夏家振 摄

飞行背面观 / 夏家振 摄

▶绿翅短脚鹎

【学　名】*Hypsipetes mcclellandii*

【英文名】Mountain Bulbul

成鸟背面观 / 胡云程 摄

成鸟腹面观 / 夏家振 摄

成鸟背面观 / 赵凯 摄

【识别特征】体长22cm～24cm的中等鸣禽。雌雄羽色相似。成鸟额、头顶至后颈栗褐色，杂以白色细纹；上体暗灰色具浅色羽干纹，小覆羽与背同色，其余翼上覆羽橄榄绿色；飞羽和尾羽外侧橄榄绿色，内侧灰褐色；头侧和颈侧棕褐色，颏、喉灰白色；胸棕色具白色羽干纹，尾下覆羽黄色。虹膜棕色；嘴黑褐色；跗蹠及趾红褐色。

【生态习性】栖息于山地、丘陵地区阔叶林或针阔混交林中。多成小群活动。杂食性，主要以植物果实、种子为食，兼食昆虫。繁殖期5月～7月，营巢于隐秘的树杈或林下灌木上。叫声单调，单音节的嘶叫。

【分布概况】安徽主要分布于皖南山区和沿江平原。留鸟。

【保护级别】无。

成鸟摄食 / 夏家振 摄

▶黑短脚鹎

【学　名】*Hypsipetes leucocephalus*

【英文名】Black Bulbul

四川亚种 / 吴海龙 摄

四川亚种 / 夏家振 摄

东南亚种 / 夏家振 摄

【识别特征】体长21cm～25cm的中等鸣禽。雌雄相似。成鸟头、颈白色，虹膜红褐色，嘴、跗蹠及趾红色，体羽余部黑色。幼鸟通体黑灰色，头部颜色随年龄增长而逐渐变白。安徽分布的有2个亚种，均属白色型：四川亚种（*H. l. leucothorax*）和东南亚种（*H. l. leucocephalus*）。四川亚种：头、颈、胸白色，上体各部黑色而具蓝色金属光泽。东南亚种：下体的白色区域仅限于喉部，胸以下黑色。

【生态习性】栖息于山地、丘陵地区以及平原岗地的常绿阔叶林。成对或小群活动，喜立于枝头鸣叫。主要以昆虫为食，兼食植物果实和种子。繁殖期5月～7月，营巢于枝叶茂密乔木侧枝上。叫声响亮而多变。

【分布概况】安徽除淮北平原以外，其他地区均有分布。夏候鸟。每年春季3月下旬抵达本省，秋季9月下旬至10月中旬南迁越冬。

【保护级别】国家“三有”保护鸟类。

幼鸟 / 谈凯 摄

◆叶鹎科 Chloropseidae

▶橙腹叶鹎

【学　名】*Chloropsis hardwickii*

【英文名】Orange-bellied Leafbird

雄鸟 / 夏家振 摄

雌鸟 / 夏家振 摄

雌鸟 / 胡云程 摄

【识别特征】体长 18cm ~ 20cm 的中等鸣禽。雌雄异色。雄鸟头顶至后颈蓝绿色，上体各部以及内侧翼上覆羽和飞羽草绿色；两翼余部以及尾羽亮蓝色；头侧和喉黑色，髭纹蓝色；上胸深蓝色，体侧与背同色，下体余部橙黄色。雌鸟头及上体草绿色，髭纹蓝色，腹中央至尾下覆羽黄色。虹膜棕褐色；嘴黑色；跗蹠铅灰色。

【生态习性】栖息于山地、丘陵以及平原地区的常绿阔叶林或针阔混交林中。性活跃，成对或小群活动。主要以昆虫为食。繁殖期 5 月 ~ 7 月，营巢于树上，巢呈杯状。鸣声清脆悦耳。

【分布概况】安徽分布于皖南山区。留鸟。

【保护级别】国家“三有”保护鸟类。

雄鸟 / 胡云程 摄

◆太平鸟科Bombycillidae

▶太平鸟

【学　名】*Bombycilla garrulus*

【英文名】Bohemian Waxwing

摄食 / 郭玉民 摄

背面观 / 翁发祥 摄

小群 / 郭玉民 摄

【识别特征】体长17cm～22cm的中等鸣禽。雌雄羽色相似。成鸟头具簇状冠羽，体羽多葡萄灰色；前额栗褐色，额基、贯眼纹以及颏喉黑色；内侧翼上覆羽与背同色，两翼余部黑褐色，具规则排列的白色和黄色斑；尾羽具黑色次端斑和显著的黄色端斑，尾下覆羽棕栗色。虹膜红褐色；嘴黑色，跗蹠及趾黑褐色。

【生态习性】栖息于山地、丘陵以及平原地区的针阔混交林中。多集群活动，无固定活动区域，具游荡习性。杂食性，繁殖期主要以昆虫为食，非繁殖期主要以植物果实和种子为食。

【分布概况】安徽迁徙季节偶见于皖南山区和江淮丘陵地区。旅鸟。

【保护级别】国家“三有”保护鸟类；中日候鸟保护协定物种。

飞行 / 李显达 摄

►小太平鸟

【学　名】*Bombycilla japonica*

【英文名】Japanese Waxwing

【识别特征】体长16cm～21cm的中等鸣禽。雌雄羽色相似，外形似太平鸟，但尾羽端斑和尾下覆羽均为红色；大覆羽末端红色，构成红色翅斑；次级飞羽蓝灰色，端部黑褐色。虹膜紫红色；嘴黑色；跗蹠及趾黑色。

【生态习性】栖息于山地、丘陵以及平原地区的阔叶林、针阔混交林中。成群活动，也与太平鸟混群。习性似太平鸟。

【分布概况】安徽迁徙季节见于皖南山区和江淮丘陵地区。旅鸟。

【保护级别】国家“三有”保护鸟类；IUCN红色名录近危种(NT)；中日候鸟保护协定物种。

背面观 / 杨剑波 摄

侧面观 / 杨剑波 摄

威吓 / 杨剑波 摄

成鸟 / 翁发祥 摄

◆伯劳科Laniidae

▶虎纹伯劳

【学　名】*Lanius tigrinus*

【英文名】Tiger Shrike

雄鸟 / 汪湜 摄

雌鸟 / 赵凯 摄

幼鸟 / 赵凯 摄

【识别特征】体长16cm～19cm的中等鸣禽。雄鸟：嘴粗壮先端具钩，贯眼纹黑色宽阔；头顶至上背蓝灰色；上体余部及翼上覆羽棕栗色，具波状黑褐色横纹；尾羽红褐色具不清晰的暗灰色横纹；下体白色，两胁微具褐色横斑。雌鸟似雄鸟，但额基和眼先灰白色，下体具明显的褐色横纹。虹膜褐色；嘴黑色；跗蹠及趾褐灰色。幼鸟似雌鸟，但头亦为栗褐色，贯眼纹不明显。

【生态习性】栖息于低山、丘陵以及山脚平原地区的阔叶林和林缘地带。单独或成对活动。主要以昆虫以及小型脊椎动物为食。繁殖期5月～7月，营巢于枝叶茂密的灌木上或树杈上。

【分布概况】安徽各地均有分布。夏候鸟。

【保护级别】国家“三有”保护鸟类；安徽省二级保护鸟类；中日候鸟保护协定物种。

亲鸟与幼鸟 / 汪湜 摄

▶牛头伯劳

【学　名】*Lanius bucephalus*

【英文名】Bull-headed Shrike

【识别特征】19cm~21cm的中等鸣禽。雄鸟眉纹白色，贯眼纹黑色；头顶至后颈栗褐色，上体褐色沾棕；两翼和尾黑褐色，初级飞羽基部具白色翅斑；颏、喉白色，体侧棕红色；下体中央污白色，微具褐色鳞状纹。雌鸟似雄鸟，但眼先灰白色，贯眼纹不完整，耳羽棕褐色；无白色翅斑，下体棕色更浓，密布暗褐色鳞状斑纹。虹膜深褐色，嘴角黑褐色；跗蹠及趾黑褐色。

【生态习性】栖息于山地、丘陵地区阔叶林或针阔混交林的林缘地带。非繁殖期多单独活动。性凶猛，主要以昆虫以及小型脊椎动物为食。

【分布概况】安徽各地均有分布。皖南山区、大别山区以及江淮丘陵地区为冬候鸟，其他地区为旅鸟。每年秋季8月下旬至9月上旬抵达本省，次年3月下旬至4月上旬北去繁殖。

【保护级别】国家“三有”保护鸟类；安徽省二级保护鸟类。

雄鸟/袁晓 摄

雌鸟/袁晓 摄

雄鸟/夏家振 摄

雌鸟/胡云程 摄

►红尾伯劳

【学　名】*Lanius cristatus*

【英文名】Brown Shrike

【识别特征】18cm～20cm的中等鸣禽。具白色眉纹和黑色贯眼纹；尾羽红棕色。雄鸟头和上体羽色因亚种而异；颏、喉白色，下体余部浅棕色。雌鸟下体均具暗褐色鳞状斑纹。虹膜褐色；嘴黑色，下嘴基部色浅；跗蹠及趾黑色。安徽分布的有3个亚种：普通亚种（*L. c. lucionensis*）、指名亚种（*L. c. cristatus*）和日本亚种（*L. c. superciliosus*）。普通亚种雄鸟：头顶至后颈浅灰色，上背、肩灰褐色；下背至尾上覆羽棕褐色，尾羽暗棕褐色具不太明显的横纹。指名亚种雄鸟：额和眉纹白色狭窄，头顶以及上体红棕色。日本亚种雄鸟：似指名亚种，头与上体均为栗褐色，但额和眉纹白色宽阔。

【生态习性】栖息于低山、丘陵以及平原地区的林缘灌丛。单独或成对活动。主要以昆虫和小型脊椎动物为食。繁殖期5月～7月，营巢于多枝叶的灌木或树杈上。

【分布概况】安徽各地均有分布。夏候鸟。每年4月中下旬抵达本省，秋季10月中旬南迁越冬。

【保护级别】国家“三有”保护鸟类；安徽省二级保护鸟类；中日候鸟保护协定物种。

普通亚种雄鸟 / 薄顺奇 摄

普通亚种雌鸟 / 赵凯 摄

普通亚种雄鸟 / 夏家振 摄

普通亚种幼鸟 / 赵凯 摄

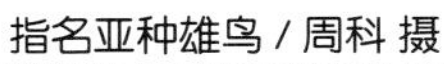

指名亚种雄鸟 / 周科 摄

指名亚种雌鸟 / 赵凯 摄

日本亚种雄鸟 / 汪湜 摄

日本亚种雌鸟 / 薄顺奇 摄

日本亚种亚成鸟 / 汪湜 摄

▶棕背伯劳

【学　名】*Lanius schach*

【英文名】Long-tailed Shrike

成鸟 / 赵凯 摄

展翅 / 夏家振 摄

黑色型 / 赵凯 摄

【识别特征】体长21cm～28cm的中等鸣禽。雌雄羽色相似。成鸟额基与贯眼纹黑色，头顶、后颈至上背灰色；下背至尾上覆羽棕色；两翼和尾羽黑褐色，初级飞羽基部具白斑；下体白色沾棕。幼鸟上体棕褐色，具暗褐色羽缘。虹膜褐色；嘴黑色；跗蹠及趾黑色。黑色型成鸟颏、喉以及耳羽和颊均黑色，无白色翅斑。

【生态习性】栖息于低山、丘陵以及平原地区，喜疏林地或开阔地。性凶猛，主要以昆虫以及蛇和鼠等小型脊椎动物为食。繁殖期4月～6月，营巢于多枝叶的灌木或树杈上。

【分布概况】安徽各地均有分布，较为常见。留鸟。

【保护级别】国家“三有”保护鸟类；安徽省二级保护鸟类。

亲鸟与幼鸟 / 夏家振 摄

黑色型 / 赵凯 摄

►楔尾伯劳

【学　名】*Lanius sphenocercus*

【英文名】Chinese Grey Shrike

【识别特征】体长28cm～31cm的中等鸣禽。雌雄羽色相似。成鸟额基和眉纹白色，贯眼纹黑色；头及上体灰色，小覆羽与背同色；两翼余部黑色，具大型白斑；中央2对尾羽黑色，最外侧3对尾羽白色；颊、颈侧以及下体纯白色。虹膜褐色；嘴黑色；跗蹠及趾黑色。

【生态习性】栖息于山地、丘陵、平原地区的林缘及疏林地带。冬季多单独活动，常停息于突出的枝头、灌丛或电线上。主要以昆虫和小型脊椎动物为食。

【分布概况】安徽各地均有分布。冬候鸟。每年秋季10月中下旬抵达本省，次年春季3月上中旬北去繁殖。

【保护级别】国家"三有"保护鸟类；安徽省二级保护鸟类。

成鸟腹面观 / 夏家振 摄

成鸟背面观 / 赵凯 摄

飞行 / 汪湜 摄

成鸟侧面观 / 赵凯 摄

◆黄鹂科 Oriolidae

▶黑枕黄鹂

【学　名】*Oriolus chinensis*

【英文名】Black-naped Oriole

成鸟 / 胡云程 摄

幼鸟 / 薛辉 摄

飞行 / 胡云程 摄

【识别特征】体长22cm~27cm的中等鸣禽。雌雄羽色相似。成鸟通体黄色；两侧过眼纹黑色宽阔，并在枕部相连；尾羽黑色，外侧尾羽具黄色端斑；内侧翼上覆羽与背同色，两翼余部黑褐色，具黄色翅斑；幼鸟贯眼纹细且短，不及枕部；头及上体橄榄黄绿色，下体白色具黑褐色纵纹。虹膜浅红褐色；嘴粉红色；跗蹠及趾黑褐色。

【生态习性】栖息于山地、丘陵以及平原地区的阔叶林。单独或成对活动，树栖性，极少在地面活动。主要以昆虫为食，兼食植物果实和种子。繁殖期5月~7月，营巢于高大的阔叶乔木上，巢呈吊篮状。鸣声清脆悠远，也做嘶哑的叫声。

【分布概况】安徽各地均有分布。夏候鸟。每年春季4月下旬抵达本省，秋季10月中下旬南迁越冬。

【保护级别】国家"三有"保护鸟类；安徽省一级保护鸟类；中日候鸟保护协定物种。

育雏 / 胡云程 摄

◆卷尾科 Dicruridae

►黑卷尾

【学　名】*Dicrurus macrocercus*

【英文名】Black Drongo

【识别特征】体长23cm~30cm的中等鸣禽。雌雄羽色相似。成鸟无发状冠羽;通体黑色,具蓝色或铜绿色金属光泽;最外侧尾羽最长,微向上卷曲,尾呈深叉形;幼鸟通体黑褐色,下体胸以下羽缘灰白色。虹膜红褐色;嘴黑色;跗蹠及趾黑色。

【生态习性】栖息于山地、丘陵以及平原地区。常见于农田和居民区,叫声噪杂而粗糙。主要以昆虫和小型脊椎动物为食。繁殖期5月~7月,营巢于高大的乔木上,巢呈碗状。

【分布概况】安徽各地均有分布。夏候鸟。每年春季4月中旬抵达本省,秋季10月中下旬南迁越冬。

【保护级别】国家"三有"保护鸟类。

成鸟 / 胡云程 摄

亚成鸟 / 朱英 摄

飞行 / 胡云程 摄

幼鸟 / 赵凯 摄

▶灰卷尾

【学　名】*Dicrurus leucophaeus*

【英文名】Ashy Drongo

普通亚种 / 袁晓 摄

普通亚种 / 赵凯 摄

华南亚种 / 汪湜 摄

【识别特征】体长25cm～32cm的中等鸣禽。雌雄羽色相似。成鸟通体灰色，最外侧尾羽最长且向上卷曲，尾呈叉型。虹膜红褐色；嘴、跗蹠及趾黑色。安徽分布的有2个亚种：普通亚种（*D. l. leucogenis*）和华南亚种（*D. l. salangensis*）。普通亚种：通体浅灰色，额基绒黑色，头侧白色区域较大。华南亚种：似普通亚种，但通体暗灰色，头侧白色区域较小，额基黑色与头顶反差小。

【生态习性】栖息于山地、丘陵和平原地带的林间空地和村落附近。单独或成对活动，主要以昆虫为食。繁殖期5月～7月，营巢于高大的乔木上，巢呈碗状。

【分布概况】安徽除淮北平原外，各地均有分布。夏候鸟。每年春季3月下旬至4月上旬抵达本省，秋季9月下旬至10月上旬南迁越冬。

【保护级别】国家“三有”保护鸟类。

华南亚种 / 汪湜 摄

▶发冠卷尾

【学　名】*Dicrurus hottentottus*

【英文名】Hair-crested Drongo

【识别特征】体长27cm～35cm的中等鸣禽。雌雄羽色相似。似黑卷尾，通体绒黑色，具紫蓝色或铜绿色金属光泽；但额顶具丝状冠羽，最外侧尾羽卷曲更明显；喉和上胸具滴状斑。幼鸟似成鸟，但体羽金属光泽较淡。虹膜红褐色；嘴黑色；跗蹠及趾黑色。

【生态习性】栖息于山地、丘陵以及平原地区的岗地阔叶林中。单独或成对活动，主要以昆虫为食，兼食植物果实和种子。繁殖期5月～7月，营巢于高大乔木顶端的树杈上，巢呈碗状。

【分布概况】安徽主要分布于皖南山区、大别山区以及江淮丘陵地区，偶见于沿江平原和淮北平原局部岗地。夏候鸟。每年春季3月下旬抵达本省，秋季10月中下旬南迁越冬。

【保护级别】国家“三有”保护鸟类。

捕食 / 夏家振 摄

幼鸟 / 赵凯 摄

育雏 / 唐建兵 摄

飞行 / 夏家振 摄

◆椋鸟科 Sturnidae

▶八哥

【学　名】*Acridotheres cristatellus*

【英文名】Crested Myna

【识别特征】体长21cm～28cm的中等鸣禽。雌雄羽色相似。成鸟通体黑色，额基具耸立的簇状长羽；初级飞羽基部具宽阔的白色翅斑，外侧尾羽具较窄的白色端斑；下体暗灰黑色，尾下覆羽具白色端斑。幼鸟似雄鸟，但额基部簇状长羽不明显。虹膜橙黄色（幼鸟浅黄色）；嘴浅黄色；跗蹠及趾黄色。

【生态习性】栖息于山地、丘陵以及平原地区的村落。多成小群活动，城市园林中的常见鸟，善于效仿其他鸟类鸣叫。杂食性，主要以昆虫及其幼虫为食，兼食植物种子。繁殖期5月～7月，营巢于洞穴。

【分布概况】安徽各地均有分布。留鸟。

【保护级别】国家“三有”保护鸟类。

成鸟 / 赵凯 摄

配对 / 夏家振 摄

幼鸟 / 赵凯 摄

飞行 / 夏家振 摄

▶黑领椋鸟

【学　名】*Gracupica nigricollis*

【英文名】Black-collared Starling

【识别特征】体长27cm～29cm的中等鸣禽。雌雄羽色相似。成鸟头、颏、喉白色，眼周裸皮金黄色；颈具宽阔的黑色颈环；上体以及两翼黑褐色，翼具白色翅斑；尾上覆羽以及尾羽端部白色；下体胸以下污白色。幼鸟似成鸟，但无黑色颈环。虹膜黄色，嘴黑色，跗蹠及趾黄色。

【生态习性】栖息于山地、丘陵以及平原地区的草地、农田、灌丛等开阔地带。成小群活动，主要以昆虫为食虫，兼食植物的果实和种子。繁殖期5月～7月，营巢于高大乔木的树杈间，巢呈半球形带有圆形顶盖。

【分布概况】安徽主要分布于皖南山区、沿江平原以及江淮丘陵地区。留鸟。

【保护级别】国家“三有”保护鸟类。

成鸟侧面观 / 赵凯 摄

成鸟觅食 / 汪湜 摄

起飞 / 赵凯 摄

群飞 / 夏家振 摄

►北椋鸟

【学　名】*Sturnia sturnina*

【英文名】Daurian Starling

【识别特征】体长16cm～18cm的中小型鸣禽。雄鸟头、颈灰色，后头具黑色斑块；背至腰黑色具紫色金属光泽，尾上覆羽棕白色；两翼和尾黑色具紫色金属光泽，翼具白色翅斑；下体灰色，尾下覆羽棕白色。雌鸟似雄鸟，但上体烟灰色，且无金属光泽。虹膜暗褐色；嘴黑褐色；跗蹠及趾暗绿色。

【生态习性】栖息于低山丘陵以及开阔平原地区的林缘开阔地。成群活动。主要以昆虫为食，兼食植物果实和种子。

【分布概况】安徽迁徙季节见于江淮丘陵地区。旅鸟。春季4月下旬至5月上旬，秋季尚无记录。

【保护级别】国家"三有"保护鸟类。

雄鸟 / 夏家振 摄

雌鸟 / 夏家振 摄

左雄右雌 / 夏家振 摄

降落 / 夏家振 摄

►丝光椋鸟

【学　名】*Sturnus sericeus*

【英文名】Silky Starling

雄鸟 / 胡云程 摄

雌鸟 / 赵凯 摄

左雄右雌 / 赵凯 摄

【识别特征】体长20cm～24cm的中等鸣禽。雄鸟头、颈具披散的毛状羽，白色沾灰；颈基部具完整的深灰色领环；上体蓝灰色；两翼和尾黑色，具蓝绿色金属光泽；初级飞羽基部具大块白斑；颏、喉以及尾下覆羽白色，下体余部灰色。雌鸟似雄鸟，但头、颈以及上体灰褐色。虹膜暗褐色；嘴红色，端部黑色；跗蹠及趾橘红色。

【生态习性】栖息于山地、丘陵以及平原地区的林地、果园及农耕区。成对或集群活动，地面觅食，主要以昆虫为食，兼食植物果实和种子。繁殖期5月～7月，营巢于树洞等洞穴。

【分布概况】安徽各地均有分布。留鸟。

【保护级别】国家"三有"保护鸟类。

雌鸟飞行 / 赵凯 摄

雄鸟飞行 / 赵凯 摄

▶灰椋鸟

【学　名】*Sturnus cineraceus*

【英文名】White-cheeked Starling

雄鸟 / 赵凯 摄

雌鸟 /赵凯 摄

雌鸟 / 夏家振 摄

【识别特征】体长 18cm ~ 24cm 的中等鸣禽。雄鸟头、颈以及上胸黑色，耳羽、颊白色杂以黑纹；上体褐灰，尾上覆羽白色；两翼及尾黑褐色，尾羽具白色端斑；尾下覆羽白色，下体余部暗灰色。雌鸟似雄鸟，但头、颈以及颏、喉羽色稍浅，上体褐色。虹膜褐色；嘴橙红色，先端黑色；跗蹠及趾橙红色。

【生态习性】栖息于低山、丘陵以及开阔的平原地带。多成群活动，于地面取食。繁殖季节主要以昆虫为食，冬季主要以植物果实和种子为食。繁殖期5月 ~ 7月，营巢于树洞等天然洞穴。

【分布概况】安徽各地均有分布。留鸟。

【保护级别】国家“三有”保护鸟类。

幼鸟 / 赵凯 摄

飞行背面观 / 赵凯 摄

【识别特征】体长20cm～22cm的中等鸣禽。成鸟非繁殖羽:通体密被白色或黄白色点斑。体羽近黑色,具铜绿色或紫铜色光泽;两翼和尾黑褐色,下体胸以下蓝绿色。虹膜深褐色;上嘴黑褐色,下嘴黄色;跗蹠及趾红褐色。

【生态习性】栖息于开阔地带的耕地、果园。多成小群活动。杂食性,主要以昆虫和植物果实和种子为食。

【分布概况】安徽迁徙季节偶见于大别山区、江淮丘陵和淮北平原。旅鸟。春季2月中下旬,秋季10月下旬,途经本省。

【保护级别】国家"三有"保护鸟类。

成鸟 / 夏家振 摄

幼鸟 / 薄顺奇 摄

摄食 / 俞肖剑 摄

成鸟 / 夏家振 摄

◆鸦科 Corvidae

▶松鸦

【学　名】*Garrulus glandarius*

【英文名】Eurasian Jay

成鸟侧面观 / 汪湜 摄

成鸟正面观 / 赵凯 摄

飞行 / 夏家振 摄

【识别特征】体长 30cm ~ 36cm 的中等鸣禽。雌雄羽色相似。成鸟具粗著的黑色髭纹；体羽多红棕色，尾上和尾下覆羽纯白色；两翼和尾绒黑色，翼具蓝色斑纹。虹膜白色；嘴黑褐色；跗蹠及趾黄褐色。

【生态习性】栖息于山地、丘陵以及平原岗地的针叶林、针阔叶混交林或阔叶林中。杂食性，繁殖期主要以昆虫为食，秋冬季主要以植物果子和种子为食。繁殖期4月 ~ 6月，营巢于枝叶茂密的高大乔木。叫声单调而沙哑。

【分布概况】安徽除淮北平原外，其他地区均有分布。留鸟。

【保护级别】无。

鸣叫 / 薛辉 摄

▶灰喜鹊

【学　名】*Cyanopica cyanus*

【英文名】Azure-winged Magpie

【识别特征】体长33cm～40cm的中等鸣禽。雌雄羽色相似。成鸟头顶、头侧和后颈黑色，上体暗灰色；尾长，青蓝色，中央2枚尾羽最长，具宽阔的白色端斑；翼上覆羽和飞羽外侧多青蓝色，飞羽内侧暗褐色；颏、喉、颈侧以及后颈基部灰白色，下体余部灰色。幼鸟头黑色杂以白色斑纹。虹膜暗褐色；嘴黑色；跗蹠及趾黑褐色。

【生态习性】栖息于山地、丘陵以及平原地区的次生林和人工林中，常到农田和居民点附近活动。多成小群活动。主要以昆虫为食，兼食部分植物果实和种子。繁殖期5月～7月，营巢于乔木的树杈上，巢呈浅盘状。叫声单调而粗厉。

【分布概况】安徽各地均有分布，主要以农、林害虫为食。安徽省省鸟。留鸟。

【保护级别】国家“三有”保护鸟类；安徽省一级保护鸟类。

摄食 / 夏家振 摄

飞行 / 夏家振 摄

幼鸟 / 赵凯 摄

群体 / 夏家振 摄

►红嘴蓝鹊

【学　名】*Urocissa erythrorhyncha*

【英文名】Red-billed Blue Magpie

【识别特征】体长55cm～65cm的中大型鸣禽。雌雄羽色相似。成鸟额、头侧、颈侧、喉至胸黑色，头顶至后颈中央白色；上体以及两翼多蓝灰色，尾上覆羽紫蓝色；尾长而凸，紫蓝色，具黑色次端斑和白色端斑；下体胸以下以及翼下覆羽白色。虹膜黄色，嘴、跗蹠及趾红色。

【生态习性】栖息于山地、丘陵地区以及平原岗地的阔叶林或林缘地带。成群活动，性凶悍，主动围攻入侵的猛禽。主要以昆虫植物果实和种子为食。繁殖期5月～7月，营巢于乔木树杈上，巢呈碗状。叫声多变，善效仿其他鸟类鸣叫。

【分布概况】安徽除淮北平原外，其他地区均有分布。留鸟。

【保护级别】国家"三有"保护鸟类；安徽省一级保护鸟类。

成鸟／胡云程 摄

成鸟／赵凯 摄

降落／俞肖剑 摄

捕蛇／夏家振 摄

▶灰树鹊

【学　名】*Dendrocitta formosae*

【英文名】Gray Treepie

成鸟侧面观 / 夏家振 摄

成鸟腹面观 / 唐建兵 摄

成鸟背面观 / 吴海龙 摄

【识别特征】体长31cm～40cm的中等鸣禽。雌雄羽色相似。成鸟额、眼先以及眼周黑色，头顶至后颈灰色；背棕褐色，腰及尾上覆羽白色；两翼及尾黑色，初级飞羽基部具白斑；喉至胸烟灰色，腹和两胁灰白色，尾下覆羽棕黄色。虹膜红褐色；嘴黑色；跗蹠及趾黑色。

【生态习性】栖息于山地、丘陵地区的阔叶林或针阔混交林中。成对或成小群活动。主要以浆果、坚果等为食，兼食昆虫等动物性食物。繁殖期4月～6月，营巢于乔木或灌木上，巢呈碗状。叫声粗厉而喧闹。

【分布概况】安徽分布于皖南山区、大别山区以及江淮丘陵地区。留鸟。

【保护级别】国家“三有”保护鸟类。

成鸟背面观 / 唐建兵 摄

▶喜鹊

【学　名】*Pica pica*

【英文名】Common Magpie

飞行背面观 / 胡云程 摄

飞行腹面观 / 夏家振 摄

成鸟觅食 / 赵凯 摄

【识别特征】体长40cm～50cm的中等鸣禽。雌雄羽色相似。成鸟头、颈以及上体黑色，具蓝色金属光泽；肩羽纯白色，构成大型白色肩斑；尾楔形，黑色而具绿色光泽；初级飞羽白色，仅端缘黑色；两翼余部黑色，具蓝色金属光泽；腹和两胁白色，下体余部黑色。虹膜暗褐色；嘴、跗蹠及趾黑色。虹膜暗褐色；嘴、跗蹠及趾黑色。

【生态习性】栖息于山地、丘陵以及平原地区的林地、农田以及市区等多种生境。成对或小群活动。杂食性，繁殖季节主要以昆虫等动物为食，秋冬季主要以植物果实和种子为食。繁殖期3月～5月，领域性强；筑巢于高大乔木或高压电塔上，巢呈球形，上有顶盖。

【分布概况】安徽各地均有分布。留鸟。

【保护级别】国家“三有”保护鸟类。

成鸟背面观 / 赵凯 摄

▶达乌里寒鸦

【学　名】*Corvus dauuricus*

【英文名】Daurian Jackdaw

成鸟飞行 / 夏家振 摄

亚成鸟 / 李永民 摄

成鸟 / 赵冬冬 摄

【识别特征】体长30cm～35cm的中等鸣禽。雌雄羽色相似。成鸟后颈、颈侧、胸侧以及下体胸以下白色，其余体羽黑色，具紫蓝色金属光泽，后头、耳羽杂有白色细纹。幼鸟在成鸟白色区域为灰色，其余体羽黑色。虹膜深褐色，嘴、跗蹠及趾黑色。

【生态习性】栖息于山地、丘陵以及平原地区的各类生境中。成群活动，也与小嘴乌鸦等鸦类混群。杂食性，以腐肉、植物种子、昆虫等为食，喜从生活垃圾中翻寻食物。

【分布概况】安徽主要分布于皖南山区、江淮丘陵以及大别山区。冬候鸟。秋季10月中下旬抵达本省，次年春季3月下旬至4月初离开。

【保护级别】国家“三有”保护鸟类。

上幼鸟 / 夏家振 摄

▶秃鼻乌鸦

【学　名】*Corvus frugilegus*

【英文名】Rook

鸣叫 / 夏家振 摄

成鸟侧面观 / 赵凯 摄

配对 / 汪湜 摄

【识别特征】体长44cm～48cm的中等鸣禽。雌雄羽色相似。成鸟通体黑色，具蓝紫色金属光泽；嘴基部裸露无羽，裸皮灰白色。虹膜深褐色；嘴黑色；跗蹠及趾黑色。幼鸟被羽。

【生态习性】栖息于低山、丘陵以及平原地区的农田、居民区。喜集群活动，冬季集大群，常边飞边叫，叫声粗厉。杂食性，主要以植物的种子和果实，昆虫、小型脊椎动物，以及腐尸、生活垃圾等为食。

【分布概况】安徽除淮北平原外，其他地区均有分布记录。冬候鸟。秋季10月中下旬至次年3月中下旬各地均可见。

【保护级别】国家“三有”保护鸟类；中日候鸟保护协定物种。

飞行 / 赵凯 摄

大群 / 赵凯 摄

►小嘴乌鸦

【学　名】*Corvus corone*

【英文名】Carrion Crow

【识别特征】体长 40cm ~ 52cm 的中等鸣禽。雌雄羽色相似。与大嘴乌鸦的区别在于额弓低平，嘴形较细。成鸟通体黑色，具紫蓝色金属光泽。幼鸟头、颈、两翼以及下体棕褐色。虹膜褐色，嘴、跗蹠及趾黑色。

【生态习性】栖息于低山、丘陵以及平原地区的农田、村落附近的开阔地带。喜集群活动，也与其他鸦类混群。杂食性，主要以植物种子和果实，昆虫、小型无脊椎动物，以及腐尸、生活垃圾等为食。

【分布概况】安徽见于大别山区、江淮丘陵和淮北平原。冬候鸟。

【保护级别】无。

成鸟背面观 / 夏家振 摄

成鸟侧面观 / 赵凯 摄

飞行 / 赵凯 摄

成鸟正面观 / 赵凯 摄

►大嘴乌鸦

【学　名】*Corvus macrorhynchos*

【英文名】Large-billed Crow

成鸟搜寻 / 李永民 摄

成鸟 / 朱英 摄

成鸟背面观 / 叶宏 摄

【识别特征】体长 44cm ~ 54cm 的大型鸣禽。雌雄羽色相似。成鸟通体黑色，具紫蓝色金属光泽。与小嘴乌鸦的区别：嘴粗大，嘴峰弯曲，额突出。与秃鼻乌鸦的区别：嘴基长羽达鼻孔处。虹膜暗褐色；嘴、跗蹠及趾黑色。

【生态习性】栖息于山地常绿阔叶林、针阔叶混交林等不同林型中，冬季向丘陵和山脚平原地区迁移。成对或成小群活动。杂食性，主要以昆虫、小型脊椎动物、腐肉以及植物叶、芽、果实、种子等为食。繁殖期 3 月 ~ 6 月，营巢于高大乔木上，巢呈碗状。

【分布概况】安徽主要分布于皖南山区、大别山区以及江淮丘陵地区。留鸟。

【保护级别】无。

成鸟背面观 / 夏家振 摄

▶白颈鸦

【学　名】*Corvus pectoralis*

【英文名】Collared Crow

【识别特征】体长46cm～50cm的大型鸣禽。雌雄羽色相似。成鸟上背、后颈、颈侧至前胸白色，形成完整的白色颈圈；其余体羽黑色，具紫蓝色金属光泽。虹膜、嘴、跗蹠及趾黑色。

【生态习性】栖息于平原、丘陵至地区开阔的农田、河滩等开阔地带。单独或成对活动，很少集群。杂食性，主要以昆虫、腐肉、植物种子为食，也从生活垃圾中寻找食物。繁殖期3月～6月，营巢于高大乔木上。

【分布概况】安徽除淮北平原外，其他地区均有分布记录。留鸟。

【保护级别】IUCN红色名录近危（NT）。

成鸟正面观 / 赵凯 摄

成鸟侧面观 / 夏家振 摄

飞行 / 赵凯 摄

飞行 / 夏家振 摄

◆河乌科Cinclidae

▶褐河乌

【学　名】*Cinclus pallasii*

【英文名】Brown Dipper

【识别特征】体长18cm～24cm的小型鸣禽。雌雄体羽相似。成鸟通体棕褐色，尾短；尾羽和飞羽黑褐色，具蓝色金属光泽；小覆羽与背同色，其余翼覆羽黑褐色，具狭窄的棕褐色羽缘。幼鸟通体黑褐色，羽缘棕褐色形成鳞状斑纹。虹膜黄褐色；嘴黑色；跗蹠及趾铅灰色。

【生态习性】栖息于山地、丘陵地区的山溪附近。喜在溪流露出的岩石上停歇，善潜水，飞行时常沿溪流贴水面飞行。以水生昆虫和小型山溪鱼类为食。繁殖期4月～7月，营巢于河流沿岸石缝处、树根等处。

【分布概况】安徽主要分布于皖南山区、大别山区。留鸟。

【保护级别】无。

成鸟 / 赵凯 摄

亲鸟与幼鸟 / 夏家振 摄

潜水 / 赵凯 摄

幼鸟 / 唐建兵 摄

◆鹪鹩科 Troglodytidae

▶鹪鹩

【学　名】*Troglodytes troglodytes*

【英文名】Eurasian Wren

成鸟后面观 / 唐建兵 摄

成鸟正面观 / 唐建兵 摄

成鸟侧面观 / 唐建兵 摄

【识别特征】体长8cm～10cm的小型鸣禽。雌雄羽色相似。成鸟具白色细眉纹，尾短小而常上翘；头顶、后颈褐色沾棕，头侧色浅；体羽棕褐色，各羽均具暗褐色横纹；飞羽黑褐色，外侧初级飞羽具棕褐色斑纹。虹膜暗褐色；上嘴黑褐色，下嘴黄褐色；跗蹠及趾暗红褐色。

【生态习性】栖息于山地、丘陵以及平原岗地的阔叶林、针阔混交林以及林缘灌丛。多单独活动。主要以昆虫为食。鸣声洪亮、急促而多变。

【分布概况】安徽迁徙季节见于皖南山区。旅鸟。春季4月中旬，秋季10月下旬至11月初，途经本省。

【保护级别】无。

成鸟背面观 / 唐建兵 摄

◆鸫科 Turdidae

▶红尾歌鸲

【学　名】*Luscinia sibilans*

【英文名】Rufous-tailed Robin

成鸟背面观 / 赵凯 摄

成鸟侧面观 / 赵凯 摄

成鸟腹面 / 唐建兵 摄

【识别特征】体长12cm~13cm的小型鸣禽。雌雄羽色相近。雄鸟眼圈白色，眉纹短仅限于眼前方；头顶至后颈褐色沾棕，上体橄榄褐色；飞羽外翈浅棕色，尾羽红棕色；下体污白色，胸具不清晰的网状斑纹。雌鸟似雄鸟，但头及上体多橄榄绿色而少棕褐色。虹膜褐色；嘴黑色；跗蹠及趾粉红色。

【生态习性】栖息于常绿阔叶林的林下灌丛。多单独活动，主要以昆虫为食。

【分布概况】安徽迁徙时见于江淮丘陵地区。旅鸟。春季4月下旬至5月上旬，秋季10月上旬至中旬，途经本省。

【保护级别】国家“三有”保护鸟类，中日候鸟保护协定物种。

翘尾 / 赵凯 摄

▶红喉歌鸲

【学　名】*Luscinia calliope*

【英文名】Siberian Rubythroat

雄鸟 / 袁晓 摄

雌鸟 / 袁晓 摄

雌鸟 / 朱英 摄

【识别特征】体长13cm～18cm的小型鸣禽。俗称红点颏。雌雄异色。雄鸟颏、喉赤红色；具醒目的白色眉纹和颊纹，眼先及眼下缘黑色；头及上体橄榄褐色，飞羽及尾羽暗褐色，各羽外翈棕褐色；胸和两胁与背同色，下体余部白色。雌鸟似雄鸟，但喉白色。虹膜褐色；嘴深褐色；跗蹠及趾暗红褐色。

【生态习性】栖息于低山、丘陵、平原地带近水的灌丛、芦苇丛等处。多单独活动，善在地面疾驰。主要以昆虫为食。

【分布概况】安徽迁徙季节见于沿江平原、江淮丘陵以及淮北平原。旅鸟。春季4月下旬至5月上旬，秋季9月下旬至10月上旬，途经本省。

【保护级别】国家"三有"保护鸟类；中日候鸟保护协定物种。

雄鸟 / 胡云程 摄

▶蓝喉歌鸲

【学　名】*Luscinia svecica*

【英文名】Bluethroat

雄鸟 / 黄丽华 摄

雄鸟 / 胡云程 摄

雌鸟 / 夏家振 摄

【识别特征】体长13cm～14cm的小型鸣禽。俗称蓝点颏。雌雄异色。雄鸟眉纹白色，耳羽棕褐色；喉中央栗色，外周缘以蓝色，其下方为黑色和栗色胸带；头及上体灰褐色，飞羽和尾羽黑褐色，尾羽两侧基部栗色。雌鸟似雄鸟，但头顶黑色，颏和喉中央白色，前颈两侧黑色斑纹与黑色的胸带相连。虹膜暗褐色；嘴黑色，嘴基侧缘黄色；跗蹠及趾暗红褐色。

【生态习性】栖息于灌丛或芦苇丛中。多单独活动，善在地面作短距离奔驰，停歇时常将尾羽展开。主要以昆虫等无脊椎动物为食。

【分布概况】迁徙季节安徽各地均有分布。旅鸟。春季2月上旬至3月下旬，夏季7月上旬开始，途经本省。

【保护级别】国家"三有"保护鸟类。

雄鸟 / 黄丽华 摄

雌鸟 / 夏家振 摄

▶蓝歌鸲

【学　名】*Luscinia cyane*

【英文名】Siberian Blue Robin

【识别特征】体长12cm～14cm的小型鸣禽。雌雄异色。雄鸟眼先和下颊黑色，并沿颈侧延伸至胸侧；头、上体以及翼上覆羽铅蓝色；下体胸侧黑色，两胁与背同色，余部纯白色。雌鸟头及上体橄榄褐色，尾上覆羽以及尾羽蓝色；喉、胸及两胁柠檬黄色，羽缘暗褐色而呈鳞状斑纹，下体余部白色。虹膜褐色；嘴黑色；跗蹠及趾至红色。

【生态习性】栖息于山地、丘陵的密林。地栖性，在地面奔走时，尾常上下摆动。主要以昆虫为食。

【分布概况】安徽迁徙季节各地均可见。旅鸟。春季4月下旬至5月上旬，秋季8月下旬至9月上旬，途经本省。

【保护级别】国家“三有”保护鸟类；中日候鸟保护协定物种。

雄鸟／汪湜 摄

雌鸟／薄顺奇 摄

雄鸟／李显达 摄

雄幼鸟／袁晓 摄

▶红胁蓝尾鸲

【学　名】*Tarsiger cyanurus*

【英文名】Red-flanked Bush Robin

【识别特征】体长12cm～16cm的小型鸣禽。雌雄异色。雄鸟眉纹在眼前缘白色或棕白色,往后为浅蓝色;头及上体蓝色沾灰;颏、喉棕白色,胸侧和两胁橙红色,胸以下棕白色,尾下覆羽纯白。雌鸟头、颈、背橄榄褐色,腰、尾上覆羽以及尾羽浅蓝色;尾羽端部黑褐色,飞羽羽缘红棕色;胸侧和两胁橙红色,下体余部浅灰色。虹膜褐色;嘴黑色;跗蹠及趾黑褐色。

【生态习性】栖息于山地、丘陵以及平原地区的林下。单独或成对活动,停歇时尾常上下摆动。地面觅食,主要以昆虫为食。

【分布概况】安徽各地均有分布。冬候鸟。秋季9月中旬抵达本省,次年4月中下旬离开。

【保护级别】国家"三有"保护鸟类;中日候鸟保护协定物种。

雄鸟 / 唐建兵 摄

雄幼鸟 / 唐建兵 摄

雄鸟 / 赵凯 摄

雄鸟 / 周科 摄

雌鸟 / 赵凯 摄

▶鹊鸲

【学　名】*Copsychus saularis*

【英文名】Oriental Magpie Robin

雄鸟 / 赵凯 摄

雌鸟 / 赵凯 摄

幼鸟 / 夏家振 摄

【识别特征】体长 17cm ~ 23cm 的小型鸣禽。雄鸟头及上体黑色，具金属蓝辉光泽；中央 2 对尾羽黑褐色，外侧尾羽纯白色；两翼黑色，肩羽和内侧覆羽具大型白色带斑；胸以上黑色，下体余部以及翼下覆羽白色。雌鸟似雄鸟，但头、颈、胸暗灰色。幼鸟：胸具棕黄色点状斑纹。

【生态习性】栖息于居民点附近的各种生境，尤喜在厕所、猪圈、牛栏等处觅食。单独或成对活动。主要以昆虫为食。繁殖期 3 月 ~ 6 月，营巢于树洞等洞穴内，巢呈杯状。繁殖鸣叫婉转动听。

【分布概况】安徽各地均有分布。留鸟。

【保护级别】国家“三有”保护鸟类。

雄鸟 / 薛辉 摄

雌鸟 / 赵凯 摄

►北红尾鸲

【学　名】*Phoenicurus auroreus*

【英文名】Daurian Redstart

【识别特征】体长12cm～16cm的小型鸣禽。雌雄异色。雄鸟头顶至上背灰白色，额、头侧、颈侧、颏、喉以及下背和肩黑色；腰、尾上覆羽和外侧尾羽橙棕色，中央尾羽黑褐色；两翼黑褐色，具白色翅斑；喉以下橙棕色。雌鸟眼圈白色，头及上体橄榄褐色，腰、尾上覆羽以及外侧尾羽棕色；两翼黑褐色，具白色翅斑；下体灰褐沾棕。幼鸟头及上体褐色杂以浅色斑纹，下体暗灰色。虹膜暗褐色；嘴、跗蹠及趾黑色。

【生态习性】栖息于阔叶林或混交林的林缘及林下灌丛中。单独或成对活动，尾常上下摆动。主要以昆虫为食，兼食植物果实和种子。繁殖期4月～7月，营巢于建筑物等处的缝隙或树洞。

【分布概况】安徽各地均有分布。留鸟。

【保护级别】国家“三有”保护鸟类；中日候鸟保护协定物种。

雄鸟 / 唐建兵 摄

雌鸟 / 赵凯 摄

雄幼鸟 / 赵凯 摄

雌鸟 / 夏家振 摄

雌幼鸟 / 赵凯 摄

▶红尾水鸲

【学　名】*Rhyacornis fuliginosa*

【英文名】Plumbeous Water Redstart

雄鸟 / 薛辉 摄

雌鸟 / 赵凯 摄

幼鸟 / 赵凯 摄

【识别特征】体长11cm～14cm的小型鸣禽。雄鸟通体铅蓝色，下体羽色略浅；飞羽黑褐色，尾、尾上和尾下覆羽栗红色。雌鸟额基、眼周棕褐色，头及上体灰褐色，翼具白色点斑；尾羽基部白色，端部黑褐色；尾上和尾下覆羽纯白色；下体浅灰色，具暗褐色羽缘形成的鳞状纹。幼鸟上体具白色点斑。虹膜深褐色；嘴黑色；跗蹠及趾暗红褐色。

【生态习性】栖息于山地、丘陵地区的溪流附近。单独或成对活动，停歇时，尾常上下摆动。主要以水生昆虫等无脊椎动物为食，兼食少量植物果实和种子。繁殖期4月～7月，营巢于溪流岸边悬岩洞隙或树洞中，巢呈杯状。

【分布概况】安徽分布于皖南山区、皖西大别山区以及江淮丘陵地区。留鸟。

【保护级别】无。

雄鸟 / 唐建兵 摄

►小燕尾

【学　名】*Enicurus scouleri*

【英文名】Little Forktail

【识别特征】体长11cm～14cm的小型鸣禽。雌雄羽色相似。成鸟额、前头以及腰和尾上覆羽白色，腰中部具黑色带纹；头及上体余部黑色，具紫蓝色金属光泽；两翼黑色，具白色翅斑；尾较短，中央尾羽黑褐色，外侧尾羽纯白色；颏至上胸黑色，下体余部白色。幼鸟：额和前头黑色，颏、喉白色。虹膜褐色；嘴黑色；跗蹠及趾粉红色。

【生态习性】栖息于山间溪流附近，尤喜多岩石的山溪。单独或成对活动。主要以水生昆虫为食。繁殖期4月～6月，营巢于溪流沿岸的岩石缝隙间，巢呈碗状。

【分布概况】安徽主要分布于皖南山区和大别山区。留鸟。

【保护级别】无。

成鸟 / 赵凯 摄

成鸟 / 赵凯 摄

幼鸟 / 赵凯 摄

幼鸟 / 赵凯 摄

▶白额燕尾

【学　名】*Enicurus leschenaulti*

【英文名】White-crowned Forktail

【识别特征】体长25cm～31cm的中等鸣禽。雌雄羽色相似。成鸟通体黑白两色，似小燕尾，但本种体型明显较大，尾长而呈深叉型，腰部白色但无黑色带斑。幼鸟额、头及上体以及胸部均褐色。虹膜褐色；嘴黑色；脚粉红色。鸣声为单调的哨音。

【生态习性】栖息于山涧溪流与河谷沿岸。单独或成对活动，性胆怯，多在僻静的溪流附近觅食。主要以水生昆虫和昆虫幼虫为食。繁殖期4月～6月，营巢于山涧溪流沿岸的石缝里，巢呈杯状。

【分布概况】安徽主要分布于皖南山区和大别山区。留鸟。

【保护级别】无。

成鸟 / 赵凯 摄

亚成鸟 / 唐建兵 摄

成鸟 / 赵凯 摄

幼鸟 / 赵凯 摄

▶黑喉石䳭

【学　名】*Saxicola torquata*

【英文名】Common Stonechat

雌鸟 / 薛辉 摄

雄鸟繁殖羽 / 周科 摄

雌鸟 / 赵凯 摄

【识别特征】体长12cm～15cm的小型鸣禽。雌雄异色。雄鸟夏羽：头、颈黑色，颈侧基部具大块白斑；尾上覆羽棕白色，上体余部黑色；最内侧翼上覆羽白色，形成明显的白色翅斑；颏、喉黑色，胸中央棕栗色，下体余部浅棕色，腋羽和翼下覆羽黑色。非繁殖羽：头及上体黑褐色沾棕，颏、喉白色。雌鸟：具较细的黑褐色过眼纹，腰和尾上覆羽棕色；头及上体余部黑褐色，具宽阔的棕褐羽缘；颏、喉棕白色，下体余部浅棕色。虹膜褐色；嘴、跗蹠及趾黑色。

【生态习性】栖息于山地、丘陵以及平原岗地的开阔地带。单独或成对活动，喜站立于枝头。主要以昆虫为食，兼食植物果实和种子。

【分布概况】安徽迁徙季节各地均有分布。旅鸟。春季3月至4月下旬，秋季8月下旬至10月下旬，本省各地均可见。江淮丘陵地区1月中下旬曾有分布记录。

【保护级别】国家“三有”保护鸟类；中日候鸟保护协定物种。

雄鸟冬羽 / 赵凯 摄

▶灰林䳭

【学　名】*Saxicola ferreus*

【英文名】Grey Bushchat

【识别特征】体长11cm～15cm的小型鸣禽。雌雄异色。雄鸟眉纹白色，头侧黑色；头顶、后颈以及上体黑灰色；两翼和尾黑褐色，翼具白色翅斑；颏、喉以及尾下覆羽白色，下体余部暗灰。雌鸟眉纹浅灰色，头及上体棕褐色；两翼和尾黑褐色，具棕褐色羽缘；颏、喉白色，下体余部褐色沾棕。幼鸟似雌鸟，但上体具浅色点状斑纹。虹膜褐色；嘴、跗蹠及趾黑色。

【生态习性】栖息于山地、丘陵地区的开阔草地及农田。单独或成对活动，常停息在电线、灌木或高草上。主要以昆虫为食，兼食植物种子。繁殖期5月～7月，营巢于隐秘的灌丛或草丛中，巢呈杯状。

【分布概况】安徽主要分布于皖南山区和皖西大别山区。留鸟。

【保护级别】无。

雄鸟 / 于道平 摄

雌鸟 / 翁发祥 摄

幼鸟 / 赵凯 摄

雌鸟 / 俞肖剑 摄

▶白喉矶鸫

【学　名】*Monticola gularis*

【英文名】White-throated Rock Thrush

雌鸟 / 薄顺奇 摄

雄鸟 / 夏家振 摄

雄鸟 / 袁晓 摄

【识别特征】17cm ~ 19cm 的小型鸣禽。雌雄异色。雄鸟眼先栗红色，耳羽、颊黑褐色，头顶至后颈钴蓝色；背、肩黑色具皮黄色羽缘，腰和尾上覆羽深栗色；小翼羽钴蓝色，两翼余部黑褐色具白色翅斑；下体栗色，喉中央白色。雌鸟眼先浅灰色，头、颈褐色；背、肩灰褐色，具黑褐色鳞状斑纹；颏、喉中央白色，下体余部皮黄色，喉侧、胸和两胁具黑褐色鳞状斑纹。虹膜褐色；雄鸟嘴黑色，雌鸟下嘴基部色浅；跗蹠及趾赭红色。

【生态习性】栖息于山地、丘陵地区的阔叶林或针叶林中。单独或成对活动，主要以昆虫为食。

【分布概况】安徽迁徙季节各地均可见。旅鸟。春季 5 月中旬，秋季 10 月中旬，途经本省。

【保护级别】无。

雌鸟 / 夏家振 摄

▶栗腹矶鸫

【学　名】*Monticola rufiventris*

【英文名】Chestnut-bellied Rock Thrush

【识别特征】体长23cm～24cm的中等鸣禽。雌雄异色。雄鸟头侧蓝黑色，头顶、后颈以及上体蓝色，背、肩具浅色羽缘；两翼和尾羽亦为蓝色，飞羽内翈黑褐色；颏、喉蓝色，下体余部栗红色。雌鸟眼圈白色，颊纹和颈侧的月牙形块斑皮黄色；头顶、后颈以及上体浅蓝灰色，上体具黑色扇贝形斑纹；下体皮黄色，密布黑褐色鳞状斑纹。幼鸟头及体羽黄褐色，满布不规则的黑褐色斑纹。虹膜褐色；嘴黑色；跗蹠及趾黑褐色。

【生态习性】栖息于山地多岩地带的丛林。单独或成对活动，直立而栖，尾常上下弹动。主要以昆虫及其幼虫为食。繁殖期5月～7月，7月下旬可见出巢幼鸟。

【分布概况】安徽分布于皖南山区。留鸟。

【保护级别】无。

雄鸟 / 夏家振 摄

雌鸟 / 夏家振 摄

雄鸟 / 胡云程 摄

幼鸟 / 薛辉 摄

▶蓝矶鸫

【学　名】*Monticola solitarius*

【英文名】Blue Rock Thrush

雄鸟 / 唐建兵 摄

雌鸟 / 朱英 摄

幼鸟 / 袁晓 摄

【识别特征】体长19cm～23cm的中等鸣禽。雌雄异色。雄鸟头、颈、胸以及上体辉蓝色，小覆羽与背同色；两翼余部以及尾羽黑褐色，具蓝色羽缘；下体胸以下以及翼下覆羽栗色。雌鸟头顶至上背灰褐色，下背至尾上覆羽蓝灰色；飞羽和尾黑褐色，颊和耳羽暗褐杂以白色斑纹；下体皮黄色，密布褐色斑纹。幼鸟上体及翼上覆羽具浅色或白色羽缘。虹膜褐色；嘴、跗蹠及趾黑色。

【生态习性】栖息于山间溪流附近的多岩地带，冬季见于山脚平原地带。单独或成对活动，喜停歇在屋顶、电线、岩石等高处突出物上，伺机捕食昆虫。主要以昆虫为食。繁殖期4月～7月，营巢于山溪、河谷沿岸的岩石缝隙或洞穴中，巢呈杯状。

【分布概况】安徽主要分布于皖南山区、大别山区及江淮丘陵地区。留鸟。

【保护级别】无。

雄鸟 / 唐建兵 摄

▶紫啸鸫

【学　名】*Myophonus caeruleus*

【英文名】Blue Whistling Thrush

成鸟侧面观 / 胡云程 摄

成鸟背面观 / 赵凯 摄

亚成鸟 / 赵凯 摄

【识别特征】体长26cm～36cm的中等鸣禽。雌雄羽色相似。成鸟通体紫蓝色，头及上体具浅色滴状斑；飞羽内侧暗褐色，中覆羽端部具白色点斑。幼鸟似成鸟，但体羽滴状斑不明显。虹膜暗红褐色；嘴、跗蹠及趾黑色。

【生态习性】栖息于山地多岩石的溪流附近。栖止时，尾常扇开并上下抖动。主要以昆虫和小型甲壳动物为食，兼食浆果等植物性食物。繁殖期4月～6月，营巢于溪流沿岸的石缝间或树杈上，巢呈杯状。

【分布概况】安徽主要分布于皖南山区、大别山区以及江淮丘陵区地区。留鸟。

【保护级别】无。

成鸟背面观 / 薛辉 摄

▶橙头地鸫

【学　名】*Zoothera citrina*

【英文名】Orange-headed Thrush

【识别特征】体长20cm～22cm的中等鸣禽。雄鸟头、颈以及下体腹以上橙黄色，头侧，具2条黑褐色弧形斑纹；上体以及翼上覆羽蓝色，具白色翅斑；下体腹以下白色。雌鸟似雄鸟，但上体橄榄褐色。虹膜褐色；嘴角质灰色；跗蹠及趾粉色。

【生态习性】栖息于山地常绿阔叶林。单独或成对活动，林下地面觅食。主要以昆虫为食。繁殖期5月～7月，营巢于枝叶茂密的树上，8月中旬幼鸟羽色接近成鸟。鸣声婉转多变，甜美清晰。

【分布概况】安徽除淮北平原外，其他地区均有分布记录。夏候鸟，沿江平原为旅鸟。

【保护级别】无。

雄鸟 / 夏家振 摄

雌鸟 / 杨剑波 摄

雄鸟 / 夏家振 摄

雌鸟 / 桂涛 摄

▶白眉地鸫

【学　名】*Zoothera sibirica*

【英文名】Siberian Thrush

雄鸟 / 袁晓 摄

【识别特征】体长20cm ~ 23cm的中等鸣禽。雌雄异色。雄鸟具宽阔的白色眉纹，通体暗石板灰色；飞羽和尾羽黑色，外侧尾羽端部白色；腹中央黄白色，尾下覆羽白色。雌鸟具黄白色眉纹，头及上体橄榄褐色；头侧杂以黄白色斑纹，翼上覆羽具2道皮黄色翅斑；下体皮黄色，胸和两胁具粗著的麻黄色鳞状斑纹。虹膜褐色；嘴黑色；跗蹠及趾黄色。

【生态习性】栖息于山地、丘陵地区的林下。单独或成对活动，地面觅食。主要以昆虫为食。

【分布概况】安徽迁徙季节见于皖南山区、大别山区以及江淮丘陵地区。旅鸟。秋季9月中旬至10月上旬，途经本省。

【保护级别】国家“三有”保护鸟类；中日候鸟保护协定物种。

雌鸟 / 薄顺奇 摄

▶虎斑地鸫

【学　名】*Zoothera dauma*

【英文名】Golden Mountain Thrush

【识别特征】体长26cm～31cm的中等鸣禽。雌雄羽色相似。成鸟头及上体橄榄黄褐色，具粗著的黑褐色鳞状斑纹；飞羽黑褐色，具黄褐色羽缘；中央尾羽橄榄色，外侧尾羽黑褐色具白色羽缘；下体黄白色，具粗著的黑褐色鳞状斑纹。虹膜褐色；上嘴黑褐色，下嘴浅黄色；跗蹠及趾红褐色。

【生态习性】栖息于山地茂密的森林。单独或成对活动，地面取食。主要以昆虫为食，兼食少量植物果实和种子。

【分布概况】安徽各地均有分布。皖南山区和沿江平原为冬候鸟，其他地区为旅鸟。秋季9月下旬至10月中旬抵达本省，次年春季4月中下旬离开。

【保护级别】国家“三有”保护鸟类；中日候鸟保护协定物种。

成鸟 / 胡云程 摄

成鸟 / 周科 摄

成鸟 / 汪湜 摄

成鸟 / 李永民 摄

▶灰背鸫

【学　名】*Turdus hortulorum*

【英文名】Grey-backed Thrush

【识别特征】体长20cm～23cm的中等鸣禽。雌雄异色。雄鸟头、上体青石板灰色，飞羽和尾羽黑褐色；颏、喉至上胸灰色，尾下覆羽白色沾棕，下体余部橙色。雌鸟头及上体灰褐色，胸以上灰白色，具黑褐色点状斑纹；胸、两胁以及翼下覆羽橙色，两胁无黑色点斑。虹膜褐色；雄鸟嘴黄褐色，雌鸟黑褐色；跗蹠及趾粉色。

【生态习性】栖息于低山、丘陵以及平原地区的阔叶林或混交林中。多单独活动，善地面跳跃行走，喜在林下枯叶中翻找昆虫及其幼虫。主要以昆虫及其幼虫为食。

【分布概况】安徽各地均有分布。冬候鸟。秋季10月上旬抵达本省，次年春季4月下旬离开。

【保护级别】国家"三有"保护鸟类；中日候鸟保护协定物种。

雄鸟 / 赵凯 摄

雌鸟 / 胡云程 摄

雄鸟 / 周科 摄

雌鸟 / 周科 摄

▶乌灰鸫

【学　名】*Turdus cardis*

【英文名】Grey Thrush

雄鸟 / 朱英 摄

雌鸟 / 唐建兵 摄

幼鸟 / 夏家振 摄

【识别特征】体长20cm～21cm的中等鸣禽。雌雄异色。雄鸟眼圈黄色，头、颈、胸黑色，上体暗石板灰色；小覆羽与背同色，两翼余部暗褐色，尾羽黑褐色；下体胸以下白色，腹及两胁具黑色点斑。雌鸟头及上体橄榄褐色；颏、喉白色，两侧具黑色纵纹；胸浅灰色，两胁橙黄色，均具黑色点斑，下体余部白色。虹膜褐色；嘴黄色；跗蹠及趾粉红色。

【生态习性】栖息于茂密的林下。多单独活动，地面觅食。主要以昆虫和植物种子为食。

【分布概况】安徽迁徙季节见于淮北平原、江淮丘陵以及沿江平原。淮北平原为旅鸟，江淮丘陵和沿江平原较为少见的冬候鸟。秋季8月上旬即抵达本省，次年春季3月下旬离开。

【保护级别】国家“三有”保护鸟类；中日候鸟保护协定物种。

雄鸟 / 刘子祥 摄

▶乌鸫

【学　名】*Turdus merula*

【英文名】Common Blackbird

雄鸟 / 汪湜 摄

雌鸟 / 汪湜 摄

幼鸟 / 周科 摄

【识别特征】体长21cm ~ 30cm的中等鸣禽。雄鸟通体黑色，具蓝辉金属光泽。雌鸟头及上体棕褐色；飞羽及尾羽黑色，具蓝色金属光泽。颏、喉白色杂以褐色细纹，下体余部棕褐色。幼鸟似雌鸟，但下体棕白色，杂以暗褐色斑纹。成鸟眼圈黄色，虹膜褐色；成鸟嘴黄色，幼鸟黑褐色；跗蹠及趾黑褐色。

【生态习性】栖息于低山、丘陵以及平原地区的各种生境。单独、成对或小群活动，多地面觅食。杂食性，主要以昆虫、蠕虫以及植物的果实和种子为食。繁殖期4月 ~ 6月，营巢于枝叶茂密的树上，巢呈杯状。繁殖鸣叫洪亮、婉转而悦耳，非繁殖期叫声单调。

【分布概况】安徽各地均有分布。留鸟。

【保护级别】无。

雏鸟 / 赵凯 摄

▶白眉鸫

【学　名】*Turdus obscurus*

【英文名】White-browed Thrush

雌鸟 / 顾长明 摄

雄鸟 / 夏家振 摄

雌鸟 / 夏家振 摄

【识别特征】体长19cm～24cm的中等鸣禽。雌雄羽色相似。雄鸟具长而显著的白色眉纹，眼下具白斑；头、颈暗灰色，上体橄榄褐色；飞羽和尾羽黑褐色；胸和两胁橙黄色，腹部白色。雌鸟似雄鸟，但头与上体均为暗褐色，喉白色具褐色条纹。虹膜褐色；上嘴黑褐色，下嘴基部黄色端部褐色；跗蹠及趾黄褐色至红褐色。

【生态习性】栖息于山地、丘陵地区的阔叶林或针阔混交林中。单独或成对活动，地面觅食。主要以昆虫为食，兼食植物果实和种子。

【分布概况】安徽迁徙季节见于皖南山区、大别山区以及江淮丘陵地区。旅鸟。秋季10月中下旬至11月中旬，次年春季4月下旬至5月中旬，途经本省。

【保护级别】无。

雌鸟 / 夏家振 摄

▶白腹鸫

【学　名】*Turdus pallidus*

【英文名】Pale Thrush

雌鸟 / 唐建兵 摄

雄鸟 / 胡云程 摄

雄鸟 / 唐建兵 摄

【识别特征】体长 19cm ~ 24cm 的中等鸣禽。雄鸟头、颈黑灰色，嘴角具白斑；上体以及翼上覆羽棕褐色；飞羽和尾羽暗褐色，最外侧2枚尾羽具白色端斑；颏、喉白色，具褐色细纹；胸暗灰色，胸侧和两胁橙棕色，下体余部白色。雌鸟似雄鸟，但头顶、后颈与上体同色，头侧灰褐色，颊纹白色。虹膜褐色；上嘴黑褐色，下嘴黄色；跗蹠及趾黄褐色。

【生态习性】栖息于山地、丘陵以及平原地区的常绿林或混交林。单独或成对活动，喜在林下枯叶中觅食。主要以昆虫为食，兼食植物果实和种子。

【分布概况】安徽各地均有分布。冬候鸟。秋季 10 月中下旬抵达本省，次年 4 月中下旬离开。

【保护级别】国家“三有”保护鸟类；中日候鸟保护协定物种。

雄鸟 / 胡云程 摄

▶赤颈鸫

【学　名】*Turdus ruficollis*

【英文名】Red-throated Thrush

雌鸟 / 夏家振 摄

【识别特征】体长 25cm ~ 26cm 的中等鸣禽。雄鸟繁殖羽：眉纹、颈侧、喉至上胸红褐色，耳羽灰褐色；头及上体以及翼上覆羽灰褐色，飞羽暗褐色；中央尾羽灰褐色，外侧尾羽具红褐色羽缘；下体胸以下白色，具不清晰的暗褐色斑纹。雄鸟非繁殖羽：眉纹白色沾染红褐色，喉至胸部红褐色具白色羽缘。雌鸟似雄鸟，但栗红色部分较浅，喉部具黑色纵纹。

【生态习性】栖息于丘陵以及平原地区的疏林地、灌丛等生境。单独或小群活动，地面跳跃行进觅食。主要以昆虫为食，兼食植物果实和种子。

【分布概况】安徽偶见于江淮丘陵地区。旅鸟。

【保护级别】无。

雌鸟 / 朱英 摄

►红尾鸫

【学　名】*Turdus naumanni*

【英文名】Naumann's Thrush

雄鸟摄食 / 夏家振 摄

雄亚成鸟 / 夏家振 摄

雄亚成鸟 / 赵凯 摄

【识别特征】体长20cm～25cm的中等鸣禽。雄鸟眉纹浅棕色，耳羽黑灰色；头及上体灰褐至暗褐色，腰至尾下覆羽红棕色；飞羽和尾羽黑褐色，具红褐色羽缘；喉侧具黑褐色纵纹，胸、颈侧以及体侧红棕色，羽缘白色；腹部白色。雌鸟似雄鸟，但眉纹白色，下体棕色较浅。虹膜暗褐色；上嘴黑褐色，下嘴黄色端部黑色；跗蹠及趾黄褐色。

【生态习性】栖息于林缘开阔地带。多成小群活动，有时与斑鸫混群。地面觅食，主要以昆虫、植物果实和种子为食。

【分布概况】安徽各地均有分布。冬候鸟。秋季10月中下旬抵达本省，次年春季4月中旬离开。

【保护级别】国家“三有”保护鸟类；中日候鸟保护协定物种。

雄鸟 / 诸立新 摄

雌鸟 / 汪湜 摄

▶斑鸫

【学　名】*Turdus eunomus*

【英文名】Dusky Thrush

成鸟过渡羽 / 汪湜 摄

冬羽 / 夏家振 摄

过渡羽 / 汪湜 摄

【识别特征】体长25cm~26cm的中等鸣禽。似红尾鸫，但眉纹白色，耳羽黑褐色，颊白色杂以黑色细纹，头及上体黑褐色，大覆羽和次级飞羽具宽阔的红褐色羽缘，下体白色，胸和两胁密布黑色斑纹。虹膜褐色；嘴黑色，下嘴基部黄色；跗蹠及趾褐色。

【生态习性】栖息于山地、丘陵以及平原地区的林缘开阔地。喜集群活动，地面觅食。主要为昆虫以及植物果实和种子为食。

【分布概况】安徽各地均有分布。冬候鸟。秋季10月中下旬抵达本省，次年春季4月中旬离开。

【保护级别】国家"三有"保护鸟类；中日候鸟保护协定物种。

成鸟繁殖羽 / 赵凯 摄

成鸟背面观 / 赵凯 摄

▶宝兴歌鸫

【学　名】*Turdus mupinensis*

【英文名】Chinese Thrush

【识别特征】体长20cm～24cm的中等鸣禽。雌雄羽色相似。成鸟头侧污白色，耳羽后方具黑色块斑；头及上体橄榄褐色，翼具2道黄白色翅斑；下体白色，胸和两胁具较大的黑色近圆形点斑。虹膜暗褐色；嘴黑色，下嘴基部黄色；跗蹠及趾粉色。

【生态习性】栖息于针阔混交林。单独或成对活动，林下地面觅食。主要以昆虫为食。

【分布概况】安徽分布于大别山区、江淮丘陵以及淮北平原。近年扩散至本省的旅鸟或不常见留鸟。本省上述地区不同季节均有分布记录。

【保护级别】国家“三有”保护鸟类；中国特有种。

成鸟侧面观 / 杨剑波 摄

成鸟腹面观 / 杨剑波 摄

成鸟侧面观 / 胡云程 摄

摄食 / 夏家振 摄

◆鹟科 Muscicapidae

▶灰纹鹟

【学　名】*Muscicapa griseisticta*

【英文名】Grey-streaked Flycatcher

【识别特征】体长 11cm ~ 14cm 的小型鸣禽。雌雄羽色相似。成鸟头及上体褐灰色，飞羽和尾羽黑褐色，翼折合时飞羽末端接近尾端；下体白色，胸和两胁具清晰的黑褐色纵纹。幼鸟上体具点状斑纹。虹膜暗褐色；嘴黑褐色；跗蹠及趾黑褐色。与北灰鹟的区别：翼长，飞羽末端接近尾端，下体具清晰的褐色纵纹；与乌鹟的区别：胸部纵纹较细而且清晰。

【生态习性】栖息于山地、丘陵以及平原地区的林缘开阔地带。多单独活动。主要以昆虫为食。

【分布概况】迁徙季节安徽各地可见。旅鸟。每年春季4月中旬至5月中旬，秋季9月下旬旬至10月中下旬，途经本省。

【保护级别】国家“三有”保护鸟类。

成鸟 / 夏家振 摄

成鸟 / 赵凯 摄

成鸟 / 薄顺奇 摄

成鸟 / 赵凯 摄

▶乌鹟

【学　名】*Muscicapa sibirica*

【英文名】Dark-sided Flycatcher

成鸟 / 夏家振 摄

【识别特征】体长10cm～16cm的小型鸣禽。似灰纹鹟，但胸及两胁烟灰色，斑纹模糊不清；头及上体暗灰褐色；翼相对灰纹鹟稍短，而较北灰鹟长，折合时飞羽末端达尾长的2/3。虹膜暗褐色；嘴、跗蹠及趾黑色。

【生态习性】栖息于山地、丘陵以及平原地区的林缘开阔地带。常立于枝头或水平伸出的树杈，伺机捕食过往的昆虫。

【分布概况】迁徙季节安徽各地可见。旅鸟。每年春季4月下旬至5月下旬，秋季9月中旬旬至10月中旬，途经本省。

【保护级别】国家"三有"保护鸟类；中日候鸟保护协定物种。

幼鸟 / 石胜超 摄

成鸟 / 唐建兵 摄

成鸟 / 夏家振 摄

成鸟 / 周科 摄

►北灰鹟

【学　名】*Muscicapa dauurica*

【英文名】Asian Brown Flycatcher

【识别特征】体长10cm～15cm的小型鸣禽。体羽与灰纹鹟和乌鹟相近，区别在于本种下体灰白色，但无斑纹；翼相对较短，折合时不及尾长之半。虹膜暗褐色；嘴黑色，下嘴基部黄色；跗蹠及趾黑色。

【生态习性】栖息于山地、丘陵以及平原地区的林缘开阔地带。多单独活动，多停歇在横出的树枝上，常从栖处起飞捕获昆虫后再回到原处，尾作独特的颤动。

【分布概况】迁徙季节安徽各地可见。旅鸟。每年春季4月下旬至5月下旬，秋季9月中旬至10月中旬，途经本省。

【保护级别】国家"三有"保护鸟类；中日候鸟保护协定物种。

成鸟 / 赵凯 摄

成鸟 / 赵凯 摄

成鸟 / 赵凯 摄

成鸟 / 赵凯 摄

▶白眉姬鹟

【学　名】*Ficedula zanthopygia*

【英文名】Yellow-rumped Flycatcher

【识别特征】体长11cm～14cm的小型鸣禽。雌雄异色。雄鸟眉纹白色，头、后颈、上背和肩黑色；下背至腰鲜黄色，尾上覆羽和尾羽黑色；两翼黑色，具大型白色翅斑；尾下覆羽白色，下体余部鲜黄色。雌鸟头及上体大部橄榄绿褐色，腰黄色，尾上覆羽绒黑色；两翼以及尾羽黑褐色，翼上覆羽具2道白色翅斑；下体浅黄绿色，尾下覆羽白色。虹膜暗褐色；嘴、跗蹠及趾黑色。

【生态习性】栖息于山地、丘陵以及平原地区的阔叶林和针阔叶混交林。单独或成对活动。主要以昆虫为食。

【分布概况】迁徙季节安徽各地可见。旅鸟。每年春季4月中旬至5月下旬，秋季8月下旬至9月下旬，途经本省。

【保护级别】国家"三有"保护鸟类；中日候鸟保护协定物种。

雄鸟 / 赵凯 摄

雄鸟 / 唐建兵 摄

雌鸟 / 胡云程 摄

雌鸟 / 赵凯 摄

▶黄眉姬鹟

【学　名】*Ficedula narcissina*

【英文名】Narcissus Flycatcher

【识别特征】体长12cm～14cm的小型鸣禽。雌雄异色。雄鸟眉纹和腰黄色,翼具明显的白色翅斑;头及上体余部黑色;颏、喉橙红色,下体余部橘黄色至白色。雌鸟头及上体橄榄绿褐色,腰与背同色;尾羽基部和外侧羽缘棕褐色;下体白色,胸和两胁沾黄绿。虹膜褐色;嘴黑色;跗蹠及趾铅蓝色。

【生态习性】栖息于山地、丘陵地区的阔叶林和针阔叶混交林和灌丛。单独或成对活动,多在树冠层活动。主要以昆虫为食。

【分布概况】安徽迁徙季节见于江淮丘陵地区。旅鸟。本省比较少见,2015年5月上旬首次在合肥市大蜀山记录到该鸟。

【保护级别】国家"三有"保护鸟类;中日候鸟保护协定物种。

雄鸟 / 胡云程 摄

雄鸟 / 胡云程 摄

雌鸟 / 胡云程 摄

雌鸟 / 胡云程 摄

▶鸲姬鹟

【学　名】*Ficedula mugimaki*

【英文名】Mugimaki Flycatcher

【识别特征】体长13cm的小型鸣禽。雌雄异色。雄鸟头及上体黑色，眼后具短的白色眉纹，翼具明显的白色翅斑；下体腹以上橙红色，余部白色。雌鸟头及上体橄榄褐色；两翼和尾羽黑褐色，翼具2道白色翅斑；下体腹以上浅橙黄色，余部白色。虹膜深褐色；嘴黑褐色；跗蹠及趾黑褐色。

【生态习性】栖息于山地、丘陵以及平原地区的林间空地或林缘地带。成群活动于树的顶层捕食昆虫。

【分布概况】迁徙季节安徽各地可见。旅鸟。每年春季5月中旬，秋季10月下旬至11月中旬，途经本省。

【保护级别】国家“三有”保护鸟类；中日候鸟保护协定物种。

雄鸟 / 夏家振 摄

雌鸟 / 赵凯 摄

雌鸟 / 赵凯 摄

雄鸟 / 夏家振 摄

雄幼鸟 / 唐建兵 摄

▶红喉姬鹟

【学　名】*Ficedula albicilla*

【英文名】Taiga Flycatcher

【识别特征】体长11cm～14cm的小型鸣禽。雌雄异色。雄鸟夏羽：头及上体蓝灰色；尾羽黑褐色，外侧尾羽基部白色；颏、喉橙红色，胸和两胁橙黄色，下体余部灰白色。雄鸟冬羽和雌鸟：头及上体褐色；尾及尾上覆羽黑色，外侧尾羽基部白色；胸以上灰褐，两胁沾棕，下体余部白色。虹膜深褐；嘴黑色；脚黑色。

【生态习性】栖息于低山、丘陵以及山脚平原地带的阔叶林或混交林。单独或成对活动，性活泼而胆怯，常立于枝头或横出的枝杈。主要以昆虫为食。

【分布概况】迁徙季节安徽各地可见。旅鸟。春季4月中下旬至5月上旬，秋季9月下旬至10月上旬，途经本省。

【保护级别】国家“三有”保护鸟类。

雄鸟 / 朱英 摄

雌鸟 / 唐建兵 摄

雄鸟 / 刘子祥 摄

雌鸟 / 夏家振 摄

▶白腹蓝姬鹟

【学　名】*Cyanoptila cyanomelana*

【英文名】Blue-and-white Flycatcher

雄鸟 / 袁晓 摄

雄鸟 / 胡云程 摄

雌鸟 / 朱英 摄

【识别特征】体长 14cm ~ 17cm 的小型鸣禽。雌雄异色。雄鸟头顶、后颈、上体钴蓝色；两翼和尾各羽外翈蓝色；额基、头侧、喉至上胸蓝黑色，下体余部白色。雌鸟头及上体橄榄褐色，尾上覆羽和尾羽棕褐色；两翼暗褐色，飞羽外侧羽缘棕褐色；头侧、喉、胸和两胁褐色沾棕，下体余部白色。雄性幼鸟头、颈、背以及胸似雌鸟，翼和尾似雄鸟。虹膜暗褐色；嘴、跗蹠及趾黑色。

【生态习性】栖息于山地、丘陵地区的常绿阔叶林中。单独或成对活动。主要以昆虫为食。

【分布概况】安徽分布于皖南山区、大别山区以及江淮丘陵地区。旅鸟。春季4月中下旬，秋季10月中下旬，途经本省。

【保护级别】中日候鸟保护协定物种。

雄幼鸟 / 赵凯 摄

▶方尾鹟

【学　名】*Culicicapa ceylonensis*

【英文名】Grey-headed Canary Flycatcher

【识别特征】体长 10cm ~ 13cm 的小型鸣禽。雌雄羽色相似。成鸟眼圈白色，头、颈以及胸中央暗灰色；上体黄绿色，小覆羽与背同色；两翼余部以及尾羽黑褐色，各羽外畔黄绿色；下体胸以下鲜黄色。虹膜暗褐色；嘴黑色；跗蹠及趾红褐色。

【生态习性】栖息于山地阔叶林或针阔混交林的中下层，以及林缘地带。性活跃，尾常呈扇形展开。主要以昆虫为食。

【分布概况】安徽分布于大别山区。夏候鸟。

【保护级别】无。

成鸟 / 俞肖剑 摄

成鸟 / 董文晓 摄

◆王鹟科 Monarchinae

▶寿带

【学　名】*Terpsiphone paradisi*

【英文名】Asian Paradise Flycatcher

栗色型育雏 / 夏家振 摄

雌鸟 / 胡云程 摄

白色型雄鸟 / 胡云程 摄

【识别特征】中等体型16cm ~ 50cm的鸣禽。雌雄尾羽差别极大，雄鸟有栗色和白色两型。栗色型雄鸟：眼圈辉钴蓝色，头、颈蓝黑色具金属光泽；上体以及尾羽栗红色，中央两枚尾羽特别延长；飞羽和初级覆羽黑褐色，具栗褐色羽缘，两翼余部与背同色；胸暗灰色，下体余部白色。白色型雄鸟：头、颈与栗色型相似，体羽灰白色替代栗红色，各羽具黑色羽干纹；胸以下纯白色。雌鸟似栗色型雄鸟，但冠羽和尾均较短。虹膜暗褐色；嘴蓝色；跗蹠及趾铅蓝色。

【生态习性】栖息于山地、丘陵以及平原地区的高大乔木上。单独或成对活动，主要以昆虫为食。繁殖期5月 ~ 7月，营巢于近池塘或溪流的乔木上，巢呈倒圆锥形。

【分布概况】安徽主要分布于皖南山区、大别山区以及江淮丘陵地区。夏候鸟。

【保护级别】国家“三有”保护鸟类；安徽省一级保护鸟类。

栗色型雄鸟 / 胡云程 摄

◆画眉科 Timaliidae

▶黑脸噪鹛

【学　名】*Garrulax perspicillatus*

【英文名】Masked Laughingthrush

饮水 / 唐建兵 摄

捕食 / 赵凯 摄

成鸟 / 赵凯 摄

【识别特征】全长 26cm ~ 32cm 的中等鸣禽。雌雄羽色相似。成鸟额基、眼周、颊、耳羽黑色，头顶、后颈、颈侧、喉至上胸灰色；上体灰褐色，尾羽棕褐色，外侧尾羽端部黑褐色；下胸至腹白色沾棕，尾下覆羽棕黄色。虹膜褐色；嘴黑褐色；跗蹠及趾红褐色。

【生态习性】栖息于山地、丘陵以及平原地区近水的林缘灌丛。多小群活动，杂食性，主要以昆虫为主，兼食植物果实和种子。繁殖期4月 ~ 7月，营巢于隐蔽的灌木丛或小树杈上，巢呈杯状。鸣声为洪亮的单音节“啾、啾”。

【分布概况】安徽各地均有分布。留鸟。

【保护级别】国家“三有”保护鸟类。

飞行 / 赵凯 摄

▶小黑领噪鹛

【学　名】*Garrulax monileger*

【英文名】Lesser Necklaced Laughingthrush

成鸟 / 汪湜 摄

【识别特征】体长26cm～29cm的中等鸣禽。雌雄羽色相似。成鸟耳羽、颊灰白色，眼先、眼周以及眼后条纹黑色；下颊纹黑色向下与黑色的胸带相连；头顶至枕褐色沾棕，后颈棕红色；上体、两翼以及尾，外侧尾羽具黑色次端斑；胸带黑褐色，体侧和两胁棕黄色，尾下覆羽浅棕色，下体余部白色。虹膜黄色；嘴黑褐色；跗蹠及趾赭褐色，爪黄色。

【生态习性】栖息于山地、丘陵地区的常绿阔叶林或林下灌丛。小群活动，常与黑领噪鹛混群。主要以昆虫以及植物的果实和种子为食。繁殖期4月～6月，营巢于林下灌丛，巢呈杯状。

【分布概况】安徽分布于皖南山区。留鸟。

【保护级别】国家"三有"保护鸟类。

成鸟 / 汪湜 摄

成鸟 / 汪湜 摄

▶黑领噪鹛

【学　名】*Garrulax pectoralis*

【英文名】Greater Necklaced Laughingthrush

【识别特征】体长28cm～30cm的中等鸣禽。似小黑领噪鹛，主要区别在于：眼先棕白色而非黑色；耳羽和颊部白色，杂以黑色纵纹；胸带黑褐色沾灰，尤其在颈侧灰色更多，而且相对不完整，多数个体在胸部中断；虹膜褐色而非黄色。

【生态习性】栖息于山地、丘陵的常绿阔叶林或灌丛中。性喜集群，也与小黑领噪鹛混群活动，多在林下茂密的灌丛或竹丛中活动。主要以昆虫以及植物的果实和种子为食。繁殖期4月～6月，营巢于林下灌丛，巢呈杯状。

【分布概况】安徽分布于皖南山区。留鸟。

【保护级别】国家“三有”保护鸟类。

成鸟 / 赵凯 摄

成鸟 / 薛辉 摄

成鸟 / 赵凯 摄

成鸟 / 赵凯 摄

▶灰翅噪鹛

【学　名】*Garrulax cineraceus*

【英文名】Ashy Laughingthrush

成鸟 / 董文晓 摄

【识别特征】体长21cm～25cm的中等鸣禽。雌雄羽色相似。成鸟眼先和眼下方灰白色，眼周及眼后条纹黑褐色，眉纹和耳羽栗红色，下颊纹黑色；额、头顶至后颈中央黑色，上体橄榄棕褐色；尾羽具宽阔的黑色次端斑和较窄的白色端斑；初级覆羽黑色，其余翼上覆羽与背同色；飞羽黑褐色，外侧飞羽外翈蓝灰色，内则与背同色，各羽均具黑色次端斑和白色端斑；喉灰白色，具细的黑褐色羽干纹；下体余部棕褐色。虹膜白色；上嘴黑褐色，下嘴浅黄色；跗蹠及趾红褐色。

【生态习性】栖息于山地常绿阔叶林、落叶阔叶林、针阔混交林等各种林型中。小群活动。主要以昆虫为食，兼食植物果实和种子。繁殖期4月～6月，营巢于小型乔木的树杈上，巢呈碗状。

【分布概况】安徽分布于皖南山区。留鸟。

【保护级别】国家“三有”保护鸟类。

鸣叫 / 朱英 摄

▶棕噪鹛

【学　名】*Garrulax poecilorhynchus*

【英文名】Rusty Laughingthrush

成鸟 / 胡云程 摄

成鸟 / 陈军 摄

成鸟 / 赵凯 摄

【识别特征】体长25cm～28cm的中等鸣禽。雌雄羽色相似。成鸟额基和眼先黑色，眼周裸皮蓝色；头及上体赭褐色，小覆羽与背同色，两翼余部以及尾羽棕栗色，最外侧3对尾羽具白色端斑；下体胸以上与背同色，腹和两胁灰白色，尾下覆羽纯白色。虹膜褐色；嘴基蓝黑色，端部黄色；跗蹠及趾褐色，爪黄色。

【生态习性】栖息于山地阔叶林及竹林的中下层。小群活动，主要以昆虫、植物的果实和种子为食。繁殖期4月～6月，营巢于灌木或小树杈上，巢呈碗状。鸣声婉转，皖南俗称"八音鸟"。

【分布概况】安徽分布于皖南山区。留鸟。

【保护级别】国家"三有"保护鸟类；中国特有种。

成鸟 / 胡云程 摄

▶白颊噪鹛

【学　名】*Garrulax sannio*

【英文名】White-browed Laughingthrush

【识别特征】体长21cm~26cm的中等鸣禽。雌雄羽色相似。成鸟眉纹、眼先以及下颊白色，耳羽黑褐色；额、头顶至枕栗褐色，后颈棕灰；上体以及两翼橄榄褐色，尾羽棕褐至栗褐色；喉至上胸栗褐色，尾下覆羽红棕色，下体余部灰褐色。虹膜褐色；嘴黑褐色；跗蹠及趾红褐色。

【生态习性】栖息于山地、丘陵地区的矮树灌丛和竹林中。性活泼，喜集群。主要以昆虫为食，兼食植物果实和种子。繁殖期4月~6月，营巢于灌丛或矮的树杈上。鸣声单调而响亮。

【分布概况】安徽分布于皖南山区、大别山区以及江淮丘陵地区。留鸟。

【保护级别】国家“三有”保护鸟类。

成鸟 / 赵凯 摄

成鸟 / 汪湜 摄

成鸟 / 李永民 摄

成鸟 / 赵凯 摄

▶画眉

【学　名】*Garrulax canorus*

【英文名】Hwamei

成鸟侧面观 / 唐建兵 摄

成鸟腹面观 / 吴海龙 摄

成鸟背面观 / 胡云程 摄

【识别特征】体长21cm～25cm的中等鸣禽。雌雄羽色相似。成鸟眼圈及眼后眉纹白色，眼圈内浅蓝色；头及上体橄榄褐色，具暗褐色细纵纹；尾羽暗褐色具不清晰的深色横纹；翼上覆羽与背同色，飞羽暗褐色具橄榄褐色羽缘；腹中央蓝灰色，下体余部棕黄色，喉至胸具黑褐色纵纹。虹膜黄色；嘴黄色；跗蹠及趾红褐色。

【生态习性】栖息于山地、丘陵以及平原岗地的矮树丛、灌丛或竹林中。单独或成对活动，主要以昆虫为食，兼食植物果实和种子。繁殖期4月～6月，营巢于茂密的灌丛、草丛或低矮的小树上，巢呈杯状或碟状。雄鸟极善鸣叫，音节多变，婉转动听。

【分布概况】安徽除淮北平原外均有分布。留鸟。

【保护级别】国家“三有”保护鸟类；安徽省二级保护鸟类；中国特有种；CITES附录II。

鸣叫 / 周科 摄

▶棕颈钩嘴鹛

【学　名】*Pomatorhinus ruficollis*

【英文名】Rufous-necked Scimitar Babbler

【识别特征】体长15cm ~ 19cm的中小型鸣禽。雌雄羽色相似。成鸟嘴长而微下弯，眉纹长而白，眼先、过眼纹和耳羽黑色；头顶、后颈以及上体橄榄褐色沾棕，后颈基部和颈侧棕红色；小覆羽与背同色，两翼余部暗褐色，羽缘橄榄褐色；尾羽暗褐色，具黑褐色横纹；颏、喉白色，胸棕褐色具白色纵纹，下体余部橄榄褐色。虹膜褐色；上嘴黑色，下嘴黄色；跗蹠及趾铅褐色。

【生态习性】栖息于山地、丘陵地区的林下灌丛中。多集小群活动。主要以昆虫为食，兼食植物果实和种子。繁殖期4月 ~ 6月，营巢于灌木或低矮的小树上，巢呈圆锥形。鸣声为多3个音节的短促口哨音："qu，qu，qu……"，且有对鸣习性。

【分布概况】安徽分布于皖南山区、大别山区以及江淮丘陵地区。留鸟。

【保护级别】无。

成鸟 / 吴海龙 摄

成鸟 / 于道平 摄

成鸟 / 胡云程 摄

幼鸟 / 吴海龙 摄

►斑胸钩嘴鹛

【学　名】*Pomatorhinus erythrocnemis*

【英文名】Spot-breasted Scimitar Babbler

【识别特征】体长约24cm～27cm的中等鸣禽。雌雄羽色相似。成鸟嘴细长而下弯，眼先与下颊纹白色；额基、耳羽和颊红褐色，头顶至后颈棕褐具暗褐色纵纹；肩、背以及翼上小覆羽栗红色，腰至尾上覆羽橄榄褐色；尾羽橄榄褐色，飞羽栗褐色；胸以上白色具黑色粗纵纹；两胁灰色，尾下覆羽红棕色。虹膜浅黄色；嘴灰褐色；跗蹠及趾暗红褐色。

【生态习性】栖息于山地、丘陵地区的灌丛及低矮树丛间。多集小群活动，性隐蔽。主要以昆虫、植物果实和种子为食。繁殖期4月～6月，营巢于灌木丛或低矮树杈上，巢呈碗状。鸣声1个～2个音节，洪亮而悠远，且雌雄有对鸣习性。

【分布概况】安徽分布于皖南山区。留鸟。

【保护级别】无。

成鸟 / 董文晓 摄

成鸟 / 朱英 摄

成鸟 / 吴海龙 摄

成鸟 / 董文晓 摄

▶红头穗鹛

【学　名】*Stachyris ruficeps*

【英文名】Rufous-capped Babbler

【识别特征】体长90cm～12cm的小型鸣禽。雌雄羽色相似。成鸟额、头顶棕红色，耳羽和颊茶黄色；后颈以及上体橄榄褐色沾绿，小覆羽与背同色；两翼余部以及尾羽暗褐色，具橄榄绿色羽缘；颏、喉黄色，具黑色细纹；下体余部橄榄黄绿色。虹膜红褐色；嘴黑褐色；跗蹠及趾黄褐色。

【生态习性】栖息于山地、丘陵地区的林下或林缘灌丛中。多成小群活动。主要以昆虫为食，兼食少量植物果实与种子。繁殖期4月～6月，营巢于灌丛，巢呈杯状。

【分布概况】安徽分布于皖南山区、大别山区以及江淮丘陵地区。留鸟。

【保护级别】无。

成鸟 / 吴海龙 摄

成鸟 / 薛辉 摄

成鸟 / 胡云程 摄

成鸟 / 胡云程 摄

▶红嘴相思鸟

【学　名】*Leiothrix lutea*

【英文名】Red-billed Leiothrix

【识别特征】体长12cm～16cm的小型鸣禽。雌雄羽色相近。成鸟嘴红色，眼先黄色，耳羽浅灰色；额、头顶至后颈橄榄黄绿色，上体灰褐沾绿；翼上覆羽与背同色，两翼余部黑褐色，具醒目的红色和黄色羽缘；尾叉状，中央尾羽，具黑色次端斑和白色端斑，外侧尾羽黑灰；颏、喉黄色，上胸橙红色，下胸至尾下覆羽黄白色，体侧灰色。虹膜褐色；跗蹠及趾粉红色。

【生态习性】栖息于山地、丘陵以及平原地区的常绿和针阔混交林中。多成群活动，具有季节性垂直迁移习性。主要以昆虫为食，兼食植物果实、种子。繁殖期5月～7月，营巢于灌木丛，巢呈杯状。

【分布概况】安徽除淮北平原外，各地均有分布。留鸟。

【保护级别】国家“三有”保护鸟类；安徽省一级保护鸟类；CITES附录II。

成鸟 / 赵凯 摄

成鸟 / 夏家振 摄

成鸟 / 汪湜 摄

成鸟 / 赵凯 摄

▶淡绿鵙鹛

【学　名】*Pteruthius xanthochlorus*

【英文名】Green Shrike Babbler

【识别特征】体长11cm～13cm的小型鸣禽。雌雄羽色相似。成鸟眼周白色，上嘴端部呈钩状；头、颈、上背褐灰色，上体余部以及翼上小覆羽绿色；两翼余部和尾羽黑褐色，具蓝灰色羽缘；两胁黄绿色，下体余部灰白色。虹膜褐色；嘴蓝灰色；跗蹠及趾红褐色。

【生态习性】栖息于山地针阔混交林及其林缘灌丛。多成群活动。主要以昆虫为食。

【分布概况】安徽分布于皖南山区。留鸟。2015年5月首次在皖南的绩溪县记录到该物种。

【保护级别】无

成鸟 / 吴志华 摄

成鸟 / 吴志华 摄

成鸟 / 戴传银 摄

成鸟 / 戴传银 摄

▶灰眶雀鹛

【学　名】*Alcippe morrisonia*

【英文名】Grey-cheeked Fulvetta

【识别特征】体型小，14cm左右。雌雄羽色相似。成鸟眼圈白色，具黑褐色侧冠纹；头、颈、上背蓝灰色，上体余部以及翼上覆羽橄榄褐色；飞羽和尾羽暗褐色，具橄榄棕色羽缘；下体胸以下棕黄色。虹膜暗红褐色；嘴黑色；跗蹠及趾红褐色。

【生态习性】主要栖息于山地、丘陵地区阔叶林的林下或林缘灌丛中。性喜群栖。主要以昆虫及其幼虫为食，兼食植物果实、种子。繁殖期5月～7月，营巢于林下灌丛，巢呈碗状。

【分布概况】安徽分布于皖南山区，大别山区以及江淮丘陵部分地区。留鸟。

【保护级别】无。

成鸟 / 周科 摄

成鸟 / 夏家振 摄

幼鸟 / 赵凯 摄

悬飞/ 夏家振 摄

▶栗耳凤鹛

【学　名】*Yuhina castaniceps*

【英文名】Striated Yuhina

成鸟 / 孟继光 摄

【识别特征】体长 11cm ~ 15cm 的小型鸣禽。雌雄羽色相似。成鸟额、头顶至枕暗灰杂以白色羽干纹，前头具短羽冠；头侧耳羽、颈侧至后颈棕栗色，杂以白色羽干纹；上体以及两翼橄榄褐色，亦具白色羽轴纹；尾暗褐色，外侧尾羽具白色端斑；下体灰白色，胸侧和两胁沾灰。虹膜红褐色；嘴褐色；跗蹠及趾红褐色。

【生态习性】栖息于中高海拔的山地常绿阔叶林中。性喜集群，多于树冠下层活动。主要以昆虫为食。

【分布概况】安徽偶见于沿江平原，旅鸟。2015 年 11 月中旬首次记录于安徽师范大学校园。

【保护级别】无。

成鸟 / 俞肖剑 摄

◆鸦雀科 Paradoxornithidae

►灰头鸦雀

【学　名】*Paradoxornis gularis*

【英文名】Grey-headed Parrotbill

【识别特征】体长15cm～19cm的中小型鸣禽。雌雄羽色相似。成鸟额基黑色，沿两侧眼上方向后达枕部；头侧灰色，具细的过眼纹，下颊部白色；头顶至后颈灰色，上体以及翼上覆羽棕褐色；尾羽和飞羽暗褐色，羽缘棕褐色；颏白，喉中央黑色，下体余部白色。虹膜红褐色；嘴橘黄色；跗蹠及趾铅灰色。

【生态习性】栖息于山地、丘陵地区的阔叶林、针阔混交林以及林缘灌丛。成群活动。主要以昆虫及其幼虫为食，兼食植物果实和种子。繁殖期4月～6月，营巢于林下灌木或低矮树杈上，巢呈杯状。

【分布概况】安徽分布于皖南山区。留鸟。

【保护级别】国家“三有”保护鸟类。

成鸟 / 汪湜 摄

成鸟 / 汪湜 摄

觅食 / 汪湜 摄

成鸟 / 吴海龙 摄

▶棕头鸦雀

【学　名】*Paradoxornis webbianus*

【英文名】Vinous-throated Parrotbill

【识别特征】体长10cm～13cm的小型鸣禽。雌雄羽色相近。成鸟额、头顶、后颈至上背红棕色,上体余部以及翼上覆羽灰褐色;飞羽和尾羽暗褐色,羽缘红棕色;下体颏、喉至胸粉白色,余部灰褐色沾黄。虹膜褐色;嘴粗短,基部黑褐色,端部浅黄色;跗蹠及趾红褐色。

【生态习性】栖息于山区、丘陵以及平原地区的林缘灌丛或沟渠附近的草丛。成对或小群活动,常边跳边叫,较为嘈杂。主要以昆虫及其幼虫为食,兼食植物种子。繁殖期4月～7月,营巢于灌木丛或低矮的小树杈上,巢呈杯状。

【分布概况】安徽各地均有分布。留鸟。

【保护级别】无。

成鸟 / 赵凯 摄

成鸟 / 赵凯 摄

成鸟 / 夏家振 摄

成鸟 / 薛辉 摄

成鸟 / 赵凯 摄

►短尾鸦雀

【学　名】*Paradoxornis davidianus*

【英文名】Short-tailed Parrotbill

【识别特征】体长9cm～10cm的小型鸣禽。雌雄羽色相似。成鸟头、后颈栗红色，上体暗灰色，尾上覆羽棕褐色；两翼和尾暗褐色，具栗褐色羽缘；颏、喉黑色杂以白色细纹，胸、腹灰白色；两胁暗灰色，尾下覆羽棕褐色。虹膜暗红褐色；嘴粗厚，嘴峰黄白色，侧缘粉色；跗蹠及趾红褐色。

【生态习性】栖息于山地竹林中下层。成小群活动。主要以昆虫及其幼虫为食。

【分布概况】安徽主要分布于皖南山区的石台、黟县、祁门、休宁等地。留鸟。

【保护级别】国家“三有”保护鸟类。

成鸟 / 李永民 摄

成鸟 / 钱斌 摄

觅食 / 李永民 摄

▶震旦鸦雀

【学　名】*Paradoxornis heudei*

【英文名】Reed Parrotbill

成鸟 / 夏家振 摄

成鸟 / 胡云程 摄

成鸟 / 夏家振 摄

【识别特征】体长约18cm的中小型鸣禽。雌雄羽色相似。成鸟眉纹黑褐色长且宽，耳羽、颊灰白色；头顶、后颈至上背灰色，下背至尾上覆羽栗褐色；中央两枚尾羽沙褐色，外侧尾羽黑色具白色端斑；翼上覆羽暗栗褐色，飞羽黑褐色，具棕色或棕白色羽缘；初级飞羽灰褐色具棕色羽缘；颏、喉灰白色，胸侧和两胁栗棕色，胸腹中央色浅。虹膜红褐色；嘴黄色；跗蹠及趾黄褐色。

【生态习性】栖息于丘陵、平原地区的芦苇荡等生境中。被誉为“鸟中大熊猫”。成群活动。主要以昆虫及其幼虫为食，兼食浆果。繁殖期4月～6月，营巢于芦苇丛，巢由相邻的芦苇秆拼接而成。

【分布概况】安徽分布于淮北平原和江淮丘陵地区的多芦苇湿地。留鸟。

【保护级别】国家“三有”保护鸟类；IUCN红色名录近危种(NT)。

成鸟 / 胡云程 摄

◆扇尾莺科Cisticolidae

▶棕扇尾莺

【学　名】*Cisticola juncidis*

【英文名】Zitting Cisticola

【识别特征】体长9cm～12cm的小型鸣禽。雌雄羽色相似。成鸟夏羽：眉纹棕白色，额棕褐色；头顶至枕黑褐色具棕色羽缘，后颈、头侧浅棕色；上背和肩黑色，具棕色羽缘；下背至尾上覆羽栗棕色；尾羽基部棕色，具黑色次端斑和白色端斑；翼上覆羽黑色具宽阔的棕色羽缘，飞羽暗褐色；下体两胁和覆腿羽棕黄色，余部棕白色。虹膜暗红褐色；嘴峰黑褐色，余部粉红色；跗蹠及趾粉红至红色。

【生态习性】栖息于山地、丘陵以及平原地区的开阔草地或耕地。除繁殖期外，多成小群活动。主要以昆虫和植物种子为食。繁殖期4月～7月，营巢于灌丛，巢呈吊囊状，开口于侧上方。

【分布概况】安徽各地均有分布。夏候鸟。

【保护级别】无。

成鸟 / 夏家振 摄

成鸟 / 夏家振 摄

起飞 / 夏家振 摄

飞行 / 李永民 摄

▶金头扇尾莺

【学　名】*Cisticola exilis*

【英文名】Golden-headed Cisticola

【识别特征】体长9cm ~ 13cm的小型鸣禽。雄鸟夏羽：头顶至后颈金黄色，上体及翼上覆羽黑褐色，具宽阔的灰色羽缘；尾羽及飞羽黑褐色，具棕白色羽缘；颏、喉以及尾下覆羽棕白色，下体余部棕黄色。雌鸟及雄鸟非繁殖羽：与棕扇苇莺相似，但本种眉纹棕黄色，与胸侧以及两胁羽色一致，而棕扇尾莺的眉纹棕白色，与颈侧羽色明显不同色；棕扇苇莺的尾羽具黑色次端斑和白色端斑，本种尾羽黑褐色具红褐色羽缘。虹膜浅褐色；上嘴黑褐色，下嘴粉红色；跗蹠及趾红褐色。

【生态习性】栖息于山地、丘陵、平原地区的高草地、芦苇以及农田附近。单独或成对活动，繁殖期常停于高草秆上求偶鸣叫。

【分布概况】安徽主要分布于皖南地区。夏候鸟。

【保护级别】无。

成鸟 / 薄顺奇 摄

成鸟 / 朱英 摄

成鸟 / 薄顺奇 摄

幼鸟 / 赵凯 摄

►山鹪莺

【学　名】*Prinia crinigera*

【英文名】Striated Prinia

成鸟 / 赵凯 摄

成鸟 / 薄顺奇 摄

成鸟 / 赵凯 摄

【识别特征】体长13cm～15cm的小型鸣禽。雌雄羽色相似。成鸟头、后颈以及背、肩灰褐色具暗褐色纵纹，腰及尾上覆羽棕褐色；尾长呈凸形，暗褐色具棕褐色羽缘；小覆羽与背同色，两翼余部暗褐色，具棕褐色羽缘；胸暗灰褐色，两胁以及尾下覆羽茶黄色，下体余部灰白色。虹膜红褐色；上嘴黑褐色，下嘴浅黄色；跗蹠及趾肉色。

【生态习性】栖息于山地、丘陵以及平原地区的灌木或高草丛中。单独或成对活动。主要以昆虫以及植物种子为食。

【分布概况】安徽分布于皖南地区以及沿江平原地区。留鸟。

【保护级别】无。

成鸟 / 赵凯 摄

成鸟 / 赵凯 摄

►纯色山鹪莺

【学　名】*Prinia inornata*

【英文名】Plain Prinia

繁殖羽 / 赵凯 摄

冬羽 / 赵凯 摄

繁殖羽 / 赵凯 摄

【识别特征】体长 11cm ~ 16cm 的小型鸣禽。雌雄羽色相似，体色随季节变化明显。夏羽：眼先棕色，眉纹棕白色，颊和耳羽灰白色；头顶至后颈暗褐色，上体橄榄灰褐色；尾长凸形，灰褐色；两翼黑褐色，具棕褐色羽缘；下体胸、两胁以及尾下覆羽茶黄色，余部白色。冬羽：上体多红棕色，下体茶黄色。虹膜黄褐色；嘴黑色；跗蹠及趾红褐色。

【生态习性】栖息于高草丛、芦苇地、沼泽、玉米地及稻田。成对或小群活动。主要以昆虫和植物种子为食。繁殖期4月 ~ 6月，营巢于草丛或灌丛，巢呈囊状。

【分布概况】安徽除淮北平原外，其他地区均有分布。留鸟。

【保护级别】无。

冬羽 / 夏家振 摄

冬羽 / 赵凯 摄

▶黄腹山鹪莺

【学　名】*Prinia flaviventris*

【英文名】Yellow-bellied Prinia

【识别特征】体长13cm的小型鸣禽。雌雄羽色相似。夏羽:额、头黑灰色,有些个体具短的白色眉纹;上体橄榄褐色;尾长凸形,棕褐色具不明显的暗褐色横纹;下颊、颏、喉至上胸白色;下胸、腹棕黄色。虹膜红褐色;嘴黑色;跗蹠及趾粉色。

【生态习性】栖息于高草丛、芦苇地、沼泽、玉米地及稻田。成对或小群活动。主要以昆虫和植物种子为食。繁殖期4月~6月,营巢于草丛或灌丛,巢呈囊状。

【分布概况】安徽除淮北平原外,其他地区均有分布。留鸟。

【保护级别】无。

繁殖羽 / 李永民 摄

◆莺科 Sylviidae

▶鳞头树莺

【学　名】*Urosphena squameiceps*

【英文名】Asian Stubtail

【识别特征】体长8cm～10cm的小型鸣禽。雌雄羽色相似。成鸟尾羽极短，具显著的白色眉纹和黑褐色过眼纹；头棕褐色，具深色鳞状斑纹；上体以及两翼橄榄褐色，翼羽羽缘棕褐色；头侧和颈侧污白色，杂以暗褐色；体侧灰褐，尾下覆羽皮黄，下体余部污白色。虹膜褐色；嘴黑褐色；跗蹠及趾粉色。

【生态习性】栖息于山地、丘陵以及平原地区的林缘灌丛。单独或成对活动。主要以昆虫为食。

【分布概况】安徽迁徙季节见于江淮丘陵以及沿江平原。旅鸟。春季4月中旬途经本省。

【保护级别】国家"三有"保护鸟类；中日候鸟保护协定物种。

成鸟 / 黄丽华 摄

成鸟 / 朱英 摄

成鸟 / 唐建兵 摄

成鸟 / 薄顺奇 摄

▶远东树莺

【学　名】*Cettia canturians*

【英文名】Manchurian Bush Warbler

【识别特征】体长14cm～18cm的小型鸣禽。雌雄羽色相似。成鸟眉纹棕白色,过眼纹黑褐色;额、头、尾羽以及飞羽外翈红棕色,上体余部暗棕褐色;胸暗灰褐色,体侧以及两胁茶黄色,下体余部污白色。虹膜暗褐色;嘴黑褐色;跗蹠及趾红褐色。

【生态习性】栖息于山地、丘陵以及平原地区的林缘灌丛。多单独活动。主要以昆虫为食。繁殖期4月～7月,营巢于低矮的小树杈或灌木丛。性不畏人,常立于枝头鸣唱,以颤音开始,继以短促的爆破音:"gulululu……chiweiyou"。

【分布概况】安徽各地均有分布。夏候鸟。

【保护级别】无。

成鸟 / 吴海龙 摄

成鸟 / 吴海龙 摄

成鸟 / 吴海龙 摄

成鸟 / 吴海龙 摄

►短翅树莺(日本树莺)

【学　名】*Cettia diphone*

【英文名】Japanese Bush Warbler

冬羽 / 赵凯 摄

冬羽 / 赵凯 摄

冬羽 / 赵凯 摄

【识别特征】体长14cm～18cm的小型鸣禽。雌雄羽色相似。成鸟眉纹白色,过眼纹暗褐色;头及上体橄榄褐色,飞羽和尾羽具棕褐色羽缘。体羽较远东树莺少红棕色,较强脚树莺多棕色。鸣唱有两种,一种与强脚树莺更相近,以连续而渐高的哨音开始,以2或3音节清晰的哨音结束,但音色明显更浑厚:“wooo……diweidiu”。另一种与远东树莺比较相近,以颤音开始,继以短促的爆破音:“gulululu……chiwei”。虹膜暗褐色;嘴黑褐色;跗蹠及趾红褐色。

【生态习性】栖息于山地、丘陵以及平原岗地的林缘灌丛。多单独活动。主要以昆虫为食。繁殖期4月～7月,营巢于低矮的小树杈或灌木丛。

【分布概况】安徽分布于皖南山区、大别山区以及江淮丘陵地区。夏候鸟,少数留鸟。

【保护级别】无。

冬羽 / 赵凯 摄

▶强脚树莺

【学　名】*Cettia fortipes*

【英文名】Brown-flanked Bush Warbler

成鸟 / 赵凯 摄

幼鸟 / 赵凯 摄

成鸟 / 胡云程 摄

【识别特征】体长 10cm ~ 13cm 的中小型鸣禽。雌雄羽色相似。成鸟眉纹皮黄色，贯眼纹暗褐色；头、颈、上体橄榄褐色，翼上覆羽棕褐色；飞羽和尾羽暗褐色，飞羽羽毛缘棕褐色；颈侧、喉、胸灰白色，两胁和尾下覆羽棕黄色。幼鸟体羽橄榄黄绿色。虹膜褐色；上嘴黑褐色，下嘴黄褐色；跗蹠及趾红褐色。

【生态习性】栖息于山地、丘陵以及平原岗地阔叶林茂密的树冠或林下灌丛。单独或成对活动，多藏于浓密的灌丛枝叶间，常常只闻其声难得一见。主要以昆虫和植物种子为食。繁殖期4月 ~7月，营巢于小树杈或灌木丛，巢呈杯状。鸣唱以连续而渐高的哨音开始，以2或3音节清晰的哨音结束："wooo……di-wei-di"或"wooo……di-wei"。

【分布概况】安徽各地均有分布。留鸟。

【保护级别】无。

鸣叫 / 胡云程 摄

▶黄腹树莺

【学　名】*Cettia acanthizoides*

【英文名】Yellowish-bellied Bush Warbler

【识别特征】体长9cm～11cm的小型鸣禽。雌雄羽色相似。成鸟眉纹黄白色，贯眼纹暗褐色；头顶棕褐色，上体以及两翼暗褐色，飞羽羽缘棕褐色；喉灰白色，胸灰褐色，两胁、尾下覆羽浅黄色。虹膜褐色；上嘴黑褐色，下嘴黄色；跗蹠及趾红褐色。

【生态习性】栖息于山地阔叶林的林缘灌丛。单独或成对活动，主要以昆虫为食。鸣声似昆虫，以尖细、拖长、音调渐高的金属摩擦音开始，继以快速重复而逐渐下降的颤音结束。

【分布概况】安徽主要分布于皖南山区和大别山区。夏候鸟。

【保护级别】无。

成鸟 / 董磊 摄

成鸟 / 薄顺奇 摄

捕食 / 董磊 摄

▶矛斑蝗莺

【学　名】*Locustella lanceolata*

【英文名】Lanceolated Warbler

【识别特征】体长11cm～14cm的小型鸣禽。雌雄羽色相似。成鸟眉纹皮黄色，头、颈、上体以及翼上覆羽橄榄褐色，具黑褐色纵纹，背部纵纹粗著；飞羽和尾羽暗褐色，具橄榄褐色羽缘；下体两胁和尾下覆羽赭黄色，余部近白色，喉、胸以及两胁具黑色纵纹。虹膜褐色；上嘴黑褐色，下嘴浅黄色；跗蹠及趾红褐色。

【生态习性】栖息于近水的草丛、灌丛或芦苇以及稻田等生境。多单独活动，主要以昆虫为食。

【分布概况】安徽迁徙季节见于沿江平原、江淮丘陵以及淮北平原。旅鸟。春季5月上旬至中旬，秋季9月下旬至10月上旬，途经本省。

【保护级别】国家“三有”保护鸟类；中日候鸟保护协定物种。

成鸟 / 薄顺奇 摄

幼鸟 / 李永民 摄

成鸟 / 唐建兵 摄

觅食 / 黄丽华 摄

▶小蝗莺

【学　名】*Locustella certhiola*

【英文名】Rusty-rumped Warbler

成鸟背面观 / 郭玉民 摄

【识别特征】体长14cm～16cm的小型鸣禽。雌雄羽色相似。成鸟眉纹白色，过眼纹暗褐色；头及上体棕褐色，头顶具较细的黑色纵纹，背部黑色纵纹粗著；两翼黑褐色，各羽具棕褐色羽缘；尾上覆羽棕褐色，具黑斑，尾羽先端白色；喉、颏白色，胸、两胁以及尾下覆羽棕黄色，无黑色斑纹。幼鸟胸和体侧具黑褐色纵纹。虹膜褐色；上嘴褐色，下嘴多黄褐色；跗蹠及趾红褐色。

【生态习性】栖息于芦苇丛或近水的低矮树木、灌丛。多单独活动，主要以昆虫为食。

【分布概况】安徽迁徙季节见于沿江平原、江淮丘陵以及淮北平原。旅鸟。春季5月，秋季9月下旬至10月上旬，途经本省。

【保护级别】无。

成鸟侧面观 / 薄顺奇 摄

▶北蝗莺

【学　名】*Locustella ochotensis*

【英文名】Middendorff's Warbler

【识别特征】体长13cm～19cm的小型鸣禽。与小蝗莺的区别是上体无明显斑纹；与矛斑蝗莺的区别是体侧无斑纹。成鸟：眉纹浅灰色，头及上体橄榄褐色，尾羽端部白色；颏、喉以及腹部白色，胸、两胁及尾下覆羽橄榄褐色。幼鸟羽色较暗，背具不清晰的斑纹。虹膜褐色；上嘴黑褐，下嘴浅黄；跗蹠及趾红褐色。

【生态习性】栖息于近水的低矮树木、茂密的灌丛或草丛中。多单独活动，性机警，活动隐秘。主要以昆虫及其幼虫为食。

【分布概况】安徽迁徙季节偶见于沿江平原、江淮丘陵以及淮北平原。旅鸟。春季5月，秋季9月下旬至10月下旬，途经本省。

【保护级别】国家"三有"保护鸟类；中日候鸟保护协定物种。

亚成鸟 / 薄顺奇 摄

►黑眉苇莺

【学　名】*Acrocephalus bistrigiceps*

【英文名】Black-browed Reed Warbler

【识别特征】体长12cm～14cm的小型鸣禽。雌雄羽色相似。成鸟眉纹浅黄色，侧冠纹黑色，过眼纹暗褐色；头及上体橄榄棕褐色；两翼以及尾羽黑褐色，具棕褐色羽缘；颏、喉黄白色，下体余部棕黄色。虹膜黄褐色；上嘴黑褐色，下嘴黄褐色；跗蹠及趾暗红褐色。

【生态习性】栖息于近水的芦苇丛和高草地。多成小群活动，主要以昆虫为食，兼食植物种子。繁殖期5月～7月，营巢于灌丛或草丛，巢呈杯状。

【分布概况】安徽分布于沿江平原、江淮丘陵以及淮北平原。夏候鸟。

【保护级别】国家"三有"保护鸟类；中日候鸟保护协定物种。

成鸟背面观 / 吴海龙 摄

成鸟侧面观 / 李永民 摄

成鸟正面观 / 夏家振 摄

成鸟侧面观 / 夏家振 摄

▶东方大苇莺

【学　名】*Acrocephalus orientalis*

【英文名】Oriental Reed Warbler

【识别特征】体长16cm～20cm的中小型鸣禽。雌雄羽色相似。成鸟眉纹灰白色，过眼纹暗褐色，耳羽灰褐色；头顶、后颈、上背暗褐色，肩至尾上覆羽灰褐色；尾羽暗褐色，先端污白色；两翼暗褐色，各羽具棕色羽缘；颏、喉白色，两胁皮黄色，下体余部污白色。虹膜褐色；上嘴黑褐色，下嘴粉色；脚铅灰。

【生态习性】栖息于沼泽湿地的芦苇丛中。成群活动，主要以昆虫和植物种子为食。繁殖期5月～7月，营巢于芦苇丛中，巢呈杯状。鸣声洪亮“gagaji”。

【分布概况】安徽分布与沿江平原、江淮丘陵以及淮北平原。夏候鸟。

【保护级别】无。

鸣叫 / 夏家振 摄

观察 / 赵凯 摄

展翅 / 赵凯 摄

背面观 / 夏家振 摄

侧面观 / 夏家振 摄

▶厚嘴苇莺

【学　名】*Acrocephalus aedon*

【英文名】Thick-billed Warbler

【识别特征】体长16cm～20cm的中小型鸣禽。雌雄羽色相近。与其他苇莺的区别在于:无浅色眉纹和黑褐色过眼纹。成鸟眼先近白色,头侧灰褐色;头、上体橄榄棕褐色,内侧翼上覆羽与背同色;两翼余部以及尾羽暗褐色,具棕褐色羽缘;颏、喉白色,下体余部皮黄色。虹膜褐色;上嘴黑褐色,下嘴黄褐色;跗蹠暗红褐色,趾黑褐色。

【生态习性】栖息于丘陵和平原地带的近水林缘灌丛。单独或成对活动,主要以昆虫和植物种子为食。

【分布概况】安徽迁徙季节见于江淮丘陵地区。旅鸟。2015年8月下旬至9月上旬,2016年10月中旬均有分布记录。

【保护级别】无。

侧面观 / 李永民 摄

背面观 / 李永民 摄

侧面观 / 夏家振 摄

觅食 / 夏家振 摄

▶褐柳莺

【学　名】*Phylloscopus fuscatus*

【英文名】Dusky Warbler

【识别特征】体长10cm～14cm的小型鸣禽。雌雄羽色相似。成鸟眉纹前端白色而后段棕色，过眼纹暗褐色；头、上体以及翼上覆羽暗褐色；飞羽和尾羽黑褐色，具浅色羽缘；两胁和尾下覆羽茶黄色，下体余部污白色。虹膜褐色；上嘴黑褐色，下嘴黄褐色；跗蹠及趾红褐色。

【生态习性】栖息于近水的林缘灌丛。单独或成对活动。主要以昆虫为食，兼食植物种子。

【分布概况】安徽各地均有分布记录。皖南山区和沿江平原为冬候鸟，其他地区为旅鸟。秋季10月份抵达本省，次年4月下旬至5月中旬离开。

【保护级别】国家“三有”保护鸟类。

饮水 / 夏家振 摄

成鸟 / 薄顺奇 摄

成鸟 / 赵凯 摄

成鸟 / 夏家振 摄

▶巨嘴柳莺

【学　名】*Phylloscopus schwarzi*

【英文名】Radde's Warbler

【识别特征】体长 11cm ~ 14cm 的小型鸣禽。似褐柳莺，头及上体橄榄褐色，无翅斑。但本种嘴短粗，眉纹前端棕黄色而后端白色，上体褐色而微沾绿，下体颏、喉白色，胸以下黄绿色，尾下覆羽棕黄色。虹膜褐色；嘴黑褐色，下嘴基部色浅；跗蹠及趾红褐色。

【生态习性】栖息于山地、丘陵以及平原地区的林缘灌丛。单独或成对活动，主要以昆虫为食，兼食植物种子。

【分布概况】迁徙季节安徽各地均有分布。旅鸟。春季 4 月下旬，秋季 10 月上旬，途经本省。

【保护级别】国家"三有"保护鸟类。

正面观 / 李永民 摄

侧面观 / 李永民 摄

侧面观 / 李永民 摄

▶黄腰柳莺

【学　名】*Phylloscopus proregulus*

【英文名】Pallas's Leaf Warbler

侧面观 / 赵凯 摄

正面观 / 吴海龙 摄

展翅 / 赵凯 摄

【识别特征】体长8cm～11cm的小型鸣禽。雌雄羽色相似。成鸟眉纹长而显著黄绿色，顶冠纹浅黄绿色，贯眼纹暗褐色；头、上体肩、背以及翼上小覆羽橄榄绿色，腰及尾上覆羽柠檬黄色；尾羽和飞羽黑褐色，均具黄绿色羽缘；三级飞羽具宽阔的白色羽缘，大覆羽和中覆羽端部白色，形成2道白色翅斑；尾下覆羽浅黄色，下体余部白色。虹膜褐色；嘴细小，黑色，嘴基橙黄；跗蹠及趾红褐色。

【生态习性】栖息于山地、丘陵以及平原地区的各种林型、灌丛等多种生境。多单独或成对活动，常在树顶枝叶间跳跃。主要以昆虫为食，兼食植物种子。

【分布概况】安徽各地均有分布。冬候鸟，淮北平原为旅鸟。秋季10月上旬抵达本省，次年春季4月下旬至5月上旬北去繁殖。

【保护级别】国家“三有”保护鸟类。

正面观 / 赵凯 摄

▶黄眉柳莺

【学　名】*Phylloscopus inornatus*

【英文名】Yellow-browed Warbler

侧面观 / 赵凯 摄

正面观 / 赵凯 摄

正面观 / 吴海龙 摄

【识别特征】体长8cm～12cm的小型鸣禽。似黄腰柳莺：头及上体橄榄绿色，具2道白色翅斑，三级飞羽羽缘白色。但本种腰与背同色，顶冠纹不清晰，眉纹近白色或仅在眼先黄绿色。虹膜褐色；嘴黑褐色，下嘴基黄色；跗蹠及趾红褐色。

【生态习性】栖息于山地、丘陵、平原地区的各种林型以及林缘灌丛。单独或小群活动。主要以昆虫为食。

【分布概况】安徽各地具有分布。旅鸟。春季4月～5月，秋季10月～11月，途经本省。

【保护级别】国家“三有”保护鸟类；中日候鸟保护协定物种。

背面观 / 赵凯 摄

背面观 / 赵凯 摄

▶极北柳莺

【学　名】*Phylloscopus borealis*

【英文名】Arctic Warbler

【识别特征】体长11cm～14cm的小型鸣禽。雌雄羽色相似。无顶冠纹,三级飞羽羽缘非白色。成鸟眉纹黄白色,过眼纹黑褐色;头及上体灰橄榄绿色,小覆羽与背同色;两翼余部以及尾羽黑褐色,各羽外侧羽缘橄榄绿色;翼具1道～2道翅斑,中覆羽端部的翅斑有时不清晰;下体白色,两胁褐橄榄色。虹膜褐色;嘴黑褐色,下嘴基部黄色;跗蹠及趾暗红褐色。

【生态习性】栖息于山地、丘陵以及平原地区的各种林型以及林缘灌丛。单独或小群活动。主要以昆虫为食。

【分布概况】迁徙季节安徽各地可见。旅鸟。春季4中旬至5月下旬,秋季9月中旬至10月中旬,途经本省。

【保护级别】国家“三有”保护鸟类;中日候鸟保护协定物种;中澳候鸟保护协定物种。

侧面观 / 袁晓 摄

▶双斑绿柳莺

【学　名】*Phylloscopus plumbeitarsus*

【英文名】Two-barred Warbler

【识别特征】体长10cm～13cm的小型鸣禽。似极北柳莺。无顶纹，三级飞羽羽缘非白色。成鸟：具黄白色眉纹和黑褐色贯眼纹，头及上体橄榄绿色，翼上覆羽具2道清晰的白色翅斑，下体白色沾黄。虹膜褐色；上嘴黑褐色，下嘴黄色；跗蹠及趾暗褐色。

【生态习性】栖息于山地、丘陵及平原次生灌丛或竹林中。多单独活动，主要以昆虫为食。

【分布概况】迁徙季节安徽各地可见，但数量稀少。旅鸟。

【保护级别】国家"三有"保护鸟类。

侧面观 / 薄顺奇 摄

侧面观 / 薄顺奇 摄

侧面观 / 袁晓 摄

▶淡脚柳莺

【学　名】*Phylloscopus tenellipes*

【英文名】Pale-legged Leaf Warbler

【识别特征】体长11cm~13cm的小型鸣禽。雌雄羽色相似。跗蹠及趾粉色，较其他柳莺色浅。眉纹白色，无顶冠纹；头暗灰色，上体以及两翼深橄榄褐色，具两道不太清晰的浅色翅斑；中覆羽与背同色，三级飞羽无白色羽缘。虹膜褐色；上嘴黑褐色，下嘴基粉色。

【生态习性】栖息于针叶林或混交林的林下灌丛。多单独活动。主要以昆虫和植物种子为食。

【分布概况】迁徙季节安徽各地可见，但数量稀少。旅鸟。春季4月下旬，秋季9月中旬，途经本省。

【保护级别】国家"三有"保护鸟类；中日候鸟保护协定物种。

背面观 / 薄顺奇 摄

正面观 / 黄丽华 摄

正面观 / 袁晓 摄

正面观 / 朱英 摄

▶冕柳莺

【学　名】*Phylloscopus coronatus*

【英文名】Eastern Crowned Warbler

【识别特征】体长9cm～13cm的小型鸣禽。雌雄羽色相似。成鸟眉纹黄白色，顶冠纹灰白色，过眼纹黑褐色；头及上体橄榄绿色，小覆羽与背同色，两翼余部以及尾羽暗褐色，具橄榄绿色羽缘，具1道白色翅斑；尾下覆羽柠檬黄色，下体余部白色。虹膜深褐色；上嘴黑褐色，下嘴浅黄色；跗蹠及趾黄褐色。

【生态习性】栖息于阔叶林的树冠层。多单独活动。主要以昆虫为食。

【分布概况】迁徙季节安徽各地可见。旅鸟。春季3月下旬至5月上旬，秋季9月中旬至10月中旬，途经本省。

【保护级别】国家"三有"保护鸟类；中日候鸟保护协定物种。

侧面观 / 袁晓 摄

背面观 / 夏家振 摄

正面观 / 袁晓 摄

侧面观 / 薄顺奇 摄

▶冠纹柳莺

【学　名】*Phylloscopus reguloides*

【英文名】Blyth's Leaf Warbler

【识别特征】体长9cm～12cm的小型鸣禽。雌雄羽色相似。成鸟眉纹黄白色，顶冠纹灰白色，过眼纹黑褐色；头、颈暗褐色沾绿，上体橄榄绿色；两翼和尾暗褐色，各羽具橄榄绿色羽缘；翼具2道明显的白色翅斑，最外侧2枚尾羽先端白色；下体白色沾黄。虹膜褐色；上嘴黑色，下嘴黄色；跗蹠及趾赭褐色。

【生态习性】栖息于山地、丘陵地区的树冠层。多单独活动。主要以昆虫为食。繁殖期5月～7月，营巢于树洞，巢呈球形。

【分布概况】安徽主要分布于皖南山区和大别山区。夏候鸟。

【保护级别】国家"三有"保护鸟类。

侧面观 / 赵凯 摄

背面观 / 赵凯 摄

背面观 / 赵凯 摄

幼鸟 / 赵凯 摄

▶黑眉柳莺

【学　名】*Phylloscopus ricketti*

【英文名】Sulphur-breasted Warbler

【识别特征】体长9cm ~ 10cm的小型鸣禽。雌雄羽色相似。成鸟眉纹黄色，过眼纹黑色；头顶黑色，顶冠纹浅黄绿色；上体橄榄绿，飞羽尾羽暗褐色，各羽羽缘黄绿色；中覆羽和大覆羽端部浅淡黄绿色，形成2道翅斑；下体鲜黄。虹膜暗褐色；上嘴黑褐色，下嘴黄色；跗蹠及趾赭褐色。

【生态习性】栖息于山地多种林型以及林缘灌丛。单独或成群活动。主要以昆虫为食。繁殖期4月 ~ 7月，营巢于洞穴，巢呈球形。

【分布概况】安徽分布于皖南山区。夏候鸟。

【保护级别】国家“三有”保护鸟类。

正面观 / 赵凯 摄

侧面观 / 赵凯 摄

侧面观 / 赵凯 摄

配对 / 赵凯 摄

▶比氏鹟莺

【学　名】*Seicercus valentini*

【英文名】*Bianchi's Warbler*

【识别特征】体型和羽色酷似淡尾鹟莺。但大覆羽先端近白色，形成较为明显的翅斑；额部绿色区域相对较小；最外侧两枚尾羽内翈大部分均为白色。

【生态习性】栖息于山地常绿或落叶阔叶林的林下灌木丛。多成小群活动，主要以昆虫为食。繁殖期5月～7月，营巢于林下灌丛或草丛，巢呈球形。

【分布概况】安徽主要分布于皖南山区和大别山区。夏候鸟。

【保护级别】无。

侧面观 / 翁发祥 摄

观察 / 胡云程 摄

►淡尾鹟莺

【学　名】*Seicercus soror*

【英文名】*Plain-tailed Warbler*

背面观 / 赵凯 摄

【识别特征】体长约11cm的小型鸣禽。雌雄羽色相似。成鸟眼圈黄白色，额橄榄绿色；头顶灰色，两侧自额上方向后各具1条黑色侧冠纹；上体橄榄绿色，小覆羽与背同色；两翼余部以及尾羽暗褐色，各羽羽缘橄榄绿色；最外侧两枚尾羽内翈端部白色；下体鲜黄色。虹膜褐色；上嘴黑褐色，下嘴红褐色；跗蹠及趾红褐色。

【生态习性】栖息于山地常绿或落叶阔叶林的林下灌木丛。多成小群活动，主要以昆虫为食。繁殖期5月～7月，营巢于林下灌丛或草丛，巢呈球形。

【分布概况】安徽主要分布于皖南山区和大别山区。夏候鸟。

【保护级别】无。

正面观 / 赵凯 摄

▶栗头鹟莺

【学　名】*Seicercus castaniceps*

【英文名】Chestnut-crowned Warbler

【识别特征】体长8cm～10cm的小型鸣禽。雌雄羽色相似。成鸟眼圈白色，额、头顶栗色，具较细的黑色侧冠纹；后颈基部、颈侧、颊、耳羽灰色；腰鲜黄色，上体余部黄绿色；小覆羽和三级飞羽与背同色，两翼余部以及尾羽暗褐色，各羽均具黄绿色羽缘；具2道明显的白色翅斑；颏、喉至胸浅灰色，下体余部鲜黄色。虹膜褐色；上嘴黑褐色，下嘴黄色；跗蹠及趾黄褐色。

【生态习性】栖于山地常绿阔叶林或竹林。多成小群活动于乔木冠层。主要以昆虫为食，兼食植物种子。繁殖期5月～7月，营巢于土壁的洞穴内，巢呈球状。

【分布概况】安徽分布于皖南山区。夏候鸟。

【保护级别】无。

正面观 / 范宣麟 摄

鸣叫 / 周卫国 摄

后面观 / 夏家振 摄

侧面观 / 范宣麟 摄

▶棕脸鹟莺

【学　名】*Abroscopus albogularis*

【英文名】Rufous-faced Warbler

【识别特征】体长8cm～10cm的小型鸣禽。雌雄羽色相似。成鸟额、头、头侧以及后颈棕黄色，具黑色侧冠纹；上体橄榄绿色，腰乳黄；翼上覆羽与背同色，飞羽和尾羽暗褐色具橄榄绿色羽缘；颏、喉黑色杂以白纹，上胸具黄绿色带纹，下体余部白色。虹膜褐色；上嘴黑褐色，下嘴黄色；跗蹠及趾暗红褐色。

【生态习性】栖息于山地、丘陵以及平原岗地的竹林、阔叶林、针阔混交林或林下灌丛。多成小群活动，主要以昆虫为食。

【分布概况】安徽分布于皖南山区、大别山区、江淮丘陵地区。留鸟。

【保护级别】无。

侧面观 / 赵凯 摄

背面观 / 赵凯 摄

侧面观 / 赵凯 摄

正面观 / 赵凯 摄

►斑背大尾莺

【学　名】*Megalurus pryeri*

【英文名】Marsh Grassbird

【识别特征】体长13cm～14cm的小型鸣禽。雌雄羽色相似。成鸟眼先白色，黑色过眼纹在眼前方极短；头顶、后颈、上体以及翼上覆羽棕褐色，具粗著的黑色斑纹；两翼和尾暗褐色，均具棕褐色羽缘；体侧、尾下覆羽棕黄色，下体余部白色。虹膜褐色；嘴黑色，下嘴基部黄色；跗蹠及趾红褐色。

【生态习性】栖息于河流、湖泊等水域附近的芦苇和高草地。单独或成对活动，善跳跃，不善飞行。主要以昆虫为食。

【分布概况】安徽迁徙季节见于沿江平原、江淮丘陵地区。旅鸟。春季5月上旬，秋季10月上旬，途经本省。

【保护级别】国家"三有"保护鸟类；IUCN红色名录近危种(NT)。

背面观 / 夏家振 摄

鸣叫 / 夏家振 摄

飞行 / 夏家振 摄

成鸟 / 夏家振 摄

◆戴菊科 Regulidae

▶戴菊

【学　名】*Regulus regulus*

【英文名】Goldcrest

【识别特征】体长 8cm ~ 10cm 的小型鸣禽。雄鸟头顶中央橙色，两侧具较细的黑色条纹；眼周灰白色，头侧、颈侧和后颈绿灰色；背、肩橄榄绿色，腰至尾上覆羽黄绿色；尾羽黑褐色，具黄绿色羽缘；两翼黑褐色，具宽阔的白色翅斑；下体灰色沾黄色。雌鸟似雄鸟，但头顶中央斑纹为柠檬黄色。虹膜暗褐色；嘴黑色；跗蹠及趾红褐色。

【生态习性】栖息于针叶林或针阔混交林的林冠下层。习性似柳莺，常穿梭于松树枝间寻找食物。多成小群活动，主要以昆虫为食。

【分布概况】安徽分布于皖南山区、大别山区和江淮丘陵地区。旅鸟。

【保护级别】国家“三有”保护鸟类。

雄鸟 / 吴利华 摄

雄鸟 / 袁晓 摄

雌鸟 / 吴利华 摄

雌鸟 / 吴利华 摄

◆绣眼鸟科 Zosteropidae

▶暗绿绣眼鸟

【学　名】*Zosterops japonicus*

【英文名】Japanese White-eye

【识别特征】体长8.5cm ~ 12cm的小型鸣禽。雌雄鸟羽色相似。成鸟眼周被白色绒状短羽,眼先有一黑色细纹;头、颈黄绿色,上体橄榄绿色,翼上覆羽与背同色;飞羽和尾羽暗褐色,各羽外侧羽缘橄榄绿色;喉及尾下覆羽柠檬黄色,下体余部灰白色。虹膜橙褐色;嘴黑色微下弯;跗蹠及趾铅灰色。

【生态习性】栖息于阔叶林或针阔混交林。成群活动,主要以昆虫为食。繁殖期4月 ~ 7月,营巢于灌木或乔木上,巢呈杯状。

【分布概况】安徽各地均有分布。夏候鸟。

【保护级别】国家"三有"保护鸟类;安徽省二级保护鸟类。

侧面观 / 赵凯 摄

后面观 / 夏家振 摄

捕食 / 李永民 摄

背面观 / 胡云程 摄

◆攀雀科 Remizidae

▶中华攀雀

【学　名】*Remiz consobrinus*

【英文名】Chinese Penduline Tit

【识别特征】体长 10cm ~ 12cm 的小型鸣禽。雄鸟前额与过眼纹黑色，头顶至后颈灰色；后颈基部、颈侧栗褐色，上体棕褐色；两翼以及尾羽黑褐色，大覆羽羽缘栗褐色；颏、喉以及下颊白色，下体余部皮黄色。雌鸟似雄鸟，但贯眼纹和耳羽棕褐色，上体沙褐色沾棕。虹膜深褐色；嘴呈锥形，黑褐色，侧缘色浅；跗蹠及趾铅蓝色。

【生态习性】栖息于丘陵、平原地区近水的芦苇和柳、杨等阔叶树上。非繁殖季节成群活动。主要以昆虫为食，兼食植物嫩芽。

【分布概况】安徽主要分布于沿江平原、江淮丘陵以及淮北平原。冬候鸟。每年10月中下旬抵达本省，次年4月中旬北去繁殖。

【保护级别】国家“三有”保护鸟类。

雄鸟 / 桂涛 摄

雌鸟 / 胡伟宁 摄

雌鸟 / 赵凯 摄

雄鸟 / 夏家振 摄

◆长尾山雀科Aegithalidae

▶银喉长尾山雀

【学　名】*Aegithalos caudatus*

【英文名】Long-tailed Tit

【识别特征】体长10cm～14cm的小型鸣禽。雌雄羽色相似。成鸟额和眼先棕栗色，头顶至后颈黑色，头顶中央具白色纵纹；上体灰色，翼上覆羽黑褐色，飞羽暗褐色；尾长黑色，最外侧3对尾羽外翈白色；喉中央具黑斑，尾下覆羽葡萄红色，下体余部白色沾粉。幼鸟：胸以上锈红。虹膜褐色；嘴黑色；跗蹠及趾红褐色。

【生态习性】栖息于山地、丘陵以及平原地区的针叶林或针、阔混交林。成对或集群活动，主要以昆虫为食。繁殖期3月～5月，营巢于乔木的树杈上，巢呈椭圆形。

【分布概况】安徽各地均有分布。留鸟。

【保护级别】国家“三有”保护鸟类。

背面观 / 赵凯 摄

正面观 / 胡云程 摄

侧面观 / 赵凯 摄

育幼 / 夏家振 摄

▶红头长尾山雀

【学　名】*Aegithalos concinnus*

【英文名】Black-throated Tit

【识别特征】体长10cm的小型鸣禽。成鸟雌雄相似。头顶至后颈红褐色，头侧黑色；上体暗蓝色；尾羽黑褐色，最外侧3对尾羽具白色楔状端斑；喉白色，中央具大块黑斑；胸带和两胁以及尾下覆羽栗红色，下体余部白色。幼鸟后颈灰白色，喉白色而无黑斑。虹膜黄色；嘴蓝黑色，跗蹠及趾橘黄色。

【生态习性】栖息于山地、丘陵以及平原地区的林、灌等多种生境。集群活动，主要以昆虫为食。繁殖期4月～6月，营巢于针叶树上，巢呈椭圆形。

【分布概况】安徽广泛分布于淮河以南各地。留鸟。

【保护级别】国家“三有”保护鸟类。

侧面观 / 汪湜 摄

幼鸟 / 赵凯 摄

配对 / 赵凯 摄

配对 / 夏家振 摄

◆山雀科Paridae

►沼泽山雀

【学　名】*Parus palustris*

【英文名】Marsh Tit

侧面观 / 桂涛 摄

正面观 / 桂涛 摄

【识别特征】体长10cm～11cm的小型鸣禽。雄雌羽色相似。与大山雀的区别在于，腹部无中央纵纹；与煤山雀的区别是翼无白色翅斑。成鸟额、头顶至后颈黑色，头侧眼以下白色；上体灰褐色；飞羽暗褐色，尾羽黑褐色，各羽均具浅色羽缘；喉黑色，下体余部灰白色，两胁沾棕。虹膜深褐色；嘴黑色；跗蹠及趾蓝黑色。

【生态习性】栖息于山地近水源的针叶林或针阔混交林。成群在树冠层活动。主要以昆虫为食。繁殖期3月～5月，营巢于树洞中，巢呈杯状。

【分布概况】安徽分布于大别山区。留鸟。

【保护级别】国家"三有"保护鸟类。

背面观 / 梁伟 摄

▶煤山雀

【学　名】*Parus ater*

【英文名】Coal Tit

鸣叫 / 赵凯 摄

【识别特征】体长11cm的小型鸣禽。雌雄羽色相似。似大山雀，但翼具两道白色翅斑，腹部无中央纵纹。成鸟颊、耳羽白色；后头具尖形冠羽，后颈中央具白色块斑，头颈余部黑色；上体蓝灰色；翼具2道白色翅斑；喉至上胸黑色，下体余部灰白色，两胁沾皮黄。虹膜褐色；嘴黑色；跗蹠及趾铅蓝色。

【生态习性】栖息于山地针叶林或针阔混交林。成群活动于树冠层，主要以昆虫为食。繁殖期3月～5月，营巢于树洞中，巢呈杯状。

【分布概况】安徽主要分布于皖南山区。留鸟。

【保护级别】国家“三有”保护鸟类。

觅食 / 董文晓 摄

▶黄腹山雀

【学　名】*Parus venustulus*

【英文名】Yellow-bellied Tit

【识别特征】体长10cm的小型鸣禽。雄鸟头、颈、上背黑色，头侧至颈侧具大型白色斑块；肩、下背、腰蓝灰色，尾上覆羽和尾羽黑色；两翼黑褐色，具2道白色翅斑；下体胸以上黑色，余部黄色。雌鸟：头及上体灰绿色，喉至上胸无黑斑。幼鸟头部具灰色斑块。虹膜褐色；嘴蓝黑色或角质色；跗蹠及趾铅蓝色。

【生态习性】栖息于山地、丘陵以及平原地区的各种林型中。成对或成群活动，有时与大山雀混群。主要以昆虫为食，兼食植物嫩芽。繁殖期4月～6月。营巢于天然树洞中，巢呈杯状。

【分布概况】安徽各地均有分布。留鸟。

【保护级别】国家"三有"保护鸟类；中国特有种。

雄鸟 / 唐建兵 摄

雌鸟 / 赵凯 摄

雄亚成鸟 / 赵凯 摄

雌鸟 / 赵凯 摄

▶大山雀

【学　名】*Parus major*

【英文名】Great Tit

成鸟侧面观 / 汪湜 摄

成鸟侧面观 / 赵凯 摄

幼鸟 / 吴海龙 摄

【识别特征】体长约14cm的小型鸣禽。雌雄羽色相似。成鸟头、颈黑色，头侧具大型白斑；上体蓝灰，背沾黄绿色；两翼黑褐色，具1道宽阔的白色翅斑；尾蓝灰色，外侧第2对尾羽具白斑；颏、喉至上胸黑色，并沿腹中央向后延伸成黑色中央带纹；下体余部白色。幼鸟头暗色褐色，喉部黑斑较小，中央纵纹较短。虹膜暗褐色；嘴黑色；跗蹠及趾紫褐色。

【生态习性】栖息于山地、丘陵以及平原地区的多种生境。单独或成对活动。主要以昆虫为食，是著名的食虫益鸟。繁殖期4月～6月，营巢于树洞、石隙等处，巢呈杯状。

【分布概况】安徽各地均有分布。留鸟。

【保护级别】国家“三有”保护鸟类。

成鸟背面观 / 吴海龙 摄

◆䴓科 Sittidae

▶普通䴓

【学　名】*Sitta europaea*

【英文名】Eurasian Nuthatch

【识别特征】体长11cm～13cm的小型鸣禽。雌雄羽色相似。成鸟过眼纹黑色向后达颈侧，头顶、后颈以及上体蓝灰色；内侧翼上覆羽与背同色，两翼余部黑褐色；中央尾羽蓝灰色，外侧尾羽绒黑色具白色端斑；下体多皮黄色，尾下覆羽栗色而具白色端斑。虹膜深褐；嘴黑色，下嘴基部蓝灰色；跗蹠及趾暗褐色。

【生态习性】栖息于山地阔叶林或混交林。多单独活动，能沿树干向上或向下攀行。主要以昆虫为食，秋冬季兼食植物果实和种子。繁殖期4月～6月，营巢于树洞，洞口朝向避风。

【分布概况】安徽主要分布于皖南山区和大别山区。留鸟。

【保护级别】无。

成鸟 / 唐建兵 摄

摄食 / 赵凯 摄

觅食 / 唐建兵 摄

◆旋壁雀科 Tichidromidae

►红翅旋壁雀

【学　名】*Tichodroma muraria*

【英文名】Wallcreeper

冬羽 / 朱英 摄

【识别特征】体长16cm的中小型鸣禽。雌雄羽色相似。成鸟尾短，嘴细长而下弯。非繁殖羽：头及上体灰色，飞羽绒黑色，翼上覆羽和飞羽外侧近基部绯红色，初级飞羽基部和近端部各具白色块斑；尾羽黑色，中间尾羽先端灰色，外侧尾羽转为白色；下体颏至上胸白色，余部黑灰色。虹膜深褐色；嘴黑色；跗蹠及趾棕黑色。

【生态习性】栖息于山地长有灌丛或乔木的悬崖和陡坡壁上。多单独活动，善在峭壁上攀爬，喜伸展双翅紧贴于崖壁，以长嘴从壁缝中搜索昆虫，主要以昆虫为食。

【分布概况】安徽主要分布于皖南山区和大别山区。冬候鸟。每年秋季10月份抵达本省，次年春季4月份离开。

【保护级别】无。

冬羽 / 朱英 摄

冬羽 / 朱英 摄

◆雀科 Passeridae

►山麻雀

【学　名】*Passer rutilans*

【英文名】Russet Sparrow

雄鸟 / 吴海龙 摄

雄鸟 / 汪湜 摄

雌鸟 / 吴海龙 摄

【识别特征】体长12cm～14cm的小型鸣禽。雄雌异色。雄鸟眼先黑色，头侧眼下方颊、耳羽白色；头顶、后颈以及上体栗红色，背和肩具黑色纵纹；小覆羽与背同色，两翼余部黑褐色，具宽阔的白色翅斑；下体灰白色，喉具黑斑。雌鸟具白色眉纹和暗褐色过眼纹；头及上体沙褐色，背具黑色斑纹；下体污白色，喉无黑斑。虹膜褐色；嘴黑褐色；跗蹠及趾红褐色。

【生态习性】栖息于低山、丘陵地区近居民点的开阔地。成对或成小群活动。杂食性，主要以植物种子和昆虫为食。繁殖期4月～6月，营巢于洞穴中，或利用其他鸟类的旧巢。

【分布概况】安徽主要分布于皖南山区、大别山区以及江淮丘陵地区。留鸟。

【保护级别】国家"三有"保护鸟类；中日候鸟保护协定物种。

幼鸟 / 赵凯 摄

▶麻雀

【学　名】*Passer montanus*

【英文名】Eurasian Tree Sparrow

摄食 / 胡云程 摄

成鸟 / 张忠东 摄

幼鸟 / 赵凯 摄

【识别特征】体长 11cm ~ 15cm 的小型鸣禽。雌雄羽色相近。成鸟头棕褐色，耳羽、颊白色具黑色块斑，颏、喉黑色，上体多棕褐色，背具黑色纵纹；胸腹灰白色，两胁浅黄褐色。幼鸟喉部无黑斑，耳羽区斑块较小。虹膜深褐色；嘴黑褐色；跗蹠及趾粉色。

【生态习性】栖息于山地、丘陵以及平原地区的居民点和农田附近，典型的人类伴生鸟类。成对或成群小群活动；常在地面跳跃前进。杂食性，主要以植物种子和昆虫为食。繁殖期3月 ~ 8月，营巢于屋檐下、墙壁洞穴等处。

【分布概况】安徽各地广泛分布。留鸟。

【保护级别】国家“三有”保护鸟类。

成鸟背面观 / 赵凯 摄

成鸟背面观 / 夏家振 摄

◆梅花雀科 Estrildidae

►白腰文鸟

【学　名】*Lonchura striata*

【英文名】White-rumped Munia

成鸟 / 赵凯 摄

衔草 / 夏家振 摄

群体 / 赵凯 摄

【识别特征】体长10cm～12cm的小型鸣禽。雌雄羽色相似。成鸟嘴短粗呈锥形，环嘴基、眼周、颏和喉黑褐色；头及上体大部深褐色，背具白色羽干纹；腰白色，尾呈楔形黑色；翼上覆羽与背同色，飞羽黑褐色；胸及尾下覆羽栗褐色具浅色羽缘，下体中央近白色。虹膜红褐色；上嘴黑色，下嘴蓝灰色；跗蹠及趾蓝黑色。

【生态习性】栖息于低山、丘陵以及平原地区的居民点、农耕地以及林缘开阔地带。成对或成群活动，主要以植物种子为食。繁殖期3月～8月，营巢于竹丛、灌丛，巢呈球形，孵化期14天，育雏期约22天。

【分布概况】安徽各地均有分布。留鸟。

【保护级别】无。

群体 / 赵凯 摄

▶斑文鸟

【学　名】*Lonchura punctulata*

【英文名】Scaly-breasted Munia

【识别特征】体长10cm～12cm的小型鸣禽。雄雌羽色相似。成鸟似白腰文鸟，但上体栗褐色具浅色羽干纹，腰褐色；下体喉以下白色，具栗褐色鳞状纹。幼鸟下体皮黄色，无鳞状斑或鳞纹不完全。虹膜红褐色；上嘴黑色，下嘴蓝灰色；跗蹠及趾铅灰色。

【生态习性】栖息于低山、丘陵及平原地区的农田和居民点附近。成对或成群活动，常与白腰文鸟混群，主要以植物种子为食，兼食部分昆虫。繁殖期3月～8月，营巢于枝杈，巢呈椭圆形或球形。

【分布概况】安徽除淮北平原外，其他地区均有分布。留鸟。

【保护级别】无。

成鸟侧面观 / 赵凯 摄

背面观 / 赵凯 摄

左幼鸟 / 赵凯 摄

幼鸟 / 吴海龙 摄

◆燕雀科Fringillidae

▶燕雀

【学　名】*Fringilla montifringilla*

【英文名】Brambling

雄鸟繁殖羽 / 吴海龙 摄

雌鸟过渡羽 / 唐建兵 摄

雌鸟冬羽 / 赵凯 摄

【识别特征】体长13cm～17cm的中小型鸣禽。雌雄异色。雄鸟繁殖羽：头顶、头侧、后颈至背黑色，腰和尾上覆羽白色，尾黑色；肩和小覆羽橙色，中覆羽白色；两翼余部黑褐色，具橙色和白色翅斑；颏、喉至上胸橙色，下体余部白色，两胁具褐色点斑。雄鸟非繁殖羽：头黑灰色，背黑色具棕褐色羽缘。雌鸟繁殖羽：头顶黑色具棕褐色羽缘，头侧褐色沾棕，颈侧蓝灰色。雌鸟非繁殖羽：头及后颈沙褐色，后颈具黑色纵纹。虹膜深褐色；嘴黄色，端部黑色；跗蹠及趾红褐色。

【生态习性】栖息于低山、丘陵以及平原地区阔叶林或混交林中。非繁殖期集群活动。主要以植物果实和种子为食。

【分布概况】安徽各地均有分布。冬候鸟。每年最早在7月下旬即抵达本省，次年4月上旬北去繁殖。

【保护级别】国家"三有"保护鸟类；中日候鸟保护协定物种。

雄鸟冬羽 / 胡云程 摄

▶黄雀

【学　名】*Carduelis spinus*

【英文名】Eurasian Siskin

雄鸟 / 赵凯 摄

雌鸟 / 赵凯 摄

左雌右雄 / 汪湜 摄

【识别特征】体长 11cm～12cm 的小型鸣禽。雌雄异色。雄鸟头顶至后颈黑色，眉纹亮黄色，耳羽黄绿；上体黄绿色具黑褐色纵纹；腰至尾羽基部黄色；内侧翼覆羽与背同色，两翼余部黑褐色，具宽阔的黄色翅斑；颏黑色，喉至上腹黄色，两胁具褐色纵纹，下体余部白色沾黄。雌鸟颏无黑斑；下体白色，具黑褐色纵纹。幼鸟似雌鸟，但黄色更浅，褐色更浓。虹膜深褐色；上嘴暗褐色，下嘴色淡；跗蹠及趾暗红褐色。

【生态习性】栖息于山地、丘陵地区的针阔混交林以及平原地区的阔叶林以及林缘地带。多集群活动，主要以植物果实和种子为食，兼食昆虫。

【分布概况】迁徙季节安徽各地可见。冬候鸟，淮北平原为旅鸟。每年秋季10月中下旬抵达本省，次年春季3月中下旬北去繁殖。

【保护级别】国家“三有”保护鸟类；中日候鸟保护协定物种。

雄鸟 / 赵凯 摄

▶金翅雀

【学　名】*Carduelis sinica*

【英文名】Oriental Greenfinch

成鸟侧面观 / 赵凯 摄

成鸟 / 唐建兵 摄

幼鸟 / 汪湜 摄

【识别特征】体长 11cm ~ 14cm 的小型鸣禽。雄鸟眉纹黄色，头顶至后颈灰褐色；背暗栗褐色，腰亮黄色；翼具黄色翅斑；颏、喉草黄色，胸腹棕黄色，尾下覆羽亮黄色。雌鸟似雄鸟，但羽色较淡，尾下覆羽浅黄色。幼鸟下体灰白色具暗褐色纵纹。虹膜深褐；嘴淡粉色；跗蹠及趾红褐色。

【生态习性】栖息于山地、丘陵以及平原地区的阔叶林或针阔混交林中。成对或集群活动，主要以植物种子和果实为食，兼食昆虫。繁殖期3月 ~ 7月，营巢于阔叶林或竹林中，巢呈碗状。

【分布概况】安徽各地均有分布。留鸟。

【保护级别】国家“三有”保护鸟类。

成鸟背面观 / 赵凯 摄

展翅 / 周科 摄

▶锡嘴雀

【学　名】*Coccothraustes coccothraustes*

【英文名】Hawfinch

【识别特征】体长16cm～20cm的中小型鸣禽。雄鸟额基、眼先、眼圈以及颏和喉黑色；头顶、头侧棕色，后颈、颈侧灰白色；上体多暗栗褐色，腰至尾上覆羽棕黄色；两翼黑褐色，具蓝色或灰白色翅斑；尾基黑色，端部白色；尾下覆羽白色，下体余部葡萄灰红。雌鸟似雄鸟，但头顶及头侧羽色较浅。虹膜浅红褐色；嘴粉白色，端部暗褐色；跗蹠及趾粉色。

【生态习性】栖息于低山、丘陵和平原地带的阔叶林、针阔混交林及人工林。非繁殖季节多成群活动。主要以植物果实和种子为食，兼食昆虫。

【分布概况】迁徙季节安徽各地可见。冬候鸟，淮北平原和沿江平原为旅鸟。秋季10月中下旬抵达本省，次年4月下旬北去繁殖。

【保护级别】国家“三有”保护鸟类；中日候鸟保护协定物种。

雄鸟 / 夏家振 摄

雌鸟 / 袁晓 摄

雄鸟 / 夏家振 摄

雌鸟 / 褚玉鹏 摄

▶黑尾蜡嘴雀

【学　名】*Eophona migratoria*

【英文名】Yellow-billed Grosbeak

雄鸟 / 张忠东 摄

雌鸟 / 赵凯 摄

雄鸟 / 赵凯 摄

【识别特征】体长17cm~21cm的中等鸣禽。雌雄异色。雄鸟头、两翼以及尾羽黑色,具蓝色金属光泽;初级覆羽和飞羽先端白色,形成白色翅斑;上体灰橄榄褐色,颏、喉黑色,两胁橙黄,尾下覆羽白色。雌鸟头及上体灰褐色。虹膜红褐色;嘴粗大黄色,先端黑褐色而基部白色或暗蓝色;跗蹠及趾红褐色。

【生态习性】栖息于山地、丘陵以及平原地带的阔叶林或针阔混交林。成对或成群活动。主要以植物果实和种子为食,兼食昆虫。繁殖期5月~7月,营巢于高大乔木的枝杈,巢呈杯状或碗状。

【分布概况】安徽各地均有分布。留鸟。

【保护级别】国家"三有"保护鸟类;中日候鸟保护协定物种。

雄鸟 / 吴海龙 摄

雌鸟 / 赵凯 摄

▶黑头蜡嘴雀

【学　名】*Eophona personata*

【英文名】Japenese Grosbeak

成鸟 / 夏家振 摄

成鸟 / 夏家振 摄

成鸟 / 夏家振 摄

【识别特征】体长21cm～23cm的中等鸣禽。雌雄羽色相似。成鸟似黑尾蜡嘴雀雄鸟，但头部黑色区域仅限于眼后缘；嘴全为黄色；三级飞羽先端无白斑；两胁无橙色。幼鸟头及上体均为灰褐色。虹膜深褐色；嘴黄色；跗蹠及趾红褐色。

【生态习性】栖息于山地、丘陵以及平原地区的各种林型。成对或集群活动。主要以植物种子和果实为食，兼食昆虫。

【分布概况】迁徙季节安徽各地可见。旅鸟。每年春季4月～5月，秋季9月～10月途经本省，数量稀少。

【保护级别】国家“三有”保护鸟类。

成鸟 / 董文晓 摄

◆鹀科 Emberizidae

▶凤头鹀

【学　名】*Melophus lathami*

【英文名】Crested Bunting

【识别特征】体长约17cm的中小型鸣禽。雌雄异色。雄鸟头具尖长的羽冠,通体黑色而具蓝绿色光泽;飞羽和尾羽栗色,先端黑褐色。雌鸟羽冠较短,通体橄榄灰色,飞羽和外侧尾羽羽缘栗褐色。幼鸟似雌鸟,但头、背、胸均具黑褐色纵纹。上嘴黑褐色,下嘴粉色;跗蹠及趾红褐色。

【生态习性】栖息于山地阔叶林的林缘、山坡灌丛等地。非繁殖季节多单独活动。主要以植物种子为食,兼食昆虫等无脊椎动物。繁殖期5月~8月,营巢于草丛、墙壁洞穴等处,巢呈杯状。

【分布概况】安徽主要分布于皖南山区。留鸟。

【保护级别】国家“三有”保护鸟类。

雄鸟 / 薛辉 摄

幼鸟 / 薛辉 摄

雌鸟 / 钱斌 摄

雄鸟 / 黄丽华 摄

▶蓝鹀

【学　名】*Latoucheornis siemsseni*

【英文名】Slaty Bunting

【识别特征】体长 11cm ~ 14cm 的小型鸣禽。雌雄异色。雄鸟下腹至尾下覆羽白色，体羽余部暗蓝色；飞羽和尾羽黑褐色，内侧飞羽基部具白斑，外侧飞羽具大型白色楔形斑。雌鸟头、颈、上胸棕黄色，背棕褐色具暗褐色纵纹，腰至尾上覆羽灰色；飞羽和尾羽暗褐色，具棕褐色羽缘；下胸棕褐色，下体余部白色。虹膜红褐色；嘴黑色；跗蹠及趾红褐色。

【生态习性】栖息于山地常绿、落叶阔叶混交林的林下和林缘灌丛中。主要以昆虫和植物种子为食。单独或成对活动。

【分布概况】安徽主要分布于皖南山区和大别山区。留鸟。

【保护级别】国家"三有"保护鸟类；中国特有种。

雄鸟 / 朱英 摄

雌鸟 / 朱英 摄

雄鸟 / 夏家振 摄

雌鸟 / 赵凯 摄

▶白头鹀

【学　名】*Emberiza leucocephalos*

【英文名】Pine Bunting

【识别特征】体长17cm～19cm的中小等鸣禽。雌雄异色。雄鸟繁殖羽：额、头顶至后颈黑褐色，具白色顶冠纹；头侧栗色，耳羽白色；背、两翼以及尾羽黑褐色，羽缘红褐色；上体余部棕红色，具浅色羽缘；颏、喉栗色，喉下具白色块斑；胸和两胁栗色，下体余部白色。雌鸟以及雄鸟非繁殖羽：耳羽褐色，下颊白色；头顶、后颈灰褐具黑褐色纵纹，背及两翼黑褐色具棕白色羽缘；下体白色，颏、喉具褐色细纹，胸和两胁具栗色纵纹。虹膜暗褐色；上嘴深蓝灰色，下嘴浅黄色；跗蹠及趾红褐色。

【生态习性】栖息于山地林缘或平原开阔地及灌丛。非繁殖季节多成群活动。主要以植物种子为食，兼食昆虫。

【分布概况】安徽迁徙季节见于淮北平原。旅鸟。每年春季4月～5月，秋季9月～10月，途经本省。

【保护级别】国家“三有”保护鸟类；中日候鸟保护协定物种。

雄鸟繁殖羽 / 朱英 摄

雌鸟冬羽 / 李立伟 摄

雄鸟过渡羽 / 袁晓 摄

左雌右雄 / 张明 摄

▶三道眉草鹀

【学　名】*Emberiza cioides*

【英文名】Meadow Bunting

【识别特征】体长约16cm的中小型鸣禽。雌雄异色。雄鸟眉纹和下颊白色，眼先和髭纹黑色；头顶栗色，耳羽深栗色；颏、喉白色，颈侧蓝灰；上体栗色，背具褐色纵纹；飞羽和尾羽黑褐色，飞羽和中央尾羽具红褐色羽缘，最外侧2对尾羽具白色楔形斑；下体多红棕色，腹中央至尾下覆羽转为灰白色。雌鸟似雄鸟但羽色稍浅。幼鸟上体黑褐色，具黄褐色羽缘；飞羽和中央尾羽黑褐色，具红褐色羽缘；下体皮黄色，具黑褐色纵纹。

【生态习性】栖息于山地、丘陵以及平原地区林缘开阔的草地。多单独或成对活动，主要以植物种子和昆虫为食。繁殖期4月～7月，营巢于灌丛或草丛间地面，巢呈碗状。

【分布概况】安徽各地均有分布。留鸟。

【保护级别】国家“三有”保护鸟类。

左雌右雄 / 夏家振 摄

雌鸟 / 赵凯 摄

雄鸟 / 赵凯 摄

幼鸟 / 赵凯 摄

▶白眉鹀

【学　名】*Emberiza tristrami*

【英文名】Tristram's Bunting

雄鸟 / 吴海龙 摄

雌鸟 / 吴海龙 摄

雌鸟 / 袁晓 摄

【识别特征】体长15cm的小型鸣禽。雌雄异色。雄鸟夏羽：头、颈黑色，具长而显著的白色顶冠纹、眉纹和下颊纹，耳羽后缘具浅色斑纹；背、肩橄榄灰褐色，具黑色纵纹；腰和尾上覆羽栗红色；两翼和尾黑褐色，具红褐色羽缘，外侧尾羽具白色楔形斑；胸和两胁棕褐色，具不太清晰的暗栗色纵纹；颏、喉黑色，下体余部白色。雌鸟及雄鸟冬羽：顶冠纹、眉纹和下颊纹白色沾黄；耳羽浅棕褐色，缘以黑褐色；颏、喉黄白色具褐色细纹。虹膜棕褐色；上嘴蓝黑色，下嘴多肉色；跗蹠和趾红褐色。

【生态习性】栖息于低山、丘陵以及平原地区的林缘、林间空地和林下灌丛。单独或成小群活动，秋冬季主要以植物浆果、种子为食，夏季主要以昆虫为食。

【分布概况】安徽各地均有分布。旅鸟。春季4月至5月上旬，秋季10月份，途经本省。

【保护级别】国家“三有”保护鸟类；中日候鸟保护协定物种。

雄鸟 / 夏家振 摄

▶栗耳鹀

【学　名】*Emberiza fucata*

【英文名】Chestnut-eared Bunting

【识别特征】体长14cm～16cm的小型鸣禽。雌雄异色。雄鸟夏羽：头顶、后颈和颈侧灰色，具黑褐色纵纹；耳羽栗色，后缘具白色点斑；下颊白色，髭纹黑褐色；上体多栗色，背具黑色纵纹；小覆羽栗色，两翼余部以及尾羽黑褐色，具红褐色羽缘；喉侧和上胸具黑色纵纹，其下方为栗色胸带，两胁棕色具褐色纵纹，下体余部灰白色。雌鸟及雄鸟冬羽：体羽栗色较浅，胸部栗色带纹不明显。虹膜深褐色；上嘴黑色，下嘴蓝灰；跗蹠及趾红褐色。

【生态习性】栖息于低山、丘陵以及平原地区的林缘灌丛或高草地。单独或成对活动，冬季集群。主要以植物浆果和种子为食，兼食昆虫。

【分布概况】安徽各地均有分布。冬候鸟，淮北平原为旅鸟。每年秋季9月～10月抵达本省，次年4月下旬至5月上旬北去繁殖。

【保护级别】国家“三有”保护鸟类。

雄鸟繁殖羽 / 李永民 摄

雄鸟过渡羽 / 赵凯 摄

背面观 / 汪湜 摄

雌鸟 / 夏家振 摄

▶小鹀

【学　名】*Emberiza pusilla*

【英文名】Little Bunting

背面观 / 赵凯 摄

侧面观 / 汪湜 摄

背面观 /夏家振 摄

【识别特征】体长 11cm ~ 15cm 的小型鸣禽。雌雄羽色相似。成鸟头顶、头侧红褐色,头顶两侧黑褐色;耳羽两侧和后端缘以黑色带纹,下颊纹白色沾棕,髭纹黑褐色;后颈基部和颈侧灰褐色;上体灰褐色,具黑褐纵纹;两翼和尾黑褐色,具红褐色或白色羽缘;下体白色,胸和体侧具黑色条纹。虹膜暗褐色;上嘴黑褐色,下嘴灰褐色;跗蹠及趾黄褐色。

【生态习性】栖息于山地、丘陵以及平原地区的林缘灌丛或农田附近。非繁殖期多集群活动。主要以植物种子为食,兼食昆虫。

【分布概况】安徽各地均有分布。冬候鸟,淮北平原为旅鸟。每年 10 月份抵达本省,次年 4 中下旬北去繁殖。

【保护级别】国家“三有”保护鸟类;中日候鸟保护协定物种。

侧面观 / 赵凯 摄

▶黄眉鹀

【学　名】*Emberiza chrysophrys*

【英文名】Yellow-browed Bunting

【识别特征】体长13cm～17cm的小型鸣禽。雄鸟头顶、头侧黑色，顶冠纹白色；眉纹前端黄色，耳羽后缘具白斑，下颈白色；上体灰棕褐色，背具黑色纵纹；两翼和尾黑褐色，各羽具浅红褐色羽缘，最外侧2枚尾羽内翈白色；下体白色，胸和两胁具清晰的黑褐色纵纹。雌鸟似雄鸟，但头黑栗色，耳羽栗褐色。虹膜暗褐色；上嘴黑褐色，下嘴粉色；跗蹠及趾粉色。

【生态习性】栖息于山地、丘陵以及平原地区的林缘灌丛。常与其他鹀类混群。主要以植物种子为食，兼食昆虫。

【分布概况】安徽各地均有分布。冬候鸟。每年10月份抵达本省，次年4月份北去繁殖。

【保护级别】国家"三有"保护鸟类。

雄鸟 / 夏家振 摄

雄鸟 / 汪湜 摄

雌鸟 / 赵凯 摄

雌鸟 / 张忠东 摄

▶田鹀

【学　名】*Emberiza rustica*

【英文名】Rustic Bunting

【识别特征】体长13cm～16cm的小型鸣禽。雄鸟夏羽：头顶、头侧以及后颈黑色，枕部和具白斑；眉纹、下颊白色，耳羽后缘具白色点斑；后颈基部、小覆羽栗红色；上背灰褐色具黑褐色纵纹，下背至尾上覆羽栗红色，羽缘白色形成鳞状斑；两翼黑褐色具白色翅斑；下体白色，胸带和两胁栗红色。雌鸟及雄鸟冬羽：头部暗栗色；耳羽浅黄褐色缘以黑褐色，后端具白色点斑；髭纹黑褐色。虹膜暗褐色；上嘴黑褐色，下嘴粉色；跗蹠及趾粉红色。

【生态习性】栖息于山地、丘陵以及平原的林缘、灌丛以及耕地附近。单独或成对活动。主要以植物种子为食，兼食昆虫。

【分布概况】安徽各地均有分布。冬候鸟。每年10月抵达本省，次年4月北去繁殖。

【保护级别】国家“三有”保护鸟类；IUCN红色名录易危种（VU）；中日候鸟保护协定物种。

雌鸟冬羽 / 夏家振 摄

雄鸟过渡羽 / 夏家振 摄

雌鸟冬羽 / 赵凯 摄

雄鸟冬羽 / 赵凯 摄

►黄喉鹀

【学　名】*Emberiza elegans*

【英文名】Yellow-throated Bunting

雄鸟冬羽 / 夏家振 摄

雌鸟冬羽 / 夏家振 摄

幼鸟 / 赵凯 摄

【识别特征】体长13cm～16cm的小型鸣禽。雌雄异色。雄鸟额、前头、头侧黑色，前头具竖立的羽冠；眉纹白色，枕部柠檬黄色；上背栗褐色，颈侧、下背至尾上覆羽蓝灰色；飞羽黑褐色具红褐色羽缘，尾羽暗褐色；喉黄色，上胸具大形黑斑，体侧具棕褐色纵纹，下体余部白色。雌鸟似雄鸟，但头棕褐色，耳羽灰褐至棕褐色，喉皮黄色，胸无黑斑。虹膜深褐色；嘴黑色，冬季下嘴色浅；跗蹠及趾粉色。

【生态习性】栖息于低山、丘陵以及平原地带的林缘灌丛。单独或成对活动，迁徙期间成群。繁殖期主要以昆虫为食，非繁殖期主要以植物组织为食。

【分布概况】安徽各地均有分布。冬候鸟。每年10月份抵达本省，次年4月份北去繁殖。

【保护级别】国家“三有”保护鸟类；中日候鸟保护协定物种。

雄鸟繁殖羽 / 胡云程 摄

▶黄胸鹀

【学　名】*Emberiza aureola*

【英文名】Yellow-breasted Bunting

雌鸟 / 薄顺奇 摄

雌鸟 / 朱英 摄

雄鸟 / 夏家振 摄

【识别特征】体长14cm～16cm的小型鸣禽。雌雄异色。雄鸟额、头侧、颏和上喉黑色，头顶、后颈以及上体栗红色；中覆羽白色形成显著的白色翅斑，两翼余部黑褐色，各羽具红褐色羽缘；下体鲜黄色，胸具较细的栗色带纹，两胁具暗栗褐色纵纹。雌鸟眉纹皮黄色，耳羽和颊黄褐色缘以黑褐色；头及上体棕褐色，具黑褐色纵纹；飞羽和尾羽黑褐色，中覆羽具宽阔的白色端斑；下体浅黄色，两胁具褐色纵纹。虹膜暗褐色；上嘴黑褐色，下嘴粉色；跗蹠及趾红褐色。

【生态习性】栖息于平原的灌丛、苇丛以及农田周边的低矮植物丛中。迁徙季节常集大群活动。主要以昆虫为食，兼食植物种子。

【分布概况】迁徙季节见于江淮丘陵、淮北平原。旅鸟。每年春季4月～5月，秋季9月～10月，途经本省。

【保护级别】国家"三有"保护鸟类；IUCN红色名录濒危种(EN)；中日候鸟保护协定物种。

雄鸟 / 裴志新 摄

▶栗鹀

【学　名】*Emberiza rutila*

【英文名】Chestnut Bunting

雄鸟 / 刘子祥 摄

雌鸟 / 薄顺奇 摄

雄鸟非繁殖羽 / 唐建兵 摄

【识别特征】体长13cm～15cm的小型鸣禽。雌雄异色。雄鸟头、颈、上体各部栗红色，翼上覆羽与背同色；飞羽和尾羽暗褐色，内侧飞羽具红褐色外缘；胸以上与背同色，体侧和两胁暗绿灰色，下体余部柠檬黄色。雌鸟头暗褐色，头侧灰褐色；背、肩灰褐色，具黑褐色纵纹，腰至尾上覆羽栗红色；颏、喉皮黄色，下体余部柠檬黄色，两胁具黑褐色条纹。虹膜棕褐色；上嘴角质色，下嘴肉色；跗蹠及趾红褐色。

【生态习性】栖息于山地、丘陵以及平原地区的树林或林缘开阔地。单独或成对活动，主要以昆虫和植物种子为食。

【分布概况】迁徙季节安徽各地可见。旅鸟。每年春季4月～5月，秋季9月～10月，途经本省。

【保护级别】国家“三有”保护鸟类。

雄鸟非繁殖羽 / 赵锷 摄

▶灰头鹀

【学　名】*Emberiza spodocephala*

【英文名】Black-faced Bunting

雄鸟 / 赵凯 摄

雌鸟 / 张忠东 摄

雌鸟 / 夏家振 摄

【识别特征】体长 12cm ~ 15cm 的小型鸣禽。雌雄异色。雄鸟眼先和眼周黑色，头、颈灰色沾绿；背浅红褐色，具黑褐色纵纹；腰橄榄灰褐，尾上覆羽棕褐色；两翼及尾黑褐色，具红褐色羽缘，外侧尾羽内翈白色；下体喉至上胸灰色，胸以下浅黄色，体侧具暗褐色纵纹。雌鸟眉纹皮黄，耳羽灰褐缘以暗褐色；下颊白色，呈月牙形；头顶棕褐，具黑褐色纵纹；上体灰褐色，具黑褐色纵纹；下体白色沾黄，喉侧、胸和两胁具暗褐色纵纹。虹膜暗褐色；上嘴黑色，下嘴粉色；跗蹠及趾浅红褐色。

【生态习性】栖息于山地、丘陵和平原地区的林缘灌丛、芦苇多种生境。繁殖期主要以昆虫为食，非繁殖期主要以植物种子为食。

【分布概况】安徽各地均有分布。冬候鸟。每年 10 月份抵达本省，次年 4 月份北去繁殖。

【保护级别】国家“三有”保护鸟类；中日候鸟保护协定物种。

雄鸟 / 赵凯 摄

▶苇鹀

【学　名】*Emberiza pallasi*

【英文名】Pallas's Bunting

【识别特征】体长13cm～15cm的小型鸣禽。雌雄异色。雄鸟夏羽：头侧、头顶至后颈黑色，下颊白色并与后颈白色颈环相连；背、肩黑色具灰白色羽缘，腰至尾上覆羽灰白色；小覆羽蓝灰色，两翼余部黑色，具浅色羽缘；颏至上胸中央黑色，下体余部白色。雌鸟及雄鸟非繁殖羽：眉纹灰色，耳羽棕褐，下颊白色，髭纹暗褐色；头棕褐色具黑褐色斑纹，后颈灰色；上体沙褐色，具黑褐色纵纹；下体白色沾棕，两胁具褐色纵纹。雌鸟似雄鸟冬羽。虹膜暗褐色；上嘴黑色，下嘴色浅；跗蹠红褐色，趾黑色。

【生态习性】栖息于丘陵和平原近水的芦苇丛或灌丛中。成对或小群活动。主要以植物种子为食，兼食昆虫。

【分布概况】迁徙季节见于沿江平原和江淮丘陵地区。旅鸟。每年春季3月，秋季11月，途经本省，部分个体迟至12月底。

【保护级别】国家"三有"保护鸟类；中日候鸟保护协定物种。

雄鸟过渡羽 / 袁晓 摄

过渡羽 / 夏家振 摄

雌鸟 / 夏家振 摄

雌鸟 / 赵凯 摄

▶红颈苇鹀

【学　名】*Emberiza yessoensis*

【英文名】Ochre-rumped Bunting

【识别特征】体长12cm～15cm的小型鸣禽。雄鸟夏羽似苇鹀，但无白色下颊，颈背和腰棕色。雌鸟及雄鸟冬羽：眉纹皮黄，向后延伸至颈背；过眼纹和耳羽黑褐色呈三角形，与周围羽色明显相异；髭纹黑褐色，喉无黑斑；后颈、腰至尾上覆羽浅红棕色；下体皮黄，两胁具棕色纵纹。虹膜暗褐色；黑灰色，下嘴色浅；跗蹠及趾红褐色。

【生态习性】栖息于丘陵和平原近水的芦苇丛或灌丛中。成对或小群活动。主要以植物种子为食，兼食昆虫。

【分布概况】迁徙季节见于沿江平原和江淮丘陵地区。旅鸟。每年春季3月，秋季11月，途经本省。

【保护级别】国家"三有"保护鸟类；IUCN红色名录近危种(NT)。

冬羽 / 夏家振 摄

冬羽 / 夏家振 摄

冬羽 / 夏家振 摄

冬羽 / 赵凯 摄

参考文献

1.Courtois F.S.J. Les Oiseaux du Musee de Zi-ka-wei[J]. Memoires Concernant l'Histoire Naturelle de l'Empire Chinois,1918,101-108.

2.戴传银.安徽绩溪发现淡绿鵙鹛[J].动物学杂志,2016,51(2):280.

3.段文科,张正旺.中国鸟类图志(上)[M].北京:中国林业出版社,2017.

4.段文科,张正旺.中国鸟类图志(下)[M].北京:中国林业出版社,2017.

5.顾长明.安徽省结束2004年冬季湿地水鸟调查[J].野生动物学报,2004(2):22.

6.顾长明.安徽省2005年度长江中下游水鸟调查工作圆满结束[J].野生动物学报,2005(4):48.

7.侯银续,高厚忠,马号号,等.安徽省鸟类分布新记录——松雀鹰[J].安徽农业科学,2012,40(32):15713-15714.

8.侯银续,金磊,虞磊,等.安徽省鸟类分布新纪录——白额鹱[J].安徽农业科学,2012,40(33):16054.

9.侯银续,秦维泽,虞磊,等.安徽省鸟类分布新纪录——北蝗莺[J].安徽农业科学,2013,41(2):499.

10.侯银续,史杰,褚玉鹏,等.安徽省鸟类分布新纪录——宝兴歌鸫[J].野生动物学报,2014,35(3):357-360.

11.侯银续,虞磊,高厚忠,等.安徽省鸟类分布新记录——灰脸鵟鹰[J].安徽农业科学,2013,41(10):4406-4408.

12.侯银续,张黎黎,胡边走,等.安徽省鸟类分布新纪录——白鹈鹕[J].野生动物学报,2013,34(1):61-62.

13.胡小龙,耿德民.安徽发现黑冠鹃隼[J].动物学杂志,1995,30(5):24-25.

14.李炳华.安徽雉科鸟类的初步研究[J].安徽师范大学学报(自然科学版),1992(3):76-81.

15.李炳华.牯牛降自然保护区鸟类区系和若干生态的研究:区系组成[J].安徽师范大学学报(自然科学版),1987(2):50-60.

16. 李湘涛. 中国猛禽[M]. 北京：中国林业出版社，2004.

17. 李永民，姜双林，聂超，等. 安徽颍州西湖省级湿地自然保护区鸟类资源调查初报[J]. 四川动物，2010，29(2)：240-243.

18. 李永民，吴孝兵. 芜湖市冬夏季鸟类多样性分析[J]. 应用生态学报，2006，17(2)：269-274.

19. 李永民，吴孝兵，段秀文. 芜湖市鸟类组成及分布[J]. 城市环境与城市生态，2012，25(1)：22-27.

20. 李永民，薛辉，吴孝兵，等. 安徽牯牛降发现短尾鸦雀[J]. 动物学杂志，2013，48(1)：86.

21. 刘子祥，唐梓钧，舒服，等. 安徽阜阳发现白头鹀[J]. 动物学杂志，2013，48(3)：398.

22. 王剑. 安徽省五种鸟类新纪录[J]. 黄山学院学报，2010，12(3)：52-53.

23. 王岐山，胡小龙. 安徽九华山鸟类调查报告[J]. 安徽大学学学报(自然科学版)，1978(1)：56-84.

24. 王岐山，胡小龙. 合肥市及其附近地区鸟类调查报告[J]. 安徽大学学报(自然科学版)，1979(2)：60-88.

25. 王岐山，胡小龙，邢庆仁，等. 安徽黄山的鸟兽资源调查报告[J]. 安徽大学学报(自然科学版)，1981(2)：138-158.

26. 王岐山，胡小龙，邢庆仁. 安徽石臼湖的水禽[J]. 安徽大学学报(自然科学版)，1983(1)：115-124.

27. 王岐山，马鸣，高育仁. 中国动物志. 鸟纲. 第五卷，鹤形目、鸻形目、鸥形目[M]. 北京：科学出版社，2006.

28. 王岐山，邢庆仁，胡小龙，等. 安徽大别山北坡鸟类[J]. 野生动物学报，1983(3)：55-57.

29. 王岐山. 安徽动物地理区划[J]. 安徽大学学报(自然科学版)，1986(1)：45-58.

30. 王岐山. 安徽琅琊山的鸟类[J]. 动物学杂志，1965(4)：163-168.

31. 夏灿玮. 安徽省鸟类科的新纪录——戴菊科(戴菊)[J]. 四川动物，2011，30(2)：246.

32. 杨森，李春林，杨阳，等. 安徽省鸟类新纪录——栗头鹟莺和赤嘴潜鸭[J]. 四川动物,2017,36(2):187.

33.Styan F.W. On the Birds of the Lower Yangtse Basin. - Part Ⅰ[J]. Ibis, 1891,33(3): 316-359.

34.尹莉.安徽升金湖发现珍稀候鸟彩鹮和雪雁[J].大自然,2014,37(3):36-37.

35.约翰·马敬能,卡伦·菲利普斯,何芬奇.中国鸟类野外手册[M].卢和芬,译.长沙:湖南教育出版社,2000.

36.张雁云,张正旺,董路,等.中国鸟类红色名录评估[J].生物多样性,2016,24(5):568-577.

37.张有瑜,周立志,王岐山,等.安徽省繁殖鸟类分布格局和热点区分析[J].生物多样性,2008,16(3):305-312.

38.赵凯,张宏,顾长明,等.安徽省七种鸟类新纪录[J].动物学杂志,2017,52(2):1-5.

39.赵正阶.中国鸟类手册(上卷:非雀形目)[M].长春:吉林科学技术出版社,1995.

40.赵正阶.中国鸟类手册(下卷:雀形目)[M].长春:吉林科学技术出版社,1995.

41.郑光美.中国鸟类分类与分布名录[M].2版.北京:科学出版社,2011.

42.郑作新,钱燕文.安徽黄山的鸟类初步调查[J].动物学杂志,1960(1):10-14.

43.郑作新.中国动物志.鸟纲.第二卷,雁形目[M].北京:科学出版社,1979.

44.郑作新.中国鸟类系统检索(第三版)[M].3版.北京:科学出版社,2002.

45.周立志,宣颜.紫蓬山区国家级森林公园春夏季鸟类生态分布与区系分析[J].东北师大学报(自然科学版),1997(4):63-68.

46.周立志.安徽省鸟类分布新记录——震旦鸦雀[J].安徽大学学报(自然科学版),2010,34(4):91-92.

附录一　有文献记录但未列入本书的鸟类物种名录

目	科	中文名	学名	英文名
䴙䴘目 PODICIPEDIFORMES	䴙䴘科 Podicipedidae	角䴙䴘	*Podicepsa auritus*	Little Grebe
鹈形目 PELECANIFORMES	鹈鹕科 Pelecanidae	斑嘴鹈鹕	*Pelecanus philippensis*	Spot-billed Pelican
隼形目 FALCONIFORMES	鹰科 Accipitridae	栗鸢	*Haliastur indus*	Brahminy Kite
		毛脚鵟	*Buteo lagopus*	Rough-legged Hawk
鸡形目 GALLIFORMES	雉科 Phasianidae	石鸡	*Alectoris chukar*	Chukar Partridge
		中华鹧鸪	*Francolinus pintadeanus*	Chinese Francolin
鹤形目 GRUIFORMES	鹤科 Gruidae	丹顶鹤	*Grus japonensis*	Red-crowned Crane
鸻形目 CHARADRIIFORMES	鹬科 Scolopacidae	小杓鹬	*Numenius minutus*	Little Curlew
雀形目 PASSERIFORMES	百灵科 Alaudidae	凤头百灵	*Galerida cristata*	Crested Lark
	岩鹨科 Prunellidae	棕眉山岩鹨	*Prunella montanella*	Mountain Accentor
	莺科 Sylviidae	黄腹柳莺	*Phylloscopus affinis*	Tickell's Leaf Warbler
	画眉科 Timaliidae	小鳞胸鹪鹛	*Pnoepyga pusilla*	Pygmy Wren Babbler
	鹟科 Muscicapidae	褐顶雀鹛	*Alcippe brunnea*	Gould's Fulvetta
		白喉林鹟	*Rhinomyias brunneata*	Brown-chested Jungle Flycatcher

附录二　鸟类物种名称中的生僻字

䴙（pì）䴘（tī）	如小䴙䴘
鹈（tí）鹕（hú）	如白鹈鹕
鸬（lú）鹚（cí）	如普通鸬鹚
鹱（hù）	如白额鹱
鳽（yán）	如黄斑苇鳽
鹮（huán）	如鹮科
鹳（guàn）	如黑鹳
凫（fú）	如棉凫
鹗（è）	如鹗
鵟（kuáng）	如普通鵟
鹞（yào）	如白腹鹞
鹫（jiù）	如秃鹫
隼（sǔn）	如白腿小隼
鸢（yuān）	如黑翅鸢
鹇（xián）	如白鹇
鸨（bǎo）	如大鸨
鸮（xiāo）	如草鸮
鸱（chī）	如鸱鸮科
鸺（xiū）鹠（liú）	如领鸺鹠
鸻（héng）	如普通燕鸻
塍（chéng）	如黑尾塍鹬
杓（biāo）	如白腰杓鹬
鬣（liè）	如鬣形目
䴓（shī）	如普通䴓
鸫（dōng）	如蓝翅八色鸫
鹡（jí）鸰（líng）	如灰鹡鸰
鹨（liù）	如水鹨
鹎（bēi）	如橙腹叶鹎
楔（xiē）	如楔尾伯劳
鵙（Jué）	如暗灰鹃鵙
鹟（wēng）	如灰纹鹟
椋（liáng）	如黑领椋鸟
鹪（jiāo）鹩（liáo）	如鹪鹩
鸲（qú）	如红尾歌鸲
䳭（jí）	如黑喉石䳭
鹛（méi）	如黑脸噪鹛
穗（suì）	如红头穗鹛
鹀（wú）	如凤头鹀

附录三　中文名索引

（以拼音排序）

E

F

G

H

J

K

L

M

N

P

Q

R

S

附录四　学名索引

（以字母排序）

D

E

F

G

H

I

J

K

L

M

N

O

P

R

S

T

U

V

X

Y

Z